CONCRETO ARMADO EU TE AMO VAI PARA A OBRA

Blucher

MANOEL HENRIQUE CAMPOS BOTELHO
NELSON NEWTON FERRAZ

CONCRETO ARMADO EU TE AMO VAI PARA A OBRA

Colaboradores:

Cristiane M. S. Thiago, Profa.
Diogo Maluf Gomes, Eng.
Emilio P. Siniscalchi, Eng.
Jose Ortiz, Eng.
Paulo Mendes, Prof.

Concreto armado eu te amo vai para a obra

© 2016   Manoel Henrique Campos Botelho
            Nelson Newton Ferraz

1ª reimpressão – 2018

Editora Edgard Blücher Ltda.

Blucher

Rua Pedroso Alvarenga, 1245, 4º andar
04531-934 – São Paulo – SP – Brasil
Tel.: 55 11 3078-5366
contato@blucher.com.br
www.blucher.com.br

Segundo o Novo Acordo Ortográfico, conforme 5. ed.
do *Vocabulário Ortográfico da Língua Portuguesa*,
Academia Brasileira de Letras, março de 2009.

Dados Internacionais de Catalogação na Publicação (CIP)
Angélica Ilacqua CRB-8/7057

Botelho, Manoel Henrique Campos
   Concreto armado eu te amo vai para a obra / Manoel
Henrique Campos Botelho, Nelson Newton Ferraz. – São
Paulo : Blucher, 2016.

   ISBN 978-85-212-0994-2

   1. Concreto armado 2. Engenharia de estruturas
3. Alvenaria I. Título

15-1211   CDD-620.137

Índice para catálogo sistemático:

1. Concreto armado

Apresentação

Diante da grande aceitação de meus livros:

- *Concreto armado eu te amo*, volume 1;
- *Concreto armado eu te amo*, volume 2; e
- *Concreto armado eu te amo para arquitetos*,

recebi muitos e-mails e cartas fazendo perguntas relacionadas a aspectos construtivos daquilo que meus livros ensinam a dimensionar. Associado a colegas, então, decidi escrever este livro: *Concreto armado eu te amo vai para a obra*.

Meus livros são sempre voltados para os profissionais que começam na profissão e os estudantes de engenharia civil, arquitetura e tecnologia. Acredito que eles são úteis para esse público, abrindo portas para estudos mais detalhados e profundos nos doutos livros.

A ideia é transmitir, de forma resumida e agrupada, os principais conceitos que todo profissional que inicia na execução de obras da construção civil nos campos das estruturas de concreto armado e alvenaria precisa conhecer.

O texto procura a qualidade didática e não a formalidade de um texto técnico acadêmico. Assim, um mesmo assunto pode ser apresentado em vários itens e com várias abordagens. Na medida do possível, usamos uma linguagem de obra.

O engenheiro Nelson Newton Ferraz colaborou na criação do livro desde seu início, trazendo toda a sua experiência de engenheiro construtor.

Agora, tenha uma boa leitura.

Junho, 2016

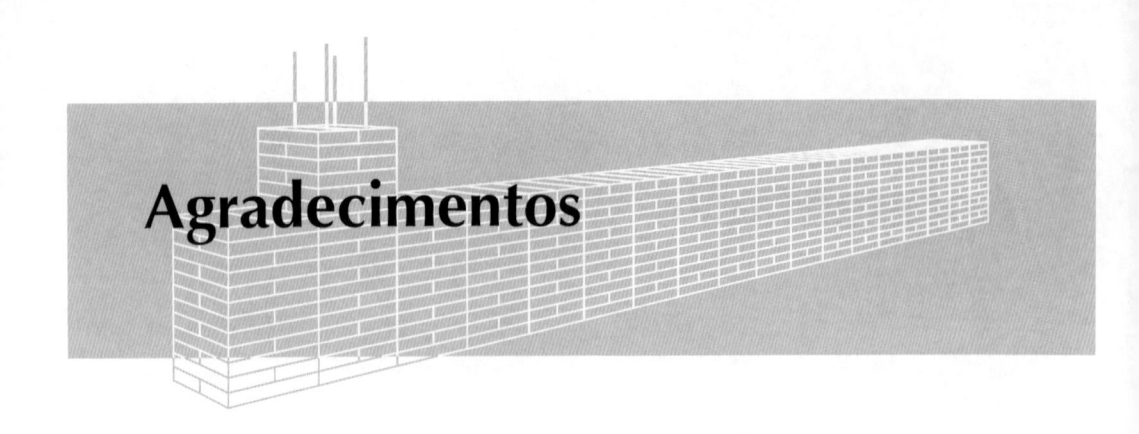

Agradecimentos

Agradeço cartas e e-mails com comentários de críticas, elogios e sugestões.

Atuaram como colaboradores:

Cristiane Maria da Silveira Thiago, Profa.

Diogo Maluf Gomes, Eng.

Emilio Paulo Siniscalchi, Eng.

Jose Ortiz, Eng. (colaborou da distante Guiné Equatorial)

Paulo Mendes, Prof.

A todos agradeço.

Manoel Henrique Campos Botelho
Engenheiro civil

E-mail: manoelbotelho@terra.com.br

Conteúdo

1 Firmas (pessoas jurídicas) e pessoas físicas 13

2 Construtor e incorporador: diferenças 15

3 Formas de renumeração do construtor e do incorporador:
o famoso BDI 17

4 A obra em referência: prédio de apartamentos "Solar dos Girassóis" 21

5 Contrato com o cliente, documentos e limites do trabalho...................... 29

6 O arquiteto como grande colaborador na concepção da estrutura de
um prédio 33

7 Normas da ABNT e do Ministério do Trabalho e Emprego:
seguimento obrigatório... 35

8 Eventuais divergências entre a construtora e o proprietário da obra 41

9 Impostos relacionados à obra e à construtora... 43

10 Tipos de estrutura de concreto: concreto armado, concreto protendido,
concreto aparente, concreto revestido, concreto não revestido e
estrutura com alvenaria colaborante... 45

11 A Construtora Andorinha Azul e as personalidades dos três sócios........ 47

12 Entendendo o fck e o fc28 do concreto... 49

13 Estratégias para fazer propostas e depois administrar uma obra
remunerada a preço global 53

14 As várias licenças para construir.. 55

15 Profissionais de apoio necessários a qualquer construtora..................... 57

16 Exigências do cliente e especificações da obra... 59

17 Orçamento da obra, preço global e formas de pagamento 61

18 Estratégias comerciais usadas por alguns incorporadores prediais 67

19 Diálogo entre o construtor e os diversos projetistas 71

20 Perguntas trabalhistas, administrativas, financeiras e previdenciárias .. 73

21 Comparando as normas de projeto, execução, formas e escoramento para estruturas de concreto armado 77

22 Duas questões polêmicas: o fck obtido na obra e a verificação da relação água/cimento usada pela usina de concreto (na segunda questão temos más notícias) 81

23 Cuidados na produção do concreto armado.................................... 83

24 Mão de obra diarista ou mensalista? 89

25 Tapumes de obra... 91

26 Decisão na oportunidade: uma estratégia importante................... 93

27 Cuidados com o concreto aparente.. 95

28 Escoramento de formas (termo antigo para cimbramento)............ 99

29 Uso e escolha dos vários tipos de formas para o concreto armado 101

30 Tolerância nas formas.. 107

31 Formas deslizantes e formas trepantes.. 109

32 Reúso de formas: formas para esculturas artísticas e projeto de formas 111

33 Numeração de desenhos e documentos 113

34 O importante Custo Unitário Básico (CUB)................................... 115

35 Tipos de alvenaria: como escolher... 117

36 A importância da alvenaria em quase todos os tipos de estrutura........... 121

37 Exigências ao projetista estrutural... 125

38 Recrutamento e seleção de mão de obra.. 129

39 A obra está prestes a começar 133

40 Placa de obra com os nomes do mestre e dos encarregados................... 137

41 Desenhos de perspectiva da estrutura 139

42 Topografia: levantamento e acompanhamento.............................. 143

43 Atividades preliminares: implantação do canteiro de obras 145

44 Pagamento da mão de obra 149

45 Almoxarifado de obra 151

46 Índices de uso de materiais e recursos humanos 153

47 Drenagem provisória e definitiva... 157

48 Comprando para a construção civil 159

49 Atrasos no pagamento: o que fazer? 169

50 Uso e controle do aço a ser usado na obra................................... 171

51 Cortando o aço e dobrando armaduras 175

52 Flechas e contraflechas 177

53 Espaçadores de formas.. 179

54 Complemento de concreto em pequenas quantidades 183

55 Mudanças na obra de detalhes do projeto.................................... 185

56 A estratégica e importantíssima relação água/cimento na produção do concreto 187

57 Água para mistura do concreto... 189

58 Entendendo o uso dos principais aditivos para o concreto...................... 191

59 Controle de custos da obra 195

60 Dados da contabilidade para controle de custos e apuração paralela...... 199

61 Planejando e acompanhando o andamento dos custos da obra: teremos lucro?.. 203

62 Erro, erro, erro de uma jovem construtora no orçamento da sua proposta de uma obra 209

63 Uso do concreto magro: lastro e enchimento............................... 213

64 Chuva nos acessos externos da obra: a mais preocupante 215

65 Fluxograma financeiro da vida de uma construtora explicado 217

66 Segredos inéditos de um engenheiro de cabelos brancos para melhorar o rendimento 221

67 Ganchos de segurança 225

68 Armaduras e seus cobrimentos: classificação por agressividade ambiental 227

69 *Slump* (abatimento) do concreto 231

70 Troca de diâmetro de barra da armadura..................................... 235

71 Demolindo e reconstruindo um trecho errado de concretagem: quem paga?.. 237

72 Desavenças na construtora: esforços para receber e, depois, para não deixar os clientes pagarem!... 239

73 Vergas: instalação, produção e coxim (travesseiro) 241

74 As perigosas marquises (lajes em balanço): cuidados de obra................ 245

75 Juntas de dilatação e de concretagem.. 249

76 Juntas de concretagem, previstas e não previstas.................................. 259

77 Cintas de amarração da estrutura.. 261

78 Compra de concreto usinado.. 263

79 Bombeamento do concreto.. 265

80 Transportando e lançando o concreto nas formas 269

81 Momento de perigo: concreto mole, mas pesado, lançado nas formas..... 271

82 Vibração para adensamento do concreto 273

83 A cura do concreto.. 277

84 Retração do concreto.. 281

85 Retirada de formas.. 283

86 Cuidados na retirada do escoramento (cimbramento)........................... 285

87 Uma boa notícia: pela mais recente verificação de custos, a obra
vai dar lucro.. 289

88 A subcontratada recebeu adiantadamente e sumiu. De quem é a
responsabilidade?.. 291

89 Fiscalização na obra: multas e paradas de obra 293

90 Um conflito na obra: chuva e concretagem 295

91 A umidade e o concreto e a umidade e o concreto armado: são
coisas diferentes... 297

92 A prova de carga da estrutura de concreto armado 299

93 A polêmica, mas sempre útil, esclerometria.. 303

94 Higiene e segurança no trabalho 307

95 Dados, índices e estratégias contábeis de uma construtora 309

96 Deformação lenta do concreto: fluência 313

97 Diário de obra.. 315

98 O concreto e a alvenaria ao longo do tempo... 319

99 Usos do concreto auto-adensável (CAA) e do concreto de alto
desempenho (CAD) 321

100 Próximo ao fim da obra: providências 323

101 Responsabilidade sobre a qualidade da obra 325

102 Reclamação trabalhista de última hora: a fórmula 5 ÷ 2 329

103 Manutenção da estrutura de concreto e da alvenaria 331

104 A estrutura depois de anos de uso: a relação estrutura e alvenaria 333

105 Furtos e roubos nas obras: como limitar? 347

106 Descobertos furtos em dois almoxarifados da construtora 351

107 Ordem e limpeza de obra 353

108 Alguns cuidados trabalhistas 355

109 Relatório mensal interno à construtora 357

110 O que fazer com os restos dos materiais de formas, embalagens e
escoramento? 359

111 Relações da construtora com os sindicatos 361

112 Seguro de qualidade da obra 363

113 Obtenção do habite-se na prefeitura local: relações com o INSS 365

114 Cartas e e-mails respondidos 367

115 Dissídio coletivo entre sindicatos 371

116 Entrega da obra 383

117 Tabela de conversão de unidades de medida mais usadas na
construção civil 385

118 Normas do Ministério do Trabalho e Emprego 387

119 Banco de dados de obras 391

120 Relatório de uma concretagem 393

121 O que há para ler e textos em que os autores se basearam 419

122 Sites de interesse 421

123 Índice remissivo 423

Minicurrículos dos autores e dos colaboradores 427

Comunicando-se com os autores 429

Firmas (pessoas jurídicas) e pessoas físicas

Pessoa física é o ser humano que pode assumir responsabilidades, trabalha, recebe dinheiro e paga com dinheiro.

Firmas são pessoas teóricas que fazem o que a pessoa física faz e são, então, chamadas de "pessoas jurídicas". Os proprietários de firmas são sempre mais de um e são chamados de sócios, no caso de companhia limitada, ou acionista de firmas, no caso de sociedade anônima.

As pessoas jurídicas:

- possuem nome;
- possuem sede com endereço;
- possuem CNPJ – Cadastro Nacional de Pessoas Jurídicas (inscrição no Ministério da Fazenda);
- possuem contrato social definindo seus objetivos, componentes e responsabilidades;
- possuem conta bancária administrada pelo sócio indicado no contrato social;
- patrimônio;
- produzem bens (construtora constrói), comercializam produtos (papelaria, supermercado) ou prestam serviços (por exemplo, os hospitais);
- recebem receitas monetárias;
- fazem pagamentos;
- remuneram empregados e fornecedores;
- pagam impostos devidos, destacando-se, aí, o Imposto de Renda sobre seus lucros;
- remuneram, com o que sobra, seus sócios/acionistas.

Um engenheiro construtor, quando evolui e começa a trabalhar em muitas obras, tende a abrir uma construtora, que é uma pessoa jurídica.

Veja:

> João da Anunciação Silva,
> engenheiro construtor – pessoa física, com
> carteira de identidade, registro profissional e
> Cadastro de Pessoa Física (CPF).

> "Construtora Monte Verde Limitada",
> firma construtora de João da Anunciação
> Silva – pessoa jurídica com Cadastro
> Nacional de Pessoa Jurídica (CNPJ).

Observações gerais

Toda pessoa jurídica tem de nascer registrada em cartório ou junta comercial, via:

- contrato social, o qual indica seus responsáveis, sua área de atuação e seu capital;
- indicação de sua sede, e outros dados.

A pessoa jurídica deve ser totalmente separada das pessoas físicas, suas proprietárias. Isso é principalmente válido no que diz respeito ao aspecto financeiro. Toda pessoa jurídica precisa possuir conta bancária própria e exclusiva e CNPJ (registro feito no Ministério da Fazenda).

Conforme vá evoluindo e obtendo lucro (assim esperamos), esse dinheiro, bem como todo o faturamento, deverá ir para essa conta bancária, e os proprietários só poderão ter acesso a esses recursos depois de a pessoa jurídica (neste exemplo, a construtora) ter pago o seu imposto de renda e os proprietários terem pago seus próprios impostos de renda sobre o valor retirado da conta da firma.

Vê-se assim que, em muitos aspectos, as pessoas jurídicas possuem características que correspondem às das pessoas físicas.

Com os lucros obtidos, a construtora poderá (assim esperamos) adquirir bens (chamados de ativos), como carros, caminhões, tratores, equipamentos menores e terrenos. Mas sempre terá de deixar livre certo montante de dinheiro para a vida da companhia, como, por exemplo, pagar telefone, internet, salários de empregados etc. O dinheiro não aplicado tem liquidez total e imediata, mas uma fazenda no interior da Amazônia tem baixa liquidez (rapidez na transformação em dinheiro). O interesse em investir em terrenos e terras com baixa liquidez se justifica pela espera por uma valorização imobiliária.

Construtor e incorporador: diferenças

Façamos a diferenciação entre **incorporador** e **construtor**.

Consideremos um casal jovem que vai se casar e possui um terreno e dinheiro para a construção de sua futura casa. O casal chama um arquiteto, que faz a concepção da casa e de seus componentes. Após isso, o casal contrata um profissional, ou uma construtora, para construir a residência. Nessa situação:

- o casal, no mercado da construção civil, será chamado de **proprietário**;
- o profissional ou a firma de construção será chamado de **construtora**.

Terminada a obra, o casal paga a construtora e se torna dono do imóvel. Se a opção por construir o imóvel foi vantajosa em comparação com o que gastariam para adquirir um imóvel equivalente, no valor de mercado, isso é um assunto que diz respeito exclusivamente a esse proprietário. A construtora recebe o que o contrato de execução previu e sai da história.

Caso o proprietário tenha gostado e adquirido lucro ou valorização do imóvel, decidindo fazer outras construções para vender ou alugar, aí ele será chamado de **incorporador**.

Com o decorrer do tempo, com suas experiências e os lucros da construção, várias construtoras se tornam incorporadoras.

No caso de referência deste livro, estaremos falando na atuação de uma construtora (com o nome de Construtora Andorinha Azul), ou seja, uma firma (pessoa jurídica) que realiza uma obra para um incorporador.

No nosso caso, a obra de referência é um prédio de apartamentos de classe média, com três andares além do térreo – prédio que detalharemos em item específico neste livro (ver Capítulo 4). O nome do prédio é Solar dos Girassóis.

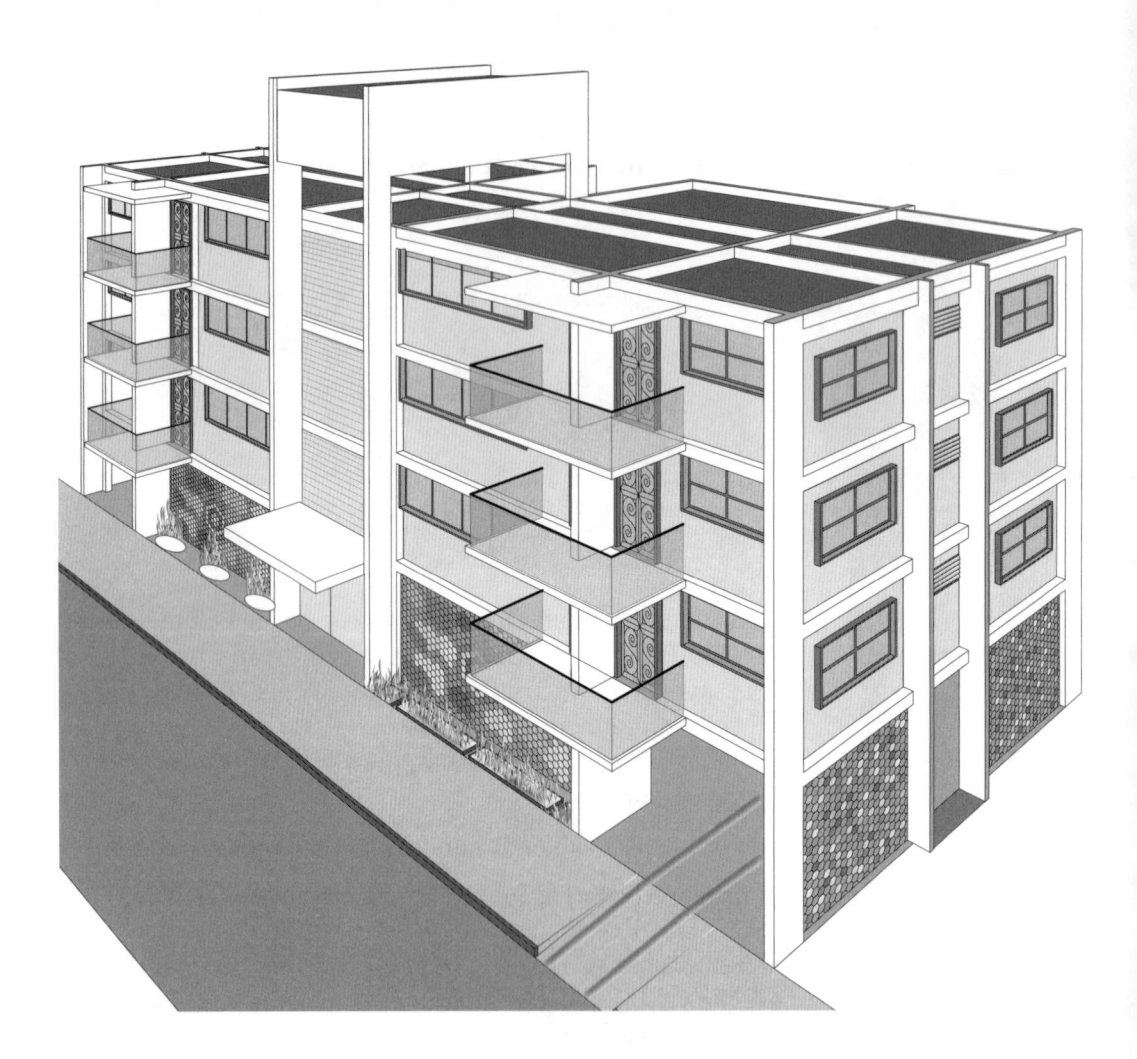

Nota

Não pense que não há riscos nas atividades de incorporação. Várias incorporadoras atuantes nos anos 1960 e 1970 não existem mais. As causas para isso podem ser ou problemas de gestão ou os grandes problemas de sucessão familiar.

3 Formas de remuneração do construtor e do incorporador: o famoso BDI

Como sabemos, existem, grosseiramente falando, três formas de remuneração de uma construtora para a realização de uma obra.

Formas de remuneração de uma construtora

Remuneração por administração – neste caso, o engenheiro construtor, ou o arquiteto, ou o tecnólogo, ou ainda uma construtora, mediante um contrato de execução, cobra e ganha um percentual sobre as despesas da obra e tudo é comprado em nome do cliente, incluindo-se aí o registro dos empregados. Normalmente, o valor da taxa de administração é de 10% a 20% do custo total da obra e, portanto, com o pagamento pelo cliente dessa taxa sobre os custos de mão de obra e leis sociais, materiais e equipamentos, mesmo quando o equipamento é comprado diretamente pelo cliente (questão algo polêmica), a construtora é paga.

Remuneração por preços unitários – a construtora faz um orçamento preliminar prévio e uma lista de materiais e serviços com preços para o proprietário, e segue executando a obra. É importante ter atenção para o item "orçamento preliminar prévio", pois fazer um orçamento implica custos em termos de homens/hora, e, caso não se feche negócio para a realização da obra, tudo será perdido. No melhor dos mundos, e não estamos nele, o cliente contrata previamente um orçamento com a sua lista de materiais e esse orçamento será a chave para tudo.

Remuneração por preço global – o mais perigoso e possivelmente o mais rendoso dos sistemas para a construtora. O orçamento da execução e a consequente proposta são itens estratégicos. Tudo o que for gerar custos deve estar embutido na fase de orçamento da proposta de preço global, inclusive custos financeiros por atrasos de pagamento, custos decorrentes de atraso de chegada de equipamentos comprados pelo cliente, reclamações de vizinhos por falhas do projeto estrutural, seguros e tudo o mais. Sobre essas previsíveis despesas, a construtora terá custos indiretos e o sempre desejado lucro. Usa-se como estimativa desses últimos itens o conceito de **BDI** que significa **Benefícios** (estimativa de lucro futuro) e **Despesas**

Indiretas (aluguel de sede da construtora, secretária, telefone, impostos etc.). O **BDI** costuma ser usado como fator de multiplicação dos custos e na faixa de 30% a 40%. Ver neste livro o item 13.

Nos contratos de preços unitários e preço global e nas outras formas de remuneração, é comum haver cláusula de correção monetária quando se prevê que a obra demore vários meses, com correção monetária incidindo sobre todas as parcelas de pagamento.

Nos contratos por administração, essa cláusula de correção monetária não é necessária, pois, ao longo dos meses, mão de obra e materiais já conterão aumentos (correção monetária).

Adendos sobre formas de remuneração de obras:

- Obras de remuneração por **administração** são comuns quando:

    - o construtor é uma pessoa física;

    - em situações de emergência. Nesse caso, o construtor pode ser uma pessoa física ou jurídica.

- Obras de remuneração do por **preços unitários** podem ser:

    - obras viárias (estradas), em que podem surgir situações totalmente inesperadas, como solo com rocha, extravasão de córregos etc.;

    - obras de reforma de uma edificação existente. Em reforma, acontece de tudo, principalmente coisas inesperadas.

- Obras de remuneração por **preço global** podem ser:

    - obras com projeto completo e, portanto, em princípio, nesse caso não acontecerão surpresas. Mesmo sendo preço global, alguns contratos sabiamente preveem que, acontecendo surpresas, e elas muitas vezes acontecem, esses extras serão remunerados por preços unitários baseados em lista de preços de entidade oficial. Para contratos de média ou maior duração, é comum haver cláusula de correção monetária nas parcelas de pagamento da construtora.

Remuneração de incorporador

Quanto à remuneração (lucro ou prejuízo) do incorporador, como ele é o capitalista, ou seja, o que corre riscos, poderá ter lucro ou prejuízo com o empreendimento. Para construir e vender uma ou um grupo de residências, ou um prédio para habitação ou comércio, ele pensa em:

- custo do terreno;

- custo do projeto;

- custo da construção pago à construtora;

- custos administrativos para acompanhar a obra;

- custo da corretagem para vender o imóvel;

- aspectos fiscais (impostos);

- riscos, como, por exemplo, parada de obra por se achar no terreno um trecho rochoso não detectado pelas sondagens.

E, quanto o mercado paga pela obra? Durante a execução da obra, pode surgir a notícia da futura instalação de um *shopping center* nas imediações. Seguramente, as unidades ainda não vendidas terão seu preço altamente majorado, pois a proximidade de um centro de compras valoriza enormemente a região.

O incorporador pode ter lucro quando vende por um valor maior que o montante que gastou, e pode ter prejuízo se vender por um valor menor que o gasto. Há surpresas no mundo comercial. Vejamos algumas surpresas que prejudicaram as vendas de um prédio de apartamentos de classe média. Nesses casos, o incorporador possivelmente terá lucro menor ou até prejuízo.

1) Em um prédio de apartamentos para a classe alta, a descarga da bacia sanitária foi prevista e construída com caixa acoplada. O mercado reagiu, demorando para haver as vendas, dizendo que caixa acoplada é solução para prédios de categoria mais baixa. Para aquele prédio, a opção comercialmente correta seria usar válvula de descarga, a chamada, por razões históricas, de válvula Hidra. Foi a solução adotada no prédio seguinte.

2) Para economizar custos de construção e do futuro uso de um prédio de apartamentos de classe média (despesas de condomínio), foi previsto um tipo de elevador que servia somente metade dos andares, ou seja, os moradores de metade dos andares teriam que descer, via escadas, um nível. O mercado não aceitou tal projeto e os apartamentos sem acesso direto ao elevador foram altamente rejeitados. Com isso, seu preço de venda foi reduzido pelo incorporador. Os apartamentos dos níveis com acesso direto ao elevador também foram desvalorizados, pois o prédio ficou marcado com um estigma, pois ficou sendo considerado um prédio de menor categoria. O projeto de novos prédios com a solução de garantir acesso direto aos elevadores somente à metade dos andares não foi repetida.

3) Durante a escavação de um terreno, foram encontradas ruínas históricas (restos de um cemitério indígena). As autoridades foram comunicadas e a continuação da obra foi proibida, pois cabia fazer uma investigação detalhada de toda a área. Prejuízo para o incorporador. A construtora não terá prejuízo, pois cobrará do incorporador os custos da parada (mão de obra parada, mas recebendo). O incorporador não terá como ser ressarcido pelo acréscimo de custos.

4) Um prédio de apartamentos caríssimos foi lançado para venda. Eis que a companhia do metrô da cidade anunciou a instalação de uma estação a cerca de 200 metros do futuro prédio. No caso de prédio de apartamentos caríssimos, o incorporador ficou extremamente insatisfeito, pois isso poderia desvalorizar seu empreendimento pelo fato de a estação propiciar a ocorrência de uma maior circulação de pessoas.

Nota estratégica

Neste livro, quando se fala em custos, refere-se aos custos para a construtora, ou seja, quanto ela paga para ter na obra um material ou serviço.

Os custos para o cliente (o proprietário dono da obra) têm origem nesses custos da construtora acrescidos de outros custos (por exemplo, riscos), bem como do BDI, ou seja, benefícios (expectativa de lucros desejados e esperados) e despesas indiretas da construtora.

Não se deve confundir, e jovens profissionais podem fazer esse tipo de confusão.

Quando se fala em custos, deve-se perguntar: custos para quem?

Quando, em uma obra de reforma de uma residência, uma construtora usa tintas, existe o custo para a construtora comprar a tinta e existe outro custo maior para o proprietário pagar à construtora para que esse material vá para a obra, pois alguém tem de pagar à administração da construtora seus impostos, seu lucro etc.

Grande questão a ser sempre lembrada:

"Custos, custos para quem?"

4 A obra em referência: prédio de apartamentos "Solar dos Girassóis"

Informações sobre a obra de referência (edificação)

Para amarrar este texto técnico a uma realidade, usaremos como referência o exemplo fictício dos cuidados de execução de um prédio de apartamentos com estrutura de concreto armado e alvenaria.

No nosso exemplo, o nome do prédio é "Solar dos Girassóis", e o nome da construtora é "Construtora Andorinha Azul".[1]

O escopo da construtora é a execução da estrutura de concreto armado[2] e alvenaria.

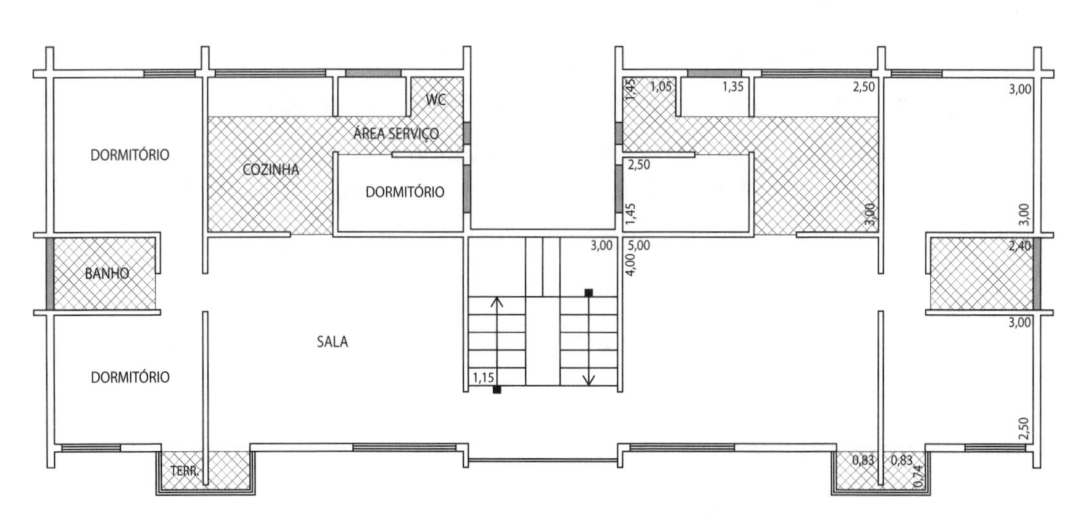

Planta do prédio Solar dos Girassóis

---

[1] A Construtora Andorinha Azul foi escolhida para a realização dessa obra por ter participado de uma concorrência na qual foram considerados experiência e preço.

[2] Com estrutura de concreto armado convencional e, portanto, não sendo concreto protendido, a armadura do prédio é a chamada **armadura passiva**. Se o prédio fosse de concreto protendido, a armadura seria chamada de **armadura ativa**.

Importante:

O prazo contratual para a execução dos serviços (estrutura e alvenaria) é de oito meses.

A remuneração será feita por preço global reajustável (a inflação, na época, era de 0,5% ao mês).

O nome (fictício) do engenheiro residente na obra é Pedro, recém-formado e, de certa maneira, este livro é para auxiliar o colega Pedro.

O local onde o prédio será construído fica no interior de um estado, em uma cidade de porte pequeno a médio. Está fora da região litorânea e o local está dentro de uma região residencial sem atividades industriais. Esses aspectos devem ser destacados para que seja considerada a possibilidade de ataque do meio ambiente à estrutura de concreto armado. No nosso caso, não há essa possibilidade.

Ainda como referência didática, já existem, feitos por terceiros, os seguintes serviços, contratados diretamente pelo dono da obra e, portanto, fora do escopo de trabalho da Construtora Andorinha Azul:

- levantamento topográfico da área da obra;
- sondagens geotécnicas, como previsto nas normas;
- projeto arquitetônico;
- projeto estrutural;
- projetos de instalações de água, esgoto, águas pluviais, gás e eletricidade;
- o índice fck (que indica a resistência característica do concreto) foi fixado pelo projetista estrutural em 20 MPa e o aço previsto é o CA 50;[3]
- especificações complementares das instalações do prédio;
- execução das sapatas de fundação;
- execução (prontas) das instalações elétricas do canteiro de obras.

Agora, atenção, atenção:

Como o projetista estrutural contratado pelo proprietário fixou o fck em 20 MPa e, no detalhamento do seu projeto, fixou os espaçamentos e as coberturas das armaduras de aço, se o construtor seguir esses cuidados não poderá, no futuro, ser chamado como responsável caso ocorram problemas na estrutura, pois as decisões foram tomadas na fase de projeto. O construtor só seria responsável se acontecesse o seguinte:

---

[3] Antigamente, havia as categorias **Aço CA 50 A** e **Aço CA 50 B**. Hoje, só se deve usar o **Aço CA 50 A** (normalizado), que ganhou o nome de **CA 50**.

- o concreto de 20 MPa previsto não foi fornecido com essa característica, ou seja, a concreteira contratada pelo construtor forneceu um concreto com fck inferior (em alguns envios) e a construtora não fiscalizou adequadamente;

- os cobrimentos da armadura foram feitos na obra com espessura menor que a prevista no projeto;

- houve má qualidade na fase de concretagem em razão da não interrupção do lançamento do concreto em momento de chuva, trepidação no transporte interno, falhas de lançamento nas formas, falta de vibração e cura inadequada.

O fato é o seguinte: quando no futuro surgirem problemas, os proprietários dos imóveis sempre chamarão a incorporadora para dar explicações, e esta sempre chamará a construtora, e por aí vai...

A perspectiva externa do prédio é a seguinte:

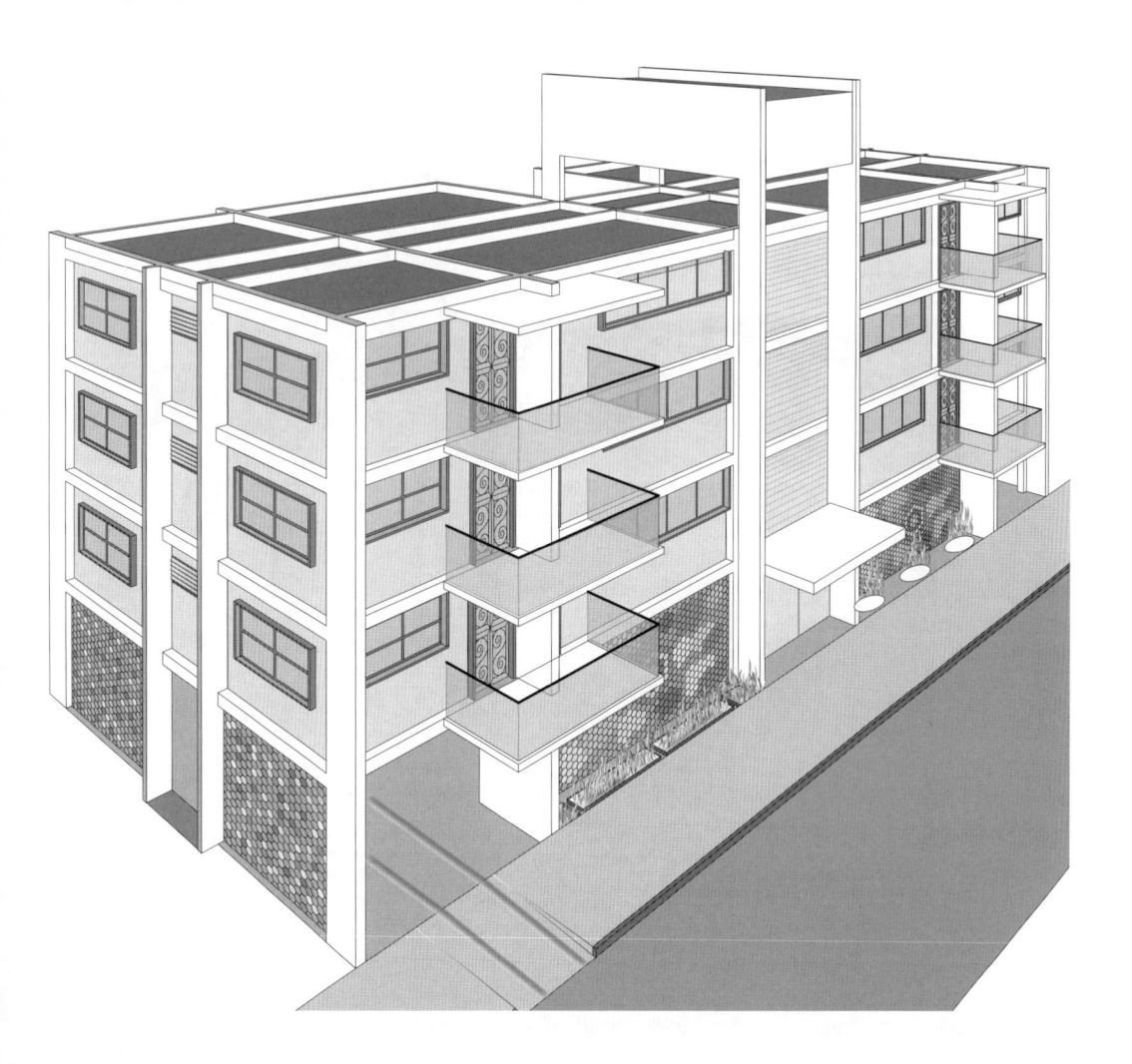

Características adicionais da obra

Forma: por ser uma obra comum, ou seja, convencional, de estrutura de concreto armado a ser revestido, optou-se pelas formas de madeira compensada e de madeira maciça para estruturar a forma (sarrafos, guias, pontaletes e caibros).

Escoramento: foram usadas escoras metálicas alugadas, que também poderiam ser de madeira (caibros e pontaletes), porém as metálicas são melhores.

Alvenaria externa e interna: optou-se por bloco cerâmico de seis furos, com espessura de 15 cm para alvenaria interna e de 20 cm para alvenaria externa.

Argamassa: para enchimento e contrapiso (horizontal), optou-se por argamassa de cimento e areia sem cal.

Revestimento de paredes e enchimentos verticais mistos: será feito com cal com espessura do chapisco de 1 a 1,5 cm; do emboço de 2 a 3 cm; e do reboco de 1,5 a 2 cm.

Assentamento de alvenaria: foi utilizada argamassa de areia, cimento e cal para preencher os vãos verticais, entre os blocos, com a medida de: 25, l/m^2.

Esses valores são aproximados, pois a espessura da argamassa de assentamento depende da opção do pedreiro,[4] da qualidade do tijolo, da qualificação da mão de obra e, até mesmo, da localização da parede.

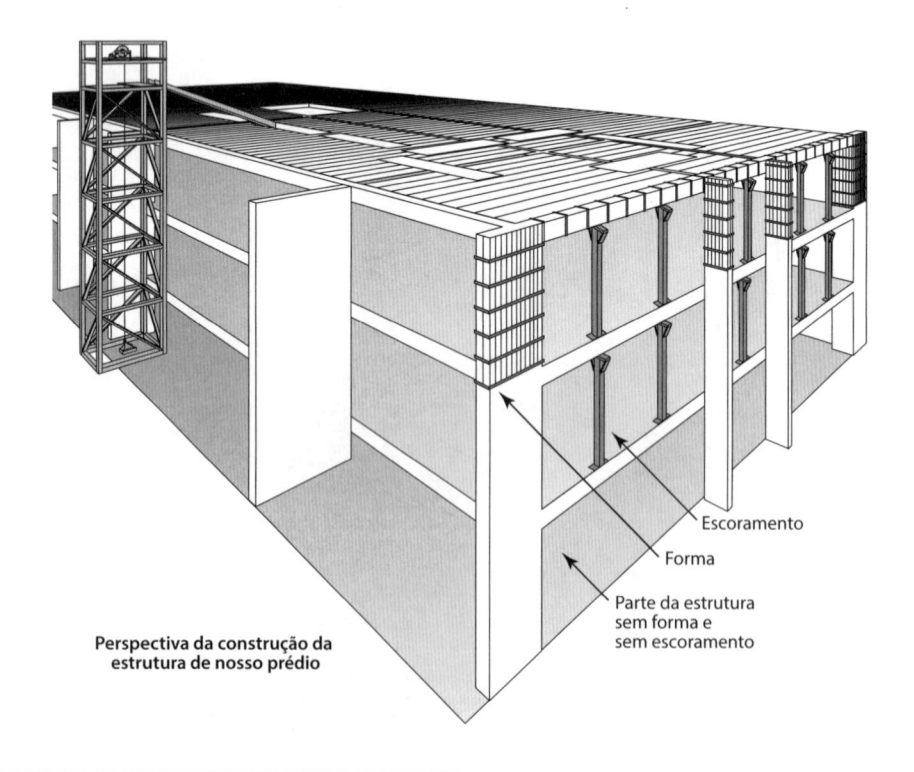

Escoramento

Forma

Parte da estrutura sem forma e sem escoramento

Perspectiva da construção da estrutura de nosso prédio

---

[4] Quando não há orientação, quem decide, erradamente, é o pedreiro...

Outras características do prédio são indicadas, a seguir:

- possui apartamentos de classe média, três pavimentos (andares), com dois apartamentos por pavimento, mais o térreo, com pilotis (pilares expostos) e duas alas;

- está sendo incorporado por um rico proprietário que deseja vender os apartamentos para ter lucro;

- possui pé-direito de 2,8 m, com a diferença de altura de 3 m por andar;

- é um prédio em condomínio;

- possui apartamentos com cerca de 54 m^2 de área privativa;

- não tem elevadores, sendo o acesso a cada andar via escada interna de concreto armado;

- possui um andar de acesso ao prédio, o andar térreo, onde também será o estacionamento de carros;

- possui estrutura de concreto armado convencional, como lajes maciças, vigas, pilares e fundações por sapatas rasas, caixas de água e escada;

- possui um terreno bom para fundações diretas;

- a construtora comprará o concreto de uma usina de concreto, situada em local próximo, que bombeará esse concreto até as formas;

- são usados blocos cerâmicos em todas as paredes externas ou divisórias;

- possui instalações de água, esgoto, eletricidade e um sistema de combate a incêndio;

- o incorporador comprou o terreno, contratou os projetos e a execução das sapatas de fundação e agora está contratando a execução da estrutura e da alvenaria. Como última etapa, contratará os revestimentos, a pintura, as instalações hidráulicas e elétricas.

> Neste livro, vamos nos ater aos aspectos da estrutura de concreto armado e das paredes externas e internas, feitas com blocos cerâmicos.

Ver desenhos da arquitetura em páginas que se seguem.

A construtora de nosso exemplo foi contratada para executar o prédio segundo os detalhes do contrato pela modalidade **preço global**.

> Segundo alguns filósofos da construção civil, a modalidade de remuneração por preço global separa profissionais (construtores) maduros de profissionais (construtores) inseguros.

Os volumes da estrutura do prédio Solar dos Girassóis e de suas alvenarias, que foram contratados, são:

- estrutura de concreto armado com volume da ordem de 231 m^3;
- área de alvenaria externa e interna da ordem de 1.365 m^2.

Atenção:

Os dois valores (o de volume da estrutura de concreto e o da área da alvenaria – externa e interna) são simples referências didáticas de apoio neste livro.

A seguir, são apresentados os desenhos da arquitetura que definem as principais características da obra. Vejamos a perspectiva da obra quando em execução.

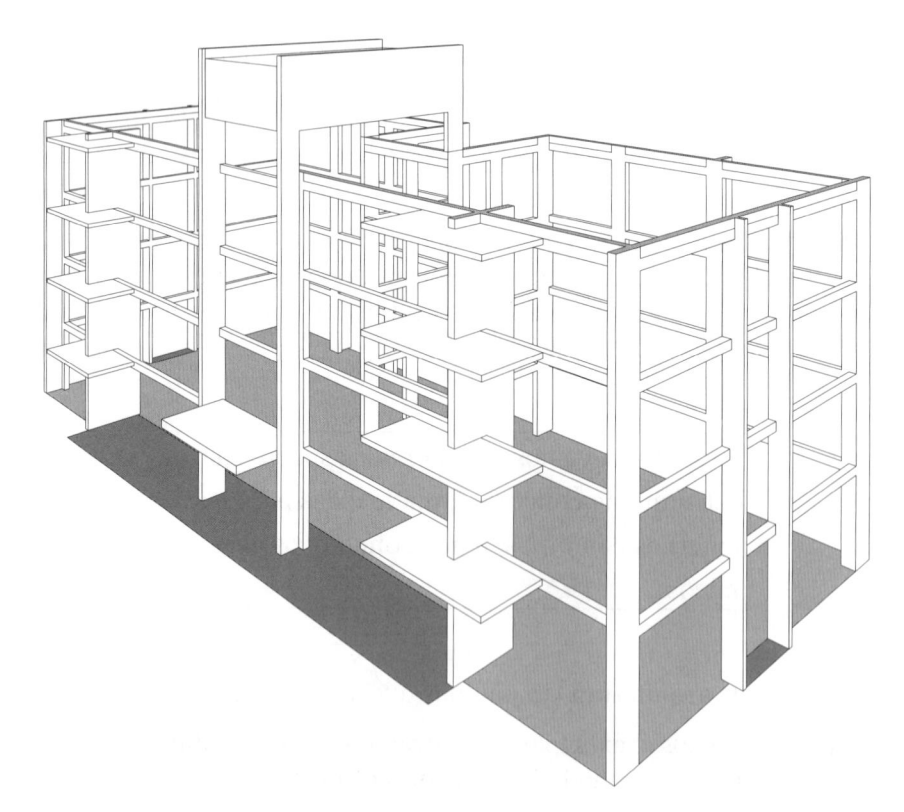

Perspectiva da estrutura de um prédio em construção

Notar que:

- o prédio tem estrutura de concreto armado com lajes, vigas e pilares;

- o concreto ainda está contido em formas e tudo está apoiado em escoramentos metálicos, na perspectiva do andar superior (p. 24);

- as formas já foram retiradas no andar imediatamente abaixo do superior (pois, passados alguns dias, o concreto nas formas ganhou alguma resistência), mas o escoramento continua como elemento de apoio das formas e do concreto dentro delas;

- as formas e o escoramento já foram retirados do andar térreo, pois, alguns dias após a concretagem, o concreto ganhou resistência e, com a retirada do escoramento, o trabalho adicional nesse andar (por exemplo, de instalações hidráulicas e elétricas) fica mais fácil por causa da diminuição de interferências.

Alguns dias de referência:

- 7 dias – remove as formas laterais;

- 15 dias – alivia o escoramento.

Só remover o escoramento quando a segunda laje acima já está concretada, por exemplo, no primeiro andar, remover o escoramento quando a laje do terceiro andar estiver concretada.

5 Contrato com o cliente, documentos e limites do trabalho

Contrato é o documento formal (por escrito) que gera responsabilidades entre duas partes. No nosso caso, uma das partes é a que deseja que sua obra seja executada e paga por isso – que neste livro é chamada de proprietário (incorporador) – e a outra é uma construtora que deseja executar essa obra, diante da perspectiva direta ou indireta de lucro.

Defina no contrato, com extrema clareza, nos mínimos detalhes:

- quais são os trabalhos a executar;
- qual será o valor e a forma de remuneração;
- qual será o prazo para a execução.

Como referência, temos o artigo da engenheira Sheila Serra, sob o título "Contratos – preto no branco", publicado pela revista *Guia da Construção* (editora Pini) n. 108, p. 6 jul. 2010.

As cláusulas[1] essenciais dos contratos de subempreitada na construção civil (são) as que estão relacionadas a seguir.

Cláusulas básicas (subcontratação e terceirização)

- Descrição do objeto.
- Prazo de execução e responsabilidade dos atrasos.
- Formação do preço do serviço, do fornecimento de materiais e do aluguel de equipamentos.
- Seguro/responsabilidade civil.
- Condições de pagamento, reajustes e retenções.
- Obrigação das partes.
- Apresentação de comprovantes e documentos.

---

[1] Entendemos que as cláusulas citadas são também as cláusulas principais de um contrato geral.

- Forma de fiscalização.

- Bonificações e prêmios.

- Segurança do trabalho PCMAT (Programa de Condições e Meio Ambiente do Trabalho na Indústria da Construção), PCMSO (Programa de Controle Médico de Saúde Ocupacional) e PRA (Programa de Prevenção de Riscos Ambientais).

- Inexistência de exclusividade de fornecimento.
- Aditamento (expansão) do contrato e aceite do serviço.
- Multas e rescisão contratual.

- Arbitramento e eleição do foro.

Cláusulas especiais:

- Fornecimento de ART (Anotação de Responsabilidade Técnica) e aprovação de projetos.

- Possibilidade de "subempreitada" e pacotes de serviço.

- Garantia do serviço e assistência técnica.

Embora essa relação indique que se trata um documento para subcontratação, ela fornece um roteiro para um contrato geral para contratação de uma obra.

Notas filosóficas sobre contratos

Contratos se fazem entre amigos e conhecidos, para preservar amizades. Com inimigos não se fazem contratos, pois estes de nada adiantarão.

Existem dois tipos de contrato:

Tipo A – No caso de divergências, com esse tipo de contrato você seguramente, depois de anos, ganha na justiça (ufa, ufa...).

Tipo B – Com esse tipo de contrato, você e seu contratante, com enorme probabilidade não precisarão ir para a justiça, pois o contrato procura disciplinar e esclarecer a esmagadora maioria das situações.

Recomendação de quem tem cabelos brancos: "Prefira o contrato de **Tipo B**".

Com o avanço da obra, vá alterando, de comum acordo, o contrato continuamente, pois toda a obra de construção civil tem detalhes e nuances que aparecem, por vezes, sem que esperemos. Não vacile. Discuta o fato com o contratante e vá modificando o contrato da obra, adaptando-o a essa nova realidade e para evitar discussões futuras quando o contrato sem modificações, não mais acompanhará a realidade da obra.

Inclua no contrato, se o seu cliente (o proprietário) aceitar, que, no caso de divergências, em vez de recorrer-se à justiça, será adotado o procedimento de arbitragem, como previsto na lei federal 9.307 de 23 de setembro de 1996. Esse caminho é muito mais rápido e objetivo.

Nota inacreditável (inacreditável mesmo!)

Em um país de fala hispânica, seu mais famoso clube de futebol decidiu, associado a uma incorporadora, construir uma arena multiuso. Em face do alto custo do empreendimento, cada um dos participantes contratou um escritório de advogados para ajudar na feitura do contrato. A incorporadora, que subcontratou uma construtora, ficaria com a com parte das receitas futuras dessa arena multiuso (atividades esportivas e musicais). Como o contrato foi preparado por dois escritórios de advocacia, um de cada lado, seria de se prever a ausência de conflitos. Ilusão...

Eis que na época da inauguração da arena surgiu uma briga entre o clube e a incorporadora sobre a forma de participação na renda da arena multiuso.

Conclusão: se, em contratos (é verdade que bastante complexos) de execução de obras, podem ocorrer conflitos, imagine no caso terrível de situações informais, ou seja, na ausência de contratos.

Recomendação filosófica de um dos maiores construtores deste país

A nossa construtora deve ser apenas uma montadora de soluções e organizadora de serviços. Tudo o que puder ser subcontratado deve ser subcontratado. Só fazer obra com mão de obra própria em casos extremos e específicos.

6 O arquiteto como grande colaborador na concepção da estrutura de um prédio

Talvez para surpresa de alguns, afirmamos que cabe ao arquiteto ser o primeiro grande idealizador da estrutura de uma edificação. Assim, junto com o dono da obra e respeitando as legislações urbanísticas, o arquiteto:

- estabelece o local da obra;
- estabelece o tipo de obra, que pode ser um prédio de apartamentos, de escritórios, um galpão industrial, um supermercado etc.;
- estabelece o tipo de estrutura, se de concreto armado ou de aço (principais opções), em função da rapidez da construção e do custo;

- escolhe o tipo da estrutura de concreto armado e qual o nível de uso de pré-moldados;

- fixa as dimensões aproximadas em planta da obra;

- fixa o número de pavimentos (andares);

- estabelece os pés direitos (altura livre do piso ao teto) de cada pavimento;

- define as lajes de banheiro como rebaixadas ou sem rebaixo e com fundo falso;

- pode estabelecer restrições para número e localização de pilares;

- fixa ou sugere o funcionamento estrutural, com alvenaria colaborante ou não;

- fixa o uso, ou não, de ar condicionado central;

- fixa a existência ou o número de elevadores e seus tipos.

Além de outras exigências, essas fixações vão orientar o futuro projeto das estruturas e devem ficar estabelecidas pelo arquiteto, por escrito (critérios do projeto arquitetônico), como uma das atividades iniciais e estratégicas.

Conclui-se, portanto, que **planejar é preciso**.

1 Normas da ABNT e do Ministério do Trabalho e Emprego: seguimento obrigatório

A Associação Brasileira de Normas Técnicas (ABNT) é uma entidade não oficial muito respeitável, que produz normas técnicas com o apoio de profissionais, professores e empresas interessadas. As normas da ABNT são de seguimento obrigatório, como previsto no Código de Defesa do Consumidor.[1]

As **principais** normas da ABNT para um profissional da área da construção civil são:

Estruturas de concreto

NBR 5738 – Modelagem e cura de corpos de prova de concreto cilíndricos ou prismáticos.

NBR 5739 – Ensaio de compressão de corpos de prova cilíndricos e prismáticos.

NBR 5750 – Amostragem de concreto fresco produzidos por betoneiras estacionárias.

NBR 5674 – Manutenção de edificações – Procedimento.

NBR 6118 – Projeto de estruturas de concreto – Procedimento.

NBR 6120 – Cargas para o cálculo de estruturas de edificações.

NBR 6122 – Projeto e execução de fundações.

NBR 7190 – Projeto de estruturas de madeira.

NBR 7212 – Execução de concreto dosado em central.

NBR 7480 – Barras e fios de aço destinados a armaduras de concreto armado – Especificação.

NBR 7481 – Tela de aço soldada – Armadura para o concreto – Especificação.

NBR 7584 – Concreto endurecido – Avaliação de dureza superficial pelo esclerômetro de reflexão.

NBR 7680 – Extração, preparo, ensaio e análise de testemunhos de estruturas de concreto – Procedimento.

---

[1] Lei Federal nº 8078.

NBR 7808 – Símbolos gráficos para projeto de estruturas.

NBR 8953 – Concreto – Classificação pela resistência e compressão do concreto.

NBR 9606 – Concreto fresco – Determinação de consistência pelo espalhamento do tronco de cone.

NBR 11768 – Aditivos químicos para concreto de cimento Portland.

NBR 12284 – Áreas de vivência em canteiro de obras – Procedimento.

NBR 12654 – Controle tecnológico de materiais componentes do concreto.

NBR 12655 – Preparo, controle e recebimento do concreto.

NBR 12721 – Avaliação de custos unitários de construção para incorporação imobiliária e outras disposições para condomínios edifícios – Procedimento.

NBR 14037 – Manual de operação, uso e manutenção das edificações – Conteúdo e recomendações para elaboração e apresentação.

NBR 14931 – Execução de estruturas de concreto – Procedimento.

NBR 15575 – Norma de desempenho de edificações.

NBR 15696 – Formas e escoramentos para estrutura de concreto – Projeto, dimensionamento e procedimentos de execução.

NBR 15903 – Qualificação de pessoas no processo construtivo de edificações – Perfil do instalador predial e de manutenção de tubulações de gás.

NBR 16280 – Gestão das reformas.

Blocos (cerâmicos e de concreto)

NBR 6461 – Bloco cerâmico para alvenaria – Verificação da resistência à compressão – Método de ensaio.

NBR 7171 – Bloco cerâmico para alvenaria – Especificação.

NBR 7713 – Blocos vazados de concreto simples para alvenaria sem função estrutural.

NBR 8042 – Bloco cerâmico para alvenaria – Formas e dimensões.

NBR 8043 – Bloco cerâmico portante para alvenaria – Determinação da área líquida.

NBR 8545 – Execução de alvenaria sem função estrutural de tijolos e blocos cerâmicos.

NBR 15270-1 – Componentes cerâmicos parte 1: Blocos cerâmicos para alvenaria de vedação – Terminologia e requisitos.

NBR 15270-2 – Componentes cerâmicos parte 2: Blocos cerâmicos para alvenaria estrutural – Terminologia e requisitos.

NBR 15270-3 – Componentes cerâmicos parte 3: Blocos cerâmicos para alvenaria estrutural e de vedação – Métodos de ensaios.

Portaria Inmetro nº 152, de 08 de setembro de 1998 – Estabelece as condições para comercialização dos blocos cerâmicos para alvenaria (dimensões e marcações) e a metodologia para execução do exame de verificação da conformidade metrológica dos mesmos.

Normas institucionais

NR 18 – Condições e meio ambiente do trabalho na Construção Civil – Ministério do Trabalho e Emprego.

NR 35 – Trabalho em altura (cuidados) – Ministério do Trabalho e Emprego.

Notas

- A numeração das normas é apenas para referência e citação, sem hierarquia ou outro significado.

- As normas aqui citadas são as normas principais. Existem ainda dezenas de normas de interesse parcial. Você tomará conhecimento delas lendo o texto de introdução das normas principais.

- Geralmente, ou em casos específicos, as normas parciais só interessam aos institutos de pesquisa e às empresas de tecnologia de materiais.

- Siga sempre a versão mais moderna de cada norma.

- Existem as normas NBR MS, que são normas aprovadas na ABNT e em uso no Mercosul.

- Existem normas sul-americanas que não devem ser seguidas no Brasil. O caso típico disso é a norma de projeto estrutural do Chile, país onde ocorrem sismos (trepidações e terremotos). Em face disso, a norma chilena para projetos estruturais determina cuidados para reduzir esses efeitos da natureza. Felizmente, no Brasil não ocorrem terremotos e, portanto, a norma chilena não se aplica no nosso país.

- Para consultar lista de normas e sua numeração, acesse: <http://www.abntcatalogo.com.br>.

Lei Federal n° 8078

Código de defesa do consumidor

SEÇÃO IV
Das Práticas Abusivas

Art. 39. É vedado ao fornecedor de produtos ou serviços, dentre outras práticas abusivas: (Redação dada pela Lei n° 8.884, de 11.6.1994)

VIII – Colocar, no mercado de consumo, qualquer produto ou serviço em desacordo com as normas expedidas pelos órgãos oficiais competentes ou, se normas específicas não existirem, pela Associação Brasileira de Normas Técnicas ou outra entidade credenciada pelo Conselho.

Nota

Caso emblemático: um prédio recém-construído para um incorporador ficou cheio de trincas. O incorporador processou a construtora por perdas e danos. Na ação judicial, a construtora chamou o projetista estrutural, subcontratado dela, que apresentou a memória de cálculo, a qual tinha uma divergência com a norma da ABNT, atribuindo um espaçamento da ferragem nas lajes dos corredores pouco maior que o máximo fixado na norma. O perito do juiz relatou o fato, mas declarou que as causas das trincas generalizadas pelo prédio não tinham relação com aquilo. Apesar do alerta do perito do juiz, considerando a divergência com a norma, e como não se descobriu formalmente outra causa, o juiz sentenciou contra a construtora e o projetista da estrutura. Seguramente a causa das trincas tinha outra origem, mas como não se descobriu formalmente outra causa (talvez uma variação na geologia do terreno gerando recalques diferenciais), a divergência formal no projeto, embora fosse insignificante, foi decisiva para a terrível e injusta sentença do juiz. Conclusão: siga as normas da ABNT.

Algumas entidades do exterior que produzem normas:

American Concrete Institute (ACI);

Comité Euro-International du Béton (CEB);

Deustsches Institut für Normung (DIN);

American Society for Testing and Materials (ASTM);

British Standards (BS).

Recomenda-se a leitura do artigo: NAKAMURA, J. Compra conforme. *Guia da Construção*, São Paulo, n. 143, jun. 2013. Disponível em: <http://construcaomercado.pini.com.br/negocios-incorporacao-construcao/143/artigo298941-1.aspx>. Acesso em: 15 abr. 2014.

8 Eventuais divergências entre a construtora e o proprietário da obra

O diálogo entre seres humanos nem sempre é fácil. Pior ainda na realização de obras civis, em que cada uma tem:

- um escopo (objetivo, meta),
- uma localização,
- um contingente de mão de obra,
- um custo.

Nesse caso, os problemas são em maior número.

Vamos narrar as dificuldades de diálogo entre uma construtora e um proprietário para realizar uma obra. A localização da obra, uma ampliação industrial, era na chamada área rural de um município, distante do centro da cidade e, com isso, tudo se complicava. Ao se iniciar o planejamento da obra, a construtora solicitou algumas coisas que, lamentavelmente, não estavam previstas no contrato.

1) Que os seus empregados pudessem almoçar no restaurante da fábrica, restaurante que era de bom nível. A construtora pagaria pelas refeições.

   Pedido negado. O restaurante estava com capacidade lotada. A construtora teria de contratar uma empresa de entrega de marmita de alumínio, pronta e aquecida.

2) Que, pelo menos, o seu engenheiro da obra pudesse almoçar no restaurante de bom nível da fábrica.

   Pedido negado. Atuavam na fábrica dez construtoras com seus respectivos dez engenheiros e eles também haviam feito essa solicitação, mas também para eles isso havia sido negado.

3) Que seus caminhões pudessem usar, pagando, o caminhão de lubrificação do cliente.

   Pedido negado. Essa concessão criaria um precedente.

4) Que fosse disponibilizado um ramal telefônico exclusivo, com a construtora pagando a tarifa das ligações externas.

   Pedido negado. Esse recurso havia sido fornecido 20 anos antes, quando não existiam os telefones celulares. O proprietário concordou que, no máximo, a construtora poderia usar um ramal, não exclusivo, da fábrica.

5) Em cada futuro pagamento mensal à construtora, previa-se uma retenção de 12% a ser restituído no final da obra, se tudo tivesse sido feito como previsto. Como era uma época de inflação alta (maior que 3% ao mês) e como essas retenções não sofriam correção monetária, a construtora solicitou algo muito comum na época (e ainda hoje), que era a troca das retenções financeiras por títulos bancários que seriam comprados pela construtora, e estes títulos tinham correção monetária.

   Pedido aceito. Depois de muito desgaste, o proprietário concordou (como se fosse uma liberalidade, o que não era, pois esse título bancário, de banco de primeira linha, tinha total segurança).

Vemos assim que o que não é acertado previamente, na época da assinatura do contrato, fica difícil de se obter depois.

9 Impostos relacionados à obra e à construtora

Os principais impostos que incidem na atividade de construção civil são:

- Imposto Sobre Serviços – ISS (municipal) (local da obra).

- Imposto sobre Produtos Industrializados – IPI (federal) – Incide sobre a atividade industrial, como, por exemplo, na fabricação de elevadores, bombas, motores, produtos cerâmicos etc. Quando compramos uma betoneira, em seu preço (compra em uma loja de material de construção) incide o IPI, que foi pago pela loja no preço de compra direto da fábrica.

- Imposto sobre Circulação de Mercadorias e Serviços – ICMS (estadual) – Imposto aplicável na venda de produtos industriais. Quando uma construtora compra uma bomba, paga o ICMS, que está embutido no preço.

- Imposto de Renda – IR (federal) – Todas as empresas (e pessoas físicas) pagam anualmente esse imposto. No caso de pessoas físicas, o imposto incide depois de alguns descontos (deduções) aplicados sobre a renda líquida do cidadão. No caso de pessoas jurídicas, o imposto é calculado sobre o lucro obtido.[1] Quando compramos um vibrador para concreto tanto o fabricante como o revendedor incluem, no preço final de venda para a construtora, valores estimados do imposto de renda, tanto do fabricante como da loja.

Nota

- As construtoras pagam o ISS (sobre os serviços) e o IR.

- O fornecimento de concreto usinado é considerado como serviço e tem incidência de ISS.

---

[1] O lucro contábil de uma construtora (ou de uma firma em geral) é o lucro agrupado de todas as suas atividades (no caso de uma construtora, de suas obras, seus giros financeiros, seus aluguéis recebidos etc.). Se uma obra específica tiver prejuízo, o lucro e o imposto de renda da construtora serão menores. A analogia com o imposto de renda de pessoa física é total: se eu gasto mais com despesas médicas, pagamento de pensão etc. menos imposto de renda terei de pagar.

- Existem também as contribuições sociais e previdenciárias, incidentes sobre o valor da mão de obra empregada.

- Existe ainda a contribuição sindical do sindicato das empresas, Crea (engenheiros), CAU (arquitetos) e outros.

- Em muitos estados, existe a contribuição para o Serviço Social da Construção Civil (Seconci) – cada estado tem esse serviço de forma independente – que fornece serviços médicos e odontológicos para trabalhadores da Construção Civil.

10 Tipos de estrutura de concreto: concreto armado, concreto protendido, concreto aparente, concreto revestido, concreto não revestido e estrutura com alvenaria colaborante

Entendamos a classificação explicada das estruturas de concreto de maneira muito simplificada:

Concreto armado: concreto e armadura que não receberam esforço (com exceção do peso próprio) antes do uso.

Concreto protendido: estrutura que, antes de funcionar, recebe, por cabos de aço, esforço de compressão, aumentando a resistência da peça em produção. As estruturas de concreto protendido são muito comuns em obras de grande porte, como pontes e outras obras de grande vão.

Temos também a seguinte divisão em termos de fachada (superfície externa principal):

Concreto aparente:[1] concreto que deve ter beleza estética.

Concreto revestido: concreto que vai ser revestido com argamassa ou outro material. É o caso mais comum em estrutura predial.

Concreto não revestido: concreto usado em pontes, barragens etc. Não se exige beleza visual.

Existem ainda as estruturas autoportantes (com alvenaria colaborante), como vários casos de edificações térreas e prédios sem vigas nem pilares.

Em nossa obra de referência (prédio de apartamentos), embora o revestimento esteja fora do escopo da construtora, a estrutura é de concreto armado, que será revestido.

A estrutura do nosso prédio de referência é composta por: lajes maciças, vigas, pilares, escadas e caixa-d'água, além das sapatas (fora do escopo da construtora), tudo em concreto armado. Está incluso no escopo (trabalho contratado da construtora) a execução da alvenaria, externa ou interna, usando blocos cerâmicos.

---

[1] No item 27 deste livro, é abordada, em mais detalhes, a produção de concreto aparente.

Nota

Ver item 36 deste livro, no qual se mostra que, às vezes, em estruturas que não previam o funcionamento da alvenaria como elemento estrutural, o prédio só está de pé graças à colaboração estrutural da alvenaria.

11 A Construtora Andorinha Azul e as personalidades dos três sócios

A Construtora Andorinha Azul Ltda., na época da obra do "Edifício Solar dos Girassóis", tinha seis anos de existência. Era uma construtora de pequeno para médio porte e localizava-se numa rica e pujante cidade do interior de um estado bem desenvolvido do país.

O capital social da construtora era de R$ 660.000,00, já integralizado por três sócios: um engenheiro civil, uma arquiteta e um homem de negócios. Esse capital, composto por igual entre os três sócios, foi integralizado e inscrito na Junta Comercial.[1]

O estatuto social de uma empresa equivale conceitualmente ao registro de nascimento de uma pessoa, definindo seu nome e quem são seus pais, assim como a certidão de casamento define os casados e a forma de junção ou não de bens. No estatuto da empresa de nosso exemplo, constava que os três sócios tinham os mesmos direitos e deveres, e que os cheques e documentos da construtora poderiam ser assinados apenas por dois dos três sócios,[2] ou seja, requeriam uma assinatura dupla. A Construtora Andorinha Azul vinha construindo casas, prédios residenciais, obras comerciais e obras municipais da cidade-sede e de cidades próximas.

A divisão do trabalho entre os três sócios era:

- Flávia, a arquiteta, era a responsável por projetos de arquitetura e de construção civil;

- João Antônio, o engenheiro civil, era o responsável pela condução das obras da construtora;

- Guilherme, o homem de negócios, era o responsável pela administração geral e pelo marketing da companhia.

Observação: A construtora desejava, em um futuro próximo, entrar no campo da incorporação. Para isso, precisava aumentar seu capital.

---

[1] Orgão oficial que registra e documenta dados de empresas. Ela equivale aos cartórios de registro civil, onde os dados de cada cidadão, como a data de nascimento, casamento e morte, o nome dos pais etc., estão registrados.

[2] A prática de exigir duas assinaturas de sócios é uma medida de cautela, para evitar que em um eventual ato insano, um dos sócios, isoladamente, faça algo que prejudique a empresa.

Nota

A arquiteta e o engenheiro tinham experiência anterior como profissionais autônomos da construção civil.

> **Atenção:** Na área de obras públicas, uma
> construtora recebe o nome de empreiteira,
> sem alteração de nenhum conceito adminis-
> trativo ou técnico. Trata-se apenas de uma
> questão de denominação.

Na época de sua constituição, a construtora tinha como únicos sócios a arquiteta Flávia e o engenheiro João Antonio. Confessamos que nenhum dos dois gostava
de administrar, e a construtora, até então, só engatinhava. Os dois sócios decidiram,
portanto, convidar o homem de negócios, Guilherme, para que também se tornasse
sócio e cuidasse da administração e do marketing da construtora. Guilherme topou,
e passou a cuidar da construtora em tempo integral. Uma das coisas que lhe chamou
a atenção era a técnica de fazer e entregar as propostas de execução de obras. Em
regra geral, essas propostas, antes da entrada de Guilherme, tinham:

- quatro páginas descrevendo o que seria feito; e
- cinco páginas descrevendo, com detalhes, **o que não seria feito.**

Guilherme, o homem da administração, mudou tudo. E, com sua orientação, as
novas propostas passaram a sair da seguinte forma:

- quatro páginas descrevendo o que seria feito; e
- duas linhas – **apenas duas linhas** e não mais que duas linhas – dizendo
  que o que não estivesse descrito como "a fazer", **poderia, sim, ser feito
  pela construtora, em bases a negociar...**

Pode-se perceber a diferença...

E, então, a construtora Andorinha Azul começou a crescer...

Notas

- Outro cuidado do sócio Guilherme era sempre sugerir nas propostas parcelas
  de pagamento maiores no início das obras, para gerar um caixa de recursos
  monetários. Guilherme sempre dizia, para surpresa disfarçada de seus dois
  outros sócios: "dinheiro em caixa é ferramenta de trabalho".

- Por falha deste autor que vos escreve, não se contou que tanto a arquiteta
  como o engenheiro, sócios da construtora, eram solteiros quando esta história
  aconteceu. Guilherme, o administrador, já era casado. Um dia, após esta obra
  de referência, os sócios solteiros se casaram com seus antigos namorados, e
  o que aconteceu na vida da construtora depois desses casamentos é assunto
  para outro livro... Assunto momentoso, acreditem.

12 Entendendo o fck e o fc28 do concreto

O fck

Nos desenhos de formas de um projeto estrutural de concreto armado, deverá constar, obrigatoriamente, uma indicação do tipo: fck = 20 MPa (200 kgf/cm^2); outras informações também podem ser adicionadas. Mas o que isso significa?

Do ponto de vista conceitual, isso significa que o projetista da estrutura responde pelo projeto estrutural se o concreto for executado de tal maneira que, quando pronto, se extrairmos um grande, um enorme, número de corpos de prova desse concreto e os rompermos à compressão, depois de 28 dias, no máximo 5% dessas amostras deverão ter resistência à compressão menores do que o valor do fck, que pode ser igual a 20, 25, 30 ou 40 MPa (valores-padrão das normas). O fck (resistência característica) é, portanto, uma exigência para o concreto endurecido e uma especificação da construção. Na prática, tiraremos uma quantidade muito reduzida de corpos de prova, em face dos custos de seu estudo e por outros critérios estatísticos da norma NBR 12655, teremos o chamado fck estimado (ou fck da obra). Essa norma nos diz, por seus critérios estatísticos, se aceita ou não a concretagem em estudo.

O fck, ou resistência característica, é, portanto, um valor mínimo probabilístico, aceitando-se **até** 5% dos valores mais baixos do que o valor fixado. Esse valor mínimo seria determinístico, se não se admitisse nenhum valor mais baixo. Destacamos que a norma exige a verificação do fck não para toda a obra, mas sim para partes dela, permitindo, assim, identificar parte por parte da obra

E o fc28?

Assim como o fck é uma medida de posição referida a 5%, o fc28 é uma medida de posição referida a 50% dos resultados, ou seja, é a média aritmética de todos os valores da amostra. Assim, se a partir dos resultados dos corpos de prova de uma estrutura fizermos a média aritmética das suas resistências, obteremos então o fc28.

Sempre, sempre, sempre:

fc28 > fck

O fck é fixado pelo projetista da estrutura e ele admitirá que a obra obterá vários lotes de concreto com a mesma característica fck. **O fc28 é usado unicamente**

como diretriz de dosagem de concreto, ou seja, um valor intermediário que ajudará na procura por uma dosagem que leve ao fck.

Entendamos o significado de cada letra da expressão fck:

- **f** vem do inglês representando o conceito de resistência à compressão;

- **c** vem do material concreto;

- **k** significa valor estatístico.

Estudos mostram que o universo de resultados das resistências dos corpos de prova de uma produção de concreto se distribui de maneira bem próxima à curva normal (curva de Gauss) e essa hipótese gera os critérios estatísticos das normas NBR 6118 e NBR 12655.

Na famosa e respeitável "Tabela de Traços" do engenheiro Caldas Branco, muito usada em pequenas obras com produção local de concreto, o critério de entrada para escolher o traço (composição) é o fc28. Seguindo as recomendações dessa tabela e colocando o mínimo de água possível, do conceito de fc28 alcançamos o conceito do fck desejado.

Milhares e milhares de obras de pequeno e até de médio porte no Brasil antes da generalização do uso de concreto usinado usaram, e ainda usam, as famosas tabelas de Caldas Branco e obtiveram excelentes resultados.

Notas

A compreensão e a utilização da norma 12655 são facílimas e diretas, sendo que todo responsável por uma concretagem e por uma obra deve consultá-la. Sugestão: leia a norma e depois use-a. Não deixe para outros a interpretação dos resultados importantes. Veja também o item 26.1 do livro Concreto armado eu te amo, volume 1.

Na antiga, e sempre respeitada, norma NB 1/78, que antecedeu a NBR 6118, constava (no item 8.3.1.2):

fcj = fck + 1,65 Sd

Onde:

fcj   é o fc28 (média aritmética simples dos resultados – resistência – do teste de compressão das amostras de concreto);

Sd   mede o nível de qualidade da produção do concreto e vale:

Sd = 70 kgf/cm^2 (7 MPa) para obras pequenas.

Sd = 55 kgf/cm^2 (5,5 MPa) para obras médias e com algo mais de qualidade na produção do concreto.

O fck de nossa obra

Os dois fck mais usados para obras como as do nosso prédio são:

- fck 20 MPa;

- fck 25 MPa.

No nosso caso, foi usado o fck igual a 20 MPa. Em ambientes mais agressivos seria usado, por exemplo, fck igual a 30 MPa. Quanto maior o fck, mais cara será a aquisição desse concreto com as concreteiras. A razão do aumento do custo está ligada à necessidade de uso de mais cimento por m^3 de concreto.

Ao comprar concreto de usina, compra-se pelo fck, ou seja, espera-se que o concreto entregue no portão da obra seja tal que, se moldados, os corpos de prova previstos pelas normas tenham a resistência característica igual ao fck escolhido pelo projetista estrutural e esse fck deve ser indicado nos documentos que vão para a obra.

Nota importantíssima

A responsabilidade da concreteira (fornecedora do concreto) termina no portão da obra ou no ponto de lançamento do concreto, se foi contratado o concreto e o bombeamento. O lançamento do concreto nas formas, se está chovendo forte e não se tomou cuidado para evitar a entrada de água no concreto, o espalhamento correto do concreto em lajes, a vibração do concreto, a cura do concreto e tudo mais é de responsabilidade da construtora incluso aí os cuidados com formas, escoramentos, tempos de retirada de formas e de escoramento.

O engenheiro Nelson Newton Ferraz pondera que na compra do concreto de usina sempre se peça de 5% a 10% a mais, pois as formas se abrem de algo, perde-se concreto no manuseio e fica concreto na bomba no final do bombeamento.

13 Estratégias para fazer propostas e depois administrar uma obra remunerada a preço global

Um filósofo (negativista) da Construção Civil (S. B.) alertou **dramaticamente** este autor:

— Botelho, Botelho. Se você, um dia, entrar numa concorrência de uma obra a ser remunerada a preço global, ou seja, tudo tem que estar previsto no valor da proposta, tome muitos, mas muitos cuidados, e com isso você não terá muitas surpresas durante a obra.

Mas, com a inclusão de todos os custos do que pode acontecer (fortíssimas chuvas, greves etc.), uma coisa é certa: em face do alto custo de sua proposta, você perderá a concorrência e não fará a obra.

Diante dessas palavras aterradoramente negativas, este autor saiu a correr o mundo à procura de como resolver a questão, ou seja:

a) a construtora, com muita chance, ganhar a concorrência,

b) a construtora não ter prejuízo e, sagrada, sagradamente, obter lucros com a obra.

Depois de ouvir vários outros especialistas (meus gurus), consegui chegar às diretrizes que exponho para análise dos leitores:

- fazer um orçamento dos custos da obra (o que a construtora vai gastar) e quanto a construtora vai receber, se fizer a obra;

- classificar os riscos em níveis de probabilidade de ocorrer, e incluir, no valor da proposta, apenas os **custos dos riscos mais prováveis** – e esquecer, nesse momento, os outros menos prováveis;

- sobre os custos da obra então previstos, aplicar um BDI (Benefícios e Despesas Indiretas da construtora), o que paga estimativa de lucro, despesas de escritório e pessoal indireto, custos com contador, advogado e especialista em segurança do trabalho, alguns riscos etc. Um BDI clássico é o valor 35%. Ou seja, multiplicar o valor dos custos previstos da obra pelo fator 1,35, gerando, então, o preço de venda da construtora, ou seja, aquilo que o proprietário terá de pagar a essa construtora;

- prever, na proposta, um fluxo de pagamentos com maior entrada de pagamentos no início das obras;

- transformar a obra (e isso vale para todas as obras) em um centro de negócios e, a cada caso não previsto, ou seja, ocorrendo situações com seus custos não incluídos no preço da proposta, propor para o cliente, imediatamente, o adicional para executá-lo. Para que você tenha força psicológica de lutar para impor sua decisão, é necessário que a obra esteja indo bem em prazos, qualidade do produto, limpeza e ordem do canteiro.

- vale a famosa frase: "o cavalo conhece o cavaleiro" e, no caso, o cavalo é a obra (e o proprietário) e o cavaleiro, a construtora.

Realmente, a contratação por preço global separa as construtoras de experiência e qualidade das construtoras inseguras.

Regra diabólica: "lei do retorno"

Várias construtoras, ao lerem um edital de concorrência, encontram, por vezes, um item no futuro contrato (que é assinado pela construtora que vence), a cláusula leonina (e põe leonina nisso), a qual afirma que: "**a construtora ora contratada analisou o projeto e concorda com ele, assumindo todas as responsabilidades daí decorrentes**".

Isso é um absurdo, pois na prática é impossível que, na fase de concorrência, a construtora analise todo o projeto e assuma a responsabilidade total por esse projeto.

Muitas construtoras recusam-se a assinar esse contrato por entender que ele é leonino, ou seja, favorece o proprietário e é altamente injusto, e até ilegal, para a construtora.

Mas, dizem, existe a **lei do retorno**, e conheci uma construtora (num país de fala hispânica) que assinava esse contrato com esse termo e preparava o "retorno". Assinado o contrato, e com a obra iniciando, a construtora contratava um escritório de projetos de sua absoluta confiança pedindo para esse escritório passar um "pente fino" em tudo, procurando eventuais falhas ou erros. Claro que a construtora pagava os honorários desse escritório. Sempre se acham falhas ou diferenças de opinião em projetos de construção civil. Já com a lista de falhas na mão, a construtora ia até o cliente, mostrava as falhas e dizia que não poderia continuar com a obra mantendo-se as falhas. Diante dessa situação, o proprietário era obrigado a pagar um sobrepreço para as novas soluções. Foi uma fórmula achada por essa diabólica (?) construtora para resolver o problema. É a lei do retorno.

14 As várias licenças para construir

Conforme a vida se sofistica, aumentam as restrições nos atos dos cidadãos e isso é claramente necessário e benéfico, embora por vezes irritante pelas exigências. Por exemplo, no passado não havia restrição ao som (barulho) produzido nas obras. Os vizinhos tinham de aceitar o convívio com os ruídos, e era difícil exigir limites. Hoje em dia, em vários municípios existem leis que regulam e limitam a produção e o horário de emissão de ruídos em obras.

O exemplo mais típico de licença para construir é o chamado **alvará de obra**, documento municipal que autoriza o início de uma obra, após o corpo técnico da prefeitura analisar o projeto arquitetônico e, por vezes, alguns outros projetos.

Há casos de necessidade de comprovar que a área a construir não ofende o zoneamento municipal (quando ele existe), não tem pendências de poluição do solo, não é parte de ocupação antiga e histórica etc.

Para uma obra pública viária na Região Metropolitana de São Paulo, chamada de Rodoanel, o próprio governo estadual, dono da obra, gastou mais de dois anos para obter a autorização, por parte de entidades de meio ambiente, para a execução da obra.

Pelo visto, como a obtenção dessas autorizações para construir demoram, por vezes, muito tempo para ser emitidas, cabe definir, com clareza, quem irá obter essas autorizações, e se a construtora ou o proprietário contratará consultoria de terceiros para essa obtenção.

E, quando a obra está pronta, temos de obter o famoso "habite-se", documento municipal o qual atesta que a obra foi realizada de acordo com o projeto liberado, e que pode ser utilizada. O termo "habite-se" aplica-se tanto a obras residenciais como a outros tipos de obra.

Cada município pode produzir seu próprio Código de Obras, bem como seu Código de Zoneamento, aos quais o "habite-se" terá de atender.[1] Em alguns estados

---

[1] Caso curioso aconteceu há duas décadas. O governo de um estado decidiu construir cinco penitenciárias, distribuídas por todo o estado. Como num passe de mágica, todos os municípios desse estado aprovaram leis municipais de zoneamento, proibindo a construção de presídios, município por município. Formalmente, cabe a cada município fixar sua lei de zoneamento. Porém, se todos os

do Brasil, existe o chamado Código Sanitário, que se aplica quando o município não tem códigos próprios.

No nosso caso de exemplo, a construção do prédio de referência, o Solar dos Girassóis, a obtenção das licenças de execução não faz parte do escopo de trabalho da Construtora Andorinha Azul. Isso é o que diz o contrato...

Nota

Em algumas poucas cidades de porte médio, para liberar uma obra, a prefeitura exige os projetos de fundações, estrutura e instalações do prédio a ser construído. Com esse material entregue pelo incorporador, tudo isso é enviado para firmas de engenharia, arquitetura ou tecnologia da cidade para análise.

Para grandes cidades, essa exigência não costuma ser feita.

No passado, seguindo a orientação do famoso engenheiro sanitarista Saturnino de Brito, para aprovar na prefeitura a construção de casas na cidade de Santos e na capital paulista era necessário que o interessado apresentasse o projeto das instalações hidráulicas da nova construção. Com o gigantismo do crescimento das cidades, essa prática ficou inaplicável.

---

municípios fizessem isso, o governo estadual, responsável pelos presídios, não teria como colocar os novos presos que já lotavam as penitenciárias existentes. O governo do estado entrou na justiça e, esta, diante da situação de fato, anulou todas as leis municipais que impossibilitavam a construção de novos presídios.

15 Profissionais de apoio necessários a qualquer construtora

Os profissionais técnicos que estão no início de sua carreira ou de sua atividade empresarial com uma construtora não podem deixar de ser alertados para a importância da existência, colaborando com a construtora, dos seguintes profissionais:

Contador, que organizará os documentos da firma e indicará os impostos a pagar e os recolhimentos dos salários e pagamentos de terceirizados e subcontratados.

Além disso o contador resolverá assuntos específicos, como orientar às seguintes questões:

- uma compra de equipamento deve ser lançada como despesa ou como aumento do patrimônio?

- devemos alugar ou comprar um equipamento?

- devemos alugar ou fazer *leasing* de um equipamento que a construtora não tem?

- se estiverem incidindo impostos a pagar por excesso de lucro contábil, devemos comprar uma construtora com situação de déficit monetário e atraso de pagamentos de impostos?

- é vantajoso comprar o edifício-sede da empresa em nome da empresa ou quem deve comprar são os sócios que a alugarão para a construtora?

O diálogo engenheiro-contador costuma ser dificílimo e existem construtoras que, quando começam a crescer, tomam duas providências estratégicas:

- o contador, que era externo à construtora, torna-se interno e passa a fazer parte da direção;

- a construtora contrata um administrador de empresas com conhecimento de contabilidade para ser uma ponte, um elemento de diálogo, entre o contador e os engenheiros da construtora.

Mesmo com a extrema dificuldade de diálogo entre técnicos e contadores, a **presença de um contador, integrante da direção – eu disse direção – da construtora, é fundamental.**

Frase de um filósofo do mundo das construtoras:

Se analisarmos as construtoras pelo seu porte, ou seja, seu faturamento anual, verificaremos que, quanto maior a construtora, em posição mais alta fica o seu contador. É impossível crescer sem a presença crítica de um contador na mais alta diretoria.

Advogado trabalhista, para orientar sobre cuidados no relacionamento com a mão de obra.

Só para enfatizar: o livro denominado "Livro de registro de empregados" deve ser mantido na construtora ou, no caso de fim desta, com o proprietário liquidante, por 30 anos – eu disse 30 anos – depois do fechamento da construtora. A razão desse tempo enorme está ligada a direitos previdenciários dos empregados.

Especialista em segurança do trabalho, para orientar os cuidados a que a obra, desde a implantação do canteiro de obras até a fase de acabamento, deve atender.

Notas

Uma contadora de alto nível foi contratada por um sindicato patronal para fazer uma conferência prática e direta sobre a construção civil. Ela topou, mas adotou o chamado "método botelhano de organização de reuniões".

Quem quisesse participar da conferência como assistente teria de, dez dias antes da reunião, apresentar lista de dúvidas e já com uma primeira resposta para cada dúvida, além de informações sobre tributos calculados e pagos.

Inscreveram-se para a conferência cerca de sessenta construtoras, a maioria de pequeno a médio porte.

No dia da reunião, a contadora avisou:

— Analisei o material que vocês me entregaram com antecipação. Quero garantir e provarei neste treinamento que mais de 40% das construtoras aqui presentes estão erradas e, desnecessariamente, pagando impostos a mais...

Dessa maneira, entende-se a importância do contador em uma empresa e em uma construtora.

16 Exigências do cliente e especificações da obra

Uma das atividades obrigatórias na fase de concorrência e antes da contratação da obra é a produção das especificações a que a obra deve atender.

Assim, nas especificações que orientarão o preço da construtora na fase de orçamento, precisam ser definidos, em documento formal (escrito), os seguintes itens mínimos:

- local da obra e descrição dos limites do terreno;
- necessidade ou não de obtenção de aprovações legais para o início da obra;
- tipo genérico da construção;
- lista de desenhos e especificações, como, por exemplo, a especificação de impermeabilização;
- lista de materiais e equipamentos a serem colocados na edificação;
- eventuais marcas preferidas dos equipamentos;
- outras exigências.

Assim, o documento formal para o orçamento precisa ser produzido por um profissional do ramo, como um engenheiro civil ou um arquiteto, ou um tecnólogo, e com assistência de um advogado para os aspectos administrativos e financeiros.

Notas

- Desenhos e especificações produzidos com qualidade diminuem os problemas de obra e, com isso, os prazos de execução;

- Não há a necessidade de, em cada obra, fazer (produzir) especificações detalhadas. Basta ter um documento padrão, no qual, a cada obra, se acrescenta ou elimina algo.

O órgão estadual Saneamento do Paraná (Sanepar), por exemplo, tem essas especificações transcritas na internet. Idem o órgão federal Secretaria de Estado de Gestão Administrativa e Desburocratização (Seap). Ver <http://site.sanepar.com.br/sites/site.sanepar.com.br/files/informacoes-tecnicas/mos-alteracoes-3a--edicao/especificacao_basica_obras_concreto.pdf>.

Uma crítica: nessas duas especificações estatais, como é de rotina, o texto é muito favorável à entidade contratante, deixando de cuidar dos justos direitos e interesses da construtora. Por exemplo: nessas especificações, nada consta dos indiscutíveis direitos da construtora quando o cliente começa a atrasar pagamentos. É o chamado silêncio jurídico, "direito de príncipe" (numa linguagem bem figurada) ou "omissão leonina".

17 Orçamento da obra, preço global e formas de pagamento

Sempre lembrando que vamos amarrar o trabalho a uma obra de referência didática, vamos aos dados que geraram a proposta de preço da Construtora Andorinha Azul para o Edifício Solar dos Girassóis.

Os resultados estão sumariamente reproduzidos a seguir:

- volume de concreto armado: 231 m³;

- área de alvenaria (externa e interna) revestida: 1.365 m².

Neste livro, os cálculos de custo, baseados nos quantitativos de serviços e no preço de venda, são apenas para simples apoio didático.

Dados de custo para a construtora da estrutura de concreto armado e alvenaria

Planilha de orçamento (material mais mão de obra) do Edifício Solar dos Girassóis Data: fevereiro de 2014				
Descrição	Un.	Quanti-dade	Valor unitário	Valor total
Superestrutura				
Forma				
Formas planas para concreto (aparente e para revestimento)	m²	1.953	107,90	210.726,70
Escoramento	m³	60	30,60	1.836,00
Travamentos e escoras metálicas (aluguel por 120 dias)	m²	177	132,00	23.364,00
Armadura				
Aço CA 50 fyk = 500 MPa	kg	7.525	8,60	64.715,00
Concreto dosado, bombeado e lançado fck 20 MPa	m³	231	445,00	102.795,00

Descrição	Un.	Quantidade	Valor unitário	Valor total
Alvenaria e outros elementos divisórios				
Alvenaria				
Alvenaria de tijolo cerâmico furado espessura nominal 15 cm	m^2	765	51,00	39.015,00
Alvenaria de tijolo cerâmico furado espessura nominal 20 cm	m^2	600	70,20	42.120,00
Revestimentos: teto e parede				
Revestimentos de paredes internas				
Chapisco	m^2	1.733	5,80	10.051,40
Emboco	m^2	1.733	27,80	48.177,40
Reboco	m^2	1.733	20,80	26.936,00
Pisos internos/rodapés/peitoris				
Lastro para pisos e enchimentos de rebaixos de lajes				
Lastro de pedra britada	m^3	20	140,00	2.800,00
Argamassa de regularização cimento e areia média – traço 1:3 espessura 2,5 cm	m^2	528	25,20	13.305,60
Revestimento de pisos				
Cerâmica antiderrapante (tipo monoqueima) 31 × 31 cm	m^2	902	65,40	58.990,00
Serviços complementares				
Complementos externos/canteiro de obra/alambrado				
BC-05 banco de concreto contínuo	m	30	198,00	5.940,00
Valor global				**650.774,90**

Observação: As instalações elétricas e hidráulicas, as esquadrias, os complementos e o revestimento externo não foram orçados por não fazerem parte do escopo da obra.

Os custos indicados e que resultarão no valor global a cobrar do cliente são as despesas da construtora na obra. O cliente deverá pagar esses custos multiplicados pelo fator de Benefícios e Despesas Indiretas da construtora (BDI).

No caso de BDI igual a 35% (fator multiplicativo 1,35; e valor adotado pela construtora nessa obra), podemos dividi-lo em:

DI igual a (aproximadamente) 20% (multiplicador 1,2)

B igual a (aproximadamente) 15% (multiplicador 1,15)

Preço de venda = (Valor total dos itens) × BDI = R$ 650.774,90 × (1,2 + 1,15 = 1,35) = R$ 878.546,11

> Valor que será expresso na proposta de preço global:
>
> R$ 878.546,11

Nota confidencial (só contada aos leitores deste livro)

A proposta da construtora foi, na verdade, de R$ 927.570,00, dando uma folga (a popular gordura) para negociar...

Apenas como exercício didático (ligeiramente cômico e altamente expressivo), consideremos três situações opostas e limites:

1) A construtora faz propostas e, **lamentavelmente, esquece** sempre de aplicar o BDI sobre o valor total dos itens. Veja o que acontece depois de algumas obras:

- Falta dinheiro para pagar o aluguel da sede. O contador, a secretária e o *office-boy* não recebem salários; a conta telefônica não é paga e faltam grampos no grampeador. A retirada financeira dos donos da construtora não existe, tudo isso por falta de dinheiro.

- Todavia, como nesse valor foram considerados os custos de obra, o pessoal da obra recebe e os impostos sobre a mão de obra são pagos, e os fornecedores de material e equipamentos também recebem.

O valor da proposta, e que se tornou (algo que não recomendamos, felizmente é uma ficção) o valor do contrato, então, foi de:

R$ 650.774.90

2) A construtora faz propostas aplicando o DI, mas, lamentavelmente, esquece o B (do BDI). Nessa situação, a construtora:

- Como na situação 1, paga à mão de obra mais leis sociais, paga os fornecedores de materiais e equipamentos;

- Paga o aluguel da sede, o contador, a secretária e o *office-boy*. A conta telefônica é paga e não faltarão grampos para o grampeador. Os donos da construtora, entretanto, não conseguem retirar nenhum dinheiro (nenhum centavo) da construtora e, com isso, não conseguem fazer o sagrado supermercado de cada mês, essencial para a alimentação de suas famílias. Talvez tenham de comprar fiado... ou usar o caríssimo cheque especial.

Então, nesse caso, o valor da proposta, que se tornou o valor do contrato, foi de:

R$ 650.774,90 × 1,2

R$ 780.929,88

3) A construtora faz propostas e aplica o BDI (35%); com isso, todas as despesas da construtora se pagam e seus proprietários podem tirar o lucro da firma, mas

no fim do ano o Imposto de Renda também dá a sua mordida no lucro contábil da construtora que, como sabemos, é calculado com outros critérios.

Então, o valor da proposta foi de:

R$ 650.774,90 × (1,2 + 1,15)

R$ 878.546,11

Os proprietários poderão fazer a compra do supermercado do mês, sem pedir fiado ou usar o cheque especial.

Concluindo, o valor da proposta é:

R$ 878.546,11

Forma de pagamento

Não existe realisticamente o valor de proposta se não falarmos na forma de seu pagamento.

No caso, a forma de pagamento acertada no contrato com o proprietário foi a seguinte:

- relembremos a forma de remuneração "preço global": valor total de **R$ 878.546,11**;

- pagamento inicial (no máximo em cinco dias da assinatura do contrato): 20% do total, ou seja, 20% de R$ 878.546,11 = **R$ 175.709,22**;

- oito parcelas mensais sucessivas, e iguais, de **R$ 87.854,51** (R$ 878.546,11 – R$ 175.709,22 = R$ 702.836,89, que dividido por oito é igual a **R$ 87.854,61**), pagas até o terceiro dia útil de cada mês;

- retenção em todas as parcelas de 5%, o que será devolvido no final da obra, se for concluída com qualidade. O total das retenções será: R$ 878.546,11 × 0,05 = **R$ 43.927,30**;

- correção monetária de todas as parcelas, **desde a data da entrega da proposta**, segundo evolução do Custo Unitário Básico (CUB) do estado da obra.

- Em propostas e contratos por preço global, o cliente (proprietário) não tem o direito de perguntar qual BDI foi usado. Mas se ele perguntar, responda:

  – Foi usado o BDI padrão de 35%, ou seja, o BDI que o Botelho recomenda como resposta padrão!

Notas

- A observação de que a correção monetária tem início desde a data da entrega da proposta é muito importante, pois, às vezes, desde essa entrega até a assinatura do contrato podem passar meses. Com essa cláusula, evitaremos discussões inúteis.

- Na remuneração por preço global, não existe o conceito de medição para o cálculo do pagamento mensal, como existe na modalidade de preços unitários. Todavia, é comum o proprietário, por meio de um subcontratado, medir o avanço do trabalho para ver se esse trabalho acompanha o cumprimento dos prazos. Deve ficar claro que o proprietário só deve pagar as parcelas mensais quando a obra tem um avanço coerente com o seu cronograma.

- Em propostas e contratos por preço global, o cliente (proprietário) não tem o direito de perguntar qual BDI foi utilizado. Mas se ele perguntar, responda: *Foi usado o BDI padrão de 35%, ou seja, o BDI que o Botelho recomenda como padrão!* (repetição por ênfase).

- Na proposta da construtora, constava a cláusula de que o pagamento mensal se daria até três dias antes do fim de cada mês. Com isso, o pagamento da mão de obra e outras despesas da obra, que acontece no primeiro dia útil de cada mês, era coberto por esse pagamento. Na negociação, infelizmente, essa cláusula não foi aceita e a previsão de pagamento ficou para o terceiro dia útil do começo de cada mês. Conclusão: ou a construtora paga a mão de obra no primeiro dia de cada mês com recursos próprios (capital) para depois receber do proprietário, usando para isso seu sofrido e limitado capital de giro, ou faz um acordo com um banco, que antecipa por dias o numerário para pagar a mão de obra (pagando taxas).

- O sócio Guilherme, o único sem formação técnica específica, mas com faro de negócios e olho de águia faminta, dizia:

  "Por vezes, a forma de pagamento é mais
  importante que o total do pagamento."

Filosofemos

Como a proposta é por preço global, o valor de **R$ 927.570,00** será o valor da proposta da construtora, sem mostrar para o cliente a divisão nos dois itens: estrutura e alvenaria.

Se a construtora for racional e econômica, ela poderá ganhar mais que o previsto e, se ela for desorganizada e não cuidar dos custos e de técnicas de execução, ela ou ganhará pouco, ou poderá mesmo perder dinheiro.

Um dos muitos exemplos de aumento de custos da construtora (e que ela não poderá repassar ao proprietário) pode ser a produção de formas de madeira que se abrem e se deformam e, com isso, teremos de comprar (e implacavelmente pagar) mais de 231 m^3 de concreto da usina quando, no caso de formas que não se abrem, pagaríamos exatamente 231 m^3. Nunca se esqueça da recomendação da compra do concreto acrescentando algo próximo de 5% ao volume interno das formas, considerando-se as perdas e a abertura das formas.

Outro exemplo de aumento de custos para a construtora é fazer paredes com argamassa de assentamento muito grossas e não ter pequenos cuidados, como reusar a argamassa que caiu no chão, por meio da utilização de placas de madeira para não deixar essa argamassa se sujar ao cair no chão permitindo seu reúso, diante de um retorno à caixa de massa e sua remistura com a massa dessa caixa. Esses pequenos cuidados criam na obra a noção de procura por qualidade e por limitação de custos e podem influenciar positivamente várias outras atividades.

Outro caso é o desperdício de recursos humanos. Um mestre de obras que não saiba comandar é, em geral, a causa desses problemas, ao dar ordens confusas, não coibir discussões entre os empregados, não planejar tarefas, ser desorganizado, não reclamar de entrega atrasada ou da falta de materiais etc. Sem dúvida, o assunto "relações humanas" é, também na construção civil, que usa muita mão de obra, uma das tarefas mais importantes.

Curiosidade

Em uma reunião de condomínio de um prédio residencial, foi apresentada por uma construtora sua proposta de reforma da laje que estava pingando e outras pequenas obras. A construtora, por falta de experiência, colocou na sua proposta de preço global como chegara ao valor, destacando gasto com o 13º salário dos empregados e a previsão do pagamento do seu Imposto de Renda. Isso "pôs fogo" na assembleia, pois alguns condôminos despreparados diziam que gastos com o 13º salário dos empregados e o Imposto de Renda eram problema da construtora e não do condomínio.

Sejamos realistas: quando compramos algo, e até uma reforma predial, o que pagamos à construtora é um valor monetário e o correto é que a construtora tenha previsto, no seu preço de venda, parte do recebimento para pagar tudo, e nesse tudo estão inclusos o 13º salário e o Imposto de Renda. Quem paga proporcionalmente todas as despesas são sempre os clientes, implacavelmente...

18 Estratégias comerciais usadas por alguns incorporadores prediais

Embora este livro seja sobre construtoras de até médio porte, é de interesse saber como os incorporadores comercializam seus prédios de apartamentos, de escritórios e unidades de negócios, mesmo porque o sonho de muitas construtoras é crescer e atuar, em futuro próximo, como incorporadoras e muitos clientes das construtoras são incorporadoras.

Lembrando que os incorporadores são pessoas jurídicas ou pessoas físicas como homens e mulheres de dinheiro que contratam construtoras para executar obras que, depois, serão vendidas ou alugadas por esses investidores. O caso mais comum, mas não único, de um incorporador é vender as unidades pelo retorno imediato já no início das obras, que a venda propicia, permitindo aplicar o recebimento em novos empreendimentos.

Os métodos comerciais e institucionais de incorporadores podem ser:

Método um – O prédio destina-se a ter, quando pronto, suas unidades alugadas. Logo, o incorporador só receberá os aluguéis para pagar seu capital imobilizado (o custo do prédio com o custo do terreno). Esse não é o caso mais comum, mas existe.

Método dois – O dono de duas excelentes e lucrativas padarias, com o lucro da venda de pães, doces e outros itens alimentares, comprou um terreno e mandou construir um prédio de escritórios. Nem placa comercial de venda de unidades ele colocou. Ele decidiu pagar toda a obra com os lucros que iam entrando, provenientes das duas padarias. O prédio levou quatro anos para ser construído, pois a renda das duas padarias era pouca para construir com velocidade. Só com o prédio pronto ele vendeu as unidades. É claro que o preço de venda de cada unidade com o prédio já pronto é maior que o preço de um prédio ainda em construção.

Método três – Uma incorporadora de alto conceito e recursos, desde o início do empreendimento, vendia as unidades com cláusula de correção monetária, diante do prazo de obras previsto para catorze meses. O preço de unidades não vendidas também crescia ao longo do tempo de obra mais que a inflação como um fato do mercado, esse mercado paga mais por uma obra pronta ou quase pronta do que por uma obra no início.

Método quatro – Método em que cada comprador de unidade paga mensalmente ao incorporador uma quantia para a execução da obra. Não existe preço fixo de venda, pois o que vai governar o pagamento mensal é a evolução do custo da obra em execução. Isso é o que se chama "incorporação ao preço de custo". Nesse caso, o incorporador não precisa acrescentar extras ao preço estimado, pois, havendo trabalhos não previstos, os compradores têm sua parcela de pagamento aumentada. Claro que existe também a correção monetária. No caso de um adquirente deixar de pagar por falta de recursos, normalmente, o incorporador recompra a unidade e depois a revende a um terceiro.

Deve-se notar que, nesse caso, o incorporador precisa ter alta caixa financeira, pois, havendo uma ou duas desistências de adquirentes, a entrada de dinheiro para a obra diminui e o cronograma tem de ser prolongado, mas os adquirentes em dia não aceitam isso e, portanto, cabe ao incorporador se esforçar para manter, de alguma forma, o andamento da obra dentro do cronograma, e com recursos próprios.

Vale a regra: a incorporação não pode parar...

Método cinco – A incorporação inacreditável. Como construir um *shopping center* sem dinheiro. E isso aconteceu mesmo!

Estamos nos anos 1970, em uma cidade **não rica** de porte médio localizada no interior de um estado não muito desenvolvido. Nessa época, começam a surgir os famosos "*shopping centers*". Um engenheiro, com cerca de oito anos de formado, tinha ganhado fama nessa cidade pela qualidade de suas obras para terceiros e pelo fato de atuar eticamente muito bem. Em face de seus relacionamentos (item importantíssimo na vida profissional), chegou a fazer parte da administração da Santa Casa da cidade. Até políticos da cidade o convidavam para se candidatar a vereador, pois ele, certamente, puxaria votos com sua imagem de credibilidade e com isso todos os candidatos do partido seriam beneficiados. Porém, esse engenheiro não era rico, mas tinha o sonho de construir o primeiro *shopping center* da cidade.

Ele localizou um grande terreno fora da cidade e para esse terreno e usando metade da área (usar a metade da área fazia parte de sua estratégia de marketing), ele mesmo, depois de visitar cerca de três *shopping centers* da região, fez o projeto inicial de um *shopping*. Fez também, como arma de marketing, a perspectiva e a maquete do *shopping*, e foi falar com o dono da área. Com grande capacidade de envolvimento, conseguiu um contrato com o dono dessa área, comprando metade do terreno sem pagar de imediato, e deixando para o proprietário a outra metade do enorme lote.

A tática de comprar só a metade foi de uma importância estratégica formidável, pois o proprietário ficou a sonhar, com todo o direito, também com a valorização da outra metade do terreno, em face da futura existência do *shopping*. A parte comprada seria paga com o futuro recebimento monetário da venda de unidades do *shopping* e com unidades que ficariam com esse proprietário, que as alugaria.

O próprio engenheiro fez o projeto estrutural e de instalações do *shopping*, que era popular, só com o andar térreo, portanto, sem caros elevadores. Com tudo isso, o projeto foi aprovado na prefeitura e, então, o engenheiro foi ao banco pedir dinheiro emprestado para a construção do *shopping*. Ele obteve o dinheiro, com alta taxa de juros como sempre, lamentavelmente, e deu início à obra. Era como andar em uma "corda bamba". Qualquer desvio poderia acabar com o sonho, pois esse engenheiro não tinha retaguarda financeira adicional nenhuma. Outro ponto-chave foi o fato de que, no projeto do *shopping*, as unidades eram sempre pequenas e, com isso, ele começou a vendê-las na cidade, pois custavam pouco.

Com a entrada do dinheiro das vendas iniciais, o engenheiro pagou a primeira parcela do empréstimo bancário. As vendas foram muito boas, e a entrada monetária das vendas foi diminuindo a necessidade do caro empréstimo bancário que ia tendo suas parcelas quitadas. Tudo foi indo bem, com pequenos problemas, como é normal, aqui e ali. As obras do *shopping* terminaram, e o engenheiro ficou com vinte unidades e uma cláusula de manutenção do *shopping*, além do fato de que cada adquirente pediu obras de reformas e adaptações de cada unidade, e essas pequenas obras, mas em grande número, geraram renda extras para a sua construtora.

O *shopping* foi concluído com sucesso. Durante cinco anos, foi o único *shopping* da cidade. O dono histórico do terreno, cuja metade fora usada no *shopping*, usou comercialmente a área restante, construindo um posto de gasolina e residências para vender. Este autor, visitando a cidade, foi conhecer o *shopping* em pleno funcionamento e gostou do que viu.

A fama correu a região. O engenheiro foi procurado, então, por um proprietário de um sítio em área quase urbana de uma cidade próxima para também lá fazer um outro *shopping*. Na vida, juntar engenharia, credibilidade e criatividade em marketing ajuda muito.

Ressaltem-se os aspectos estratégicos do empreendimento

- O engenheiro era criativo;
- o engenheiro tinha credibilidade na cidade;
- como o engenheiro não tinha recursos para comprar a área, foi decisivo propor ao proprietário do terreno a instalação do *shopping* com o uso da metade da área, deixando ao proprietário a outra metade, com perspectiva concreta de alta valorização;
- foi importante fazer um *shopping* só com andar térreo e, portanto, sem elevadores, pois o custo de elevadores, seja de aquisição ou de manutenção, é muito elevado;
- foi importante prever boxes comerciais de pequena área para diminuir custos de cada unidade, pois, com área pequena, o número de boxes foi maior;

- uma alternativa institucional possível, mas com eventuais problemas de relacionamento, seria não comprar o terreno, mas convidar o seu proprietário para, de alguma forma, fazer parte proprietária do empreendimento do *shopping*. Em um dos primeiros *shoppings* do Brasil, seu engenheiro criador, vendeu quotas do empreendimento em condomínio e, com esses recursos, construiu o *shopping* que, até hoje, tem dezenas de donos, diante do fato de vários adquirentes das quotas não as terem revendido. Nesse primeiro *shopping*, as unidades (boxes) não foram vendidas e, até hoje, obrigatoriamente, são só alugadas, com a receita dos aluguéis indo para os donos (em condomínio) das quotas.

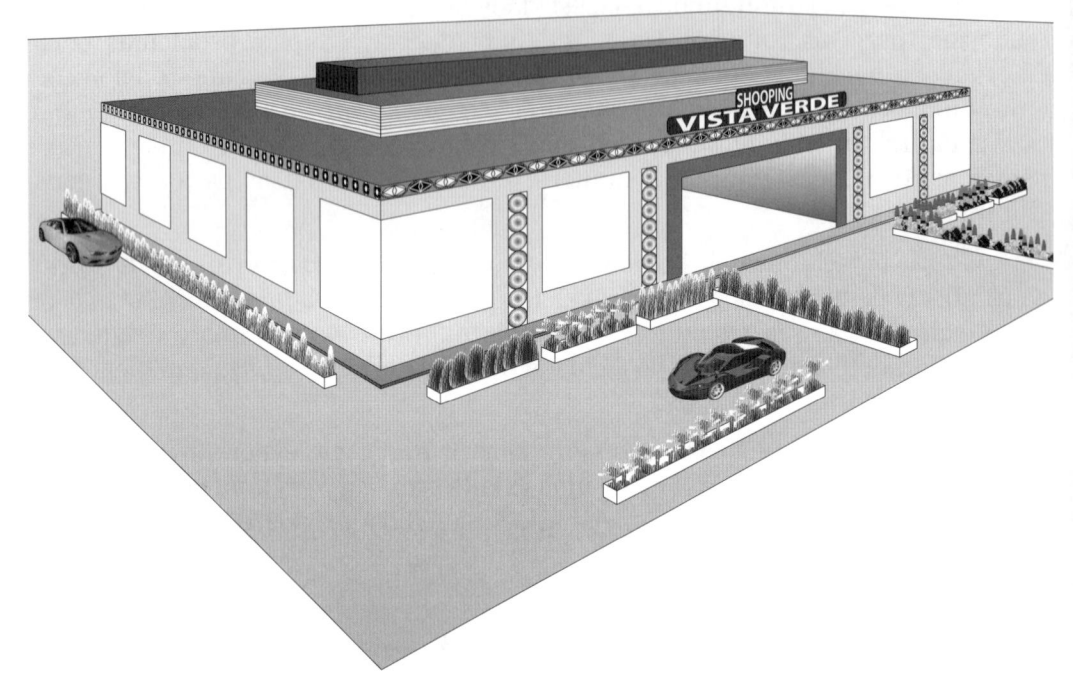

Uma vista de um *shopping* de porte médio

Nota

O estacionamento dos carros da clientela de um *shopping* é algo fundamental, nunca se esqueça disso. Como prova filosófica disso, os americanos (que inventaram os *shoppings*) dizem:

"*Shopping is parking...*", ou seja, *shopping* é estacionamento....

Hoje, um grande *shopping* com mais de 20 anos de vida ampliou sua área em aproximadamente 20% e seu estacionamento ganhou um andar adicional (de estrutura metálica, para não aumentar muito a estrutura de pilares de concreto existentes) de 80% de sua área. Mais uma prova de que "*shopping is parking*".

19 Diálogo entre o construtor e os diversos projetistas

O diálogo entre os especialistas dos projetos de instalações hidráulicas, o projetista das instalações elétricas, de gás, o projetista estrutural e o arquiteto da obra deveriam ter ocorrido na fase de desenvolvimento do projeto, quando se pode, sem maiores problemas, mudar e conciliar soluções. Fazer isso na fase de obra é algo muito mais problemático, mas, na falta de diálogo prévio (que seria o correto), deve-se fazer isso imediatamente ao início da obra. Selecionar um profissional externo, em obras maiores, para tentar detectar conflitos e conciliá-los, ajuda, e ajuda muito. Desenhos de perspectiva da estrutura e da alvenaria contribuem para iluminar situações de conflito antes que elas aconteçam com a obra em pleno andamento.

Não deveria haver hierarquia nas especialidades, mas, na prática, devem ser obedecidos, nesta ordem, os seguintes documentos das especialidades:

- documentos de arquitetura, que definem a obra;

- desenhos das estruturas, que são difíceis de mudar, em face das consequências da necessidade de revisão dos cálculos;

- desenho de utilidades que têm maior facilidade para mudanças, e aí as mudanças poderão ser realizadas sem maiores traumas. Ênfase para os sistemas de esgotos e águas pluviais pelo maior diâmetro das suas tubulações e pelo fato do seu funcionamento ser pela força da gravidade.

Vale a regra: tudo o que puder ser modificado na prancheta, não deve ir para o canteiro de obras.

Em uma grande obra, de que este autor participou, foi contratada uma terceira firma só para conciliar documentos, que não eram compatíveis entre si, e complementar documentos. Em outras obras desse cliente, os documentos sem compatibilidade entre eles eram enviados para a obra com o seguinte alerta absurdo, errado e inaceitável:

A análise e a correção de incompatibilidades de documentos são função do pessoal de obra... (barbaridade!!!!!!!!!!!)

É fundamental que haja comunicação entre os participantes de uma obra. Para isso, deve existir uma reunião, por exemplo, mensal, com a construtora, o proprietário (se for o caso) e os projetistas da arquitetura, das instalações hidráulicas, de gás e de eletricidade.

Essas reuniões não devem ser amadoras, mas sim altamente profissionais, com pauta de assuntos, dia, hora para começar, hora para acabar e registro de ata. Deve-se solicitar que os participantes enviem previamente dúvidas e lista de assuntos importantes para decidir.

No caso de projeto e construção de um hospital, temos ainda, no mínimo, as seguintes utilidades adicionais:

- linhas de vapor usado na preparação de comida e na esterilização de roupas;
- ar-condicionado para a sala de cirurgia;
- linha de oxigênio;
- linha de expurgo (retirada por sucção de produtos como, por exemplo, catarros);
- elevadores;
- monta-cargas;
- caldeiras;
- geradores;
- câmaras resfriadas para guardar, por curto espaço de tempo, cadáveres;
- às vezes, incineradores de lixo etc.

É fundamental manter um diálogo organizado com os fornecedores desses equipamentos.

Sugestão: ler o volume 2 do livro deste autor *Manual de primeiros socorros do engenheiro e do arquiteto*, no qual são contados, em detalhes, os cuidados com a implantação de um *shopping center* e tudo o que aconteceu... Só não saiu sangue...

20 Perguntas trabalhistas, administrativas, financeiras e previdenciárias

O grupo de jovens profissionais que leu a minuta deste trabalho sugeriu que o texto respondesse a várias perguntas que norteiam o trabalho e que antecipam os assuntos.

Vamos a essas perguntas com as respostas de um engenheiro construtor extremamente experiente (engenheiro Cícero, um engenheiro de cabelos brancos). Suas recomendações foram:

Registre todos os seus empregados e certifique-se de que seu subcontratado faz o mesmo.

Pague todas as contribuições previdenciárias e certifique-se de que seu subcontratado faz o mesmo.

Desconte dos seus empregados a contribuição sindical e recolha esse valor para o sindicato de trabalhadores. Até profissional universitário tem de pagar essa contribuição ao seu sindicato.

Observe e siga a Convenção Coletiva do Trabalho da entidade sindical atuante na região.

Verifique em nome de qual interessado devem ser emitidas as notas fiscais de materiais. Em nome do proprietário da obra ou, existindo, de firma construtora para firma construtora?

Havendo firma construtora, a nota fiscal de materiais e serviços deve ser emitida para ela. Se não houver construtora, as notas fiscais devem ser emitidas para o cliente, dono da obra.

Verifique de que forma os empregados devem ser registrados.

Se forem de firma terceirizada, os empregados devem ser registrados nessa firma. Se eles foram contratados pela construtora, então cabe a ela o registro. Se não existir construtora, a obra deve ser registrada no INSS.[1] Nesse caso, devem ser re-

---

1 O Instituto Nacional do Seguro Social (INSS) é uma autarquia do Governo Federal do Brasil, vinculada ao Ministério da Previdência Social, que recebe as contribuições para a manutenção do Regime Geral da Previdência Social, sendo responsável pelo pagamento de aposentadoria, pensão por morte, auxílio-doença, auxílio-acidente e outros benefícios para aqueles que adquirirem o direito a esses benefícios, segundo o que é previsto em lei.

gistrados a obra e seus trabalhadores, e esses trabalhadores serão tratados como se a obra fosse uma pessoa jurídica.

Verifique sobre o que incide a taxa de remuneração do profissional responsável, no contrato de obra por administração.

Veja este caso: em uma obra por administração, o engenheiro responsável pela obra de um prédio apresentou previamente sua proposta de honorários, a qual previa a remuneração desse profissional via uma taxa de 15% sobre todas as despesas de obra, ou seja, mão de obra, leis sociais e materiais. Como a obra teria dois elevadores, e em face do alto custo desses equipamentos, o cliente quis excluir, nesse contrato com o engenheiro, a despesa com os elevadores. Houve negociação, pois a presença dos elevadores na obra gera trabalho de coordenação pelo engenheiro e, então, foi criada uma taxa específica sobre o valor dos elevadores. Essa taxa, especificamente para o caso dos elevadores, caiu para a metade, ou seja, 7,5% do valor da compra dos elevadores. Resolvido isso, parecia que não haveria outros problemas, mas algo aconteceu. Foi a questão dos caros armários embutidos colocados durante a obra e comprados diretamente pelo cliente e por sua esposa. Esse cliente não quis pagar a taxa de 15% sobre o custo. Houve negociação e, para esse item específico, a taxa caiu para 10%, em face de todos os problemas que essa introdução gerou na obra.

Preveja o esquema de pagamento de mão de obra.

Deve haver um vale no dia primeiro de cada mês e complemento até o dia dez, e esse complemento é calculado com descontos por atraso, faltas, acréscimo de horas extras etc.

Se houver construtora, quem paga aos trabalhadores registrados é a própria construtora, a partir do recebimento a que tem direito previsto no contrato e pago pelo proprietário. Caso não haja uma construtora, caberá ao profissional da obra administrar o pagamento da mão de obra, feito pelo proprietário, sempre via bancos, por segurança. Nesse caso, o proprietário deve adiantar o valor do pagamento dessa mão de obra.

Veja este outro caso: em uma obra realizada por construtora, o cliente deveria, contratualmente, pagar faturas até o dia 28 de cada mês e, com esses recursos, a construtora daria o vale do dia primeiro. Porém, o cliente teve problemas e não dispunha de dinheiro para o depósito bancário do dia 28. O que a construtora deveria fazer, nesse caso?

Há algo sagrado nas relações trabalhistas.

> **Salários e outros aspectos de remuneração trabalhistas devem ser pagos religiosamente no dia certo. Pode haver riscos de vida na eventual falta desse pagamento.**

Fornecedores e contribuições fiscais terão de esperar. Entregas e novas compras deverão ser suspensas. É necessário manter um diálogo civilizado com os fornecedores, pois:

- eles estão acostumados com essas situações;
- para outras novas obras, talvez sejam eles mesmos os seus fornecedores.

Mas como pagar salários e, com isso, evitar um tumulto na obra? A construtora deve ter um acordo bancário e, com isso, o banco financiará o pagamento, mediante cobrança de taxas. O contrato da construtora com o cliente deve prever que o proprietário pague esse custo bancário, assim como custos por atraso de pagamento de fornecedores e multas sobre recolhimentos fiscais.

Se os atrasos se tornarem frequentes, deve-se estudar, por cautela, o rompimento do contrato. Deve-se estudar também alguma cláusula de garantia do cliente junto a um banco. Com essa cláusula de garantia, no caso de atraso, a construtora recebe do banco, que cobra com taxas e juros diretamente do proprietário.

Verifique se, caso a obra pague direitinho todas as contribuições previdenciárias, será possível obter, com rapidez, o termo de regularização do INSS permitindo a liberação do alvará de uso (habite-se) na prefeitura local.

Por vezes, mesmo tendo pago tudo, por complicações da legislação, sua obra pode ser enquadrada como obra de luxo, gerando, por tabela oficial, a previsão de maiores trabalhos e maiores despesas com mão de obra. Com isso, crescem as contribuições previdenciárias e, assim, haverá um acréscimo a ser pago para regularizar a situação da obra perante aquela autarquia previdenciária.

Desenvolva habilidades de relacionamento com a mão de obra.

Um advogado de sucesso ou um médico com grande clientela terão, ao longo de sua carreira, no máximo, cada um dez secretárias.

Um engenheiro de obras, ao longo de sua vida profissional, tem a seu encargo centenas e centenas de trabalhadores, a maioria deles de origem extremamente simples, muitos vindos das áreas rurais de estados menos desenvolvidos do país, e boa parte dessa mão de obra, ao ser admitida no seu primeiro emprego, é analfabeta. Isso é terrível em termos humanos. Aí, a construtora tem o belo papel de introduzir o empregado em um mundo mais rico e mais complexo, que é o nosso mundo mais urbano e tecnologicamente evoluído. Mas, por ter origem simples, o relacionamento com essa mão de obra exige habilidades.

Cuide dos aspectos previdenciários de seus trabalhadores.[2]

---

[2] Em breve, estará disponível o novo livro do autor MHCB: *INSS, agora eu te entendo e agora eu te amo.*

21 Comparando as normas de projeto, execução, formas e escoramento para estruturas de concreto armado

Comparemos algumas das principais normas da ABNT para estruturas de concreto armado:

- NBR 6118: Projeto de estruturas de concreto – Procedimento;

- NBR 14931: Execução de estruturas de concreto;

- NBR 15696: Formas e escoramentos para estrutura de concreto – Projeto, dimensionamento e procedimentos de execução

Façamos uma análise do interesse de um construtor (que é o nosso alvo) em consultar permanentemente essas normas que chamaremos de **normas principais**, sendo que existem também as **normas parciais** que complementam os assuntos (por exemplo, normas de instalações hidráulicas e elétricas). Existem também normas de assuntos muito específicos que são mais relacionadas e de interesse de institutos de pesquisa, indústrias e firmas de tecnologia de materiais.

Em princípio, um profissional que vai construir poderia pensar em consultar apenas as normas de execução 14931 e 15696, que seriam as normas de interesse exclusivo de obra, deixando a norma de projeto NBR 6118 para a firma de projetos, esperando que nos documentos de projeto que irão orientar a execução da obra sejam fixados os cuidados adicionais.

Isso seria erro, erro, erro!

Entretanto, isso não é o que ocorre. Além de consultar permanentemente as normas de execução, o profissional construtor também tem de ter a norma de projeto 6118, quase como sua leitura de cabeceira.

Isso se deve ao fato de que, na norma de projeto (NBR 6118), constam recomendações de obra que não fazem parte das normas de execução, nem são comumente detalhadas nos documentos de projeto.

Esses assuntos são, no mínimo:

- causa dúvida o fato de a norma de projeto NBR 6118/2014 (versão corrigida) ter 238 páginas e a norma de execução ter apenas 53 páginas, ou seja, menos de 24% da primeira;

- ausência de citação de vergas com esse nome embora a solução exista na norma;

- ausência dos assuntos contraflechas, quem as define, cintas;

- prova de carga – embora exista na ABNT uma norma de prova de carga ela não é citada nem na norma de projeto nem na norma de execução;

- a norma de execução tem 24 páginas referentes a estruturas de concreto armado e 27 páginas dedicadas a concreto protendido. Lembramos que a esmagadora maioria das obras de concreto é de concreto armado e a minoria de concreto protendido. Em face disso, o texto e as recomendações para a execução de obras de concreto armado deveriam ser mais detalhados;

- falta, na norma de execução, uma exigência do direito do construtor de receber todos os detalhes da alvenaria, como a alvenaria estrutural (aquela que conceitualmente colabora também, muitas vezes, para a resistência da estrutura) e a alvenaria de fechamento (vedação), que precisa estar amarrada à estrutura e colabora também no funcionamento estrutural;

- não consta nas duas normas, com destaque, o assunto de custos, que é visceral na engenharia;

- faltam recomendações sobre o uso da esclerometria.

Como elogio, podemos dizer que a norma de execução é bem didática e prática, embora, como destacado, muito limitada em seu escopo.

Deve-se consultar também a norma do Instituto Brasileiro do Concreto (Ibracon), que é dirigida a projeto de estruturas de concreto armado até médio porte.

A Associação Brasileira de Engenharia e Consultoria Estrutural (Abece) emitiu um documento que orienta como um projetista estrutural deve fazer um projeto de estrutura de concreto armado. O ideal seria constar a citação dessa norma no contrato com a construtora, pois ele elucida vários assuntos de interesse também da construtora.

Índice resumido de assuntos da norma NBR 14931 – Execução das obras

Em face da importância da norma NBR 14931 – Execução das obras e considerando que nessa norma não consta um "índice de assuntos", para facilitar a vida do consulente, a seguir, é apresentado um índice resumido de assuntos dessa norma, referente a estruturas de concreto armado, preparado por este autor.

Nota

A redação dessa norma gerou um texto prático e de facílima leitura, um texto preparado para construtores de todos os níveis de especialização.

Aberturas temporárias em formas – item 7.2.5, p. 8

Acabamento – item 9.8, p. 23

Aços para as armaduras – item 6.3.2, p. 5

Adensamento – item 9.6, p. 21

Agentes desmoldantes – item 7.2.7, p. 8

Armadura – item 9.2.3, p. 16

Armadura passiva – item 8.1, p. 9

Armaduras – item 8, p. 9

Armaduras – materiais

Armazenamento dos materiais – item 6.3, p. 5

Canteiro de obra – item 6, p. 4

Componentes embutidos nas formas e redutores de seção – item 7.2.4, p. 8

Concretagem – item 9.1, p. 14

Concretagem em temperatura muito fria – item 9.3.2, p. 19

Concretagem em temperatura muito quente – item 9.3.3, p. 19

Concreto preparado pelo executante da obra – item 9.1.12, p. 14

Concreto preparado por empresa de serviço de concretagem – item 9.2, p. 15

Condições operacionais na obra – item 9.2.5, p. 18

Cuidados no adensamento com vibradores de imersão – item 9.6.2, p. 21

Cura e cuidados especiais – item 10.1, p. 23

Cura e retirada de formas e escoramentos – item 10, p. 23

Documentação do projeto – item 5.2.1, p. 3

Documento da execução da estrutura de concreto – item 5.2.2, p. 4

Equipamentos – item 6.4, p. 5

Escoramentos – item 9.2.2, p. 15

Execução do sistema de formas – item 7.2, p. 6

Formas – item 7, p. 5

Formas – item 9.2.1, p. 15

Formas perdidas (remanescentes dentro da estrutura) – item 7.2.6, p. 8

Instalações – item 6.5, p. 5

Juntas de concretagem – item 9.7, p. 22

Lançamento – item 9.5, p. 20

Lançamento submerso – item 9.5.3, p. 21

Materiais componentes do concreto – item 6.3.1, p. 5

Plano de concretagem – item 9.3, p. 18

Projeto – item 7.2.2, p. 6

Projeto estrutural e de fundações – item 5.1, p. 3

Propriedades dos materiais – item 7.2.1, p. 6

Proteção contra incêndio – item 7.2.3, p. 7

Recebimento da estrutura de concreto – item 11, p. 24

Recebimento dos materiais – item 6.2, p. 5

Relação entre lançamento, adensamento e acabamento do concreto – item 9.5.2, p. 20

Remoção de formas e escoramentos – item 7.3, p. 9

Requisitos da qualidade do aço – item 5.3.2, p. 4

Requisitos da qualidade do concreto – item 5.3.1, p. 4

Requisitos da qualidade dos materiais da estrutura – item 5.3, p. 4

Requisitos gerais – item 5, p. 3

Responsabilidades – item 5.4, p. 4

Retirada das formas e do escoramento – item 10.2, p. 23

Sistemas de formas – item 7, p. 5

Tempo de permanência de escoramentos e formas – item 10.2.2, p. 24

Tolerância – item 9.2.4, p. 16

Transporte do concreto na obra – item 9.4, p. 19

Duas questões polêmicas: o fck obtido na obra e a verificação da relação água/cimento usada pela usina de concreto (na segunda questão temos más notícias)

Vamos a esses dois assuntos:

1) Compra do concreto pelo fck[1]

Atenção, atenção e atenção:

Concreto se compra pelo fck e pelo *slump*. Discutamos a questão do fck. Digamos que pedimos concreto com fck igual a 20 MPa e verificamos que foi entregue concreto com fck igual a 20,5 MPa. Ótimo. Essa é a característica do concreto na porta da obra. Agora, esse concreto será transportado por carrinho e com alguma vibração, em decorrência da irregularidade do piso por onde passa o carrinho. Chegando ao local de destino do concreto, ele será descarregado e sofrerá mais agitação por isso. Em pilares, as condições de lançamento são mais críticas. O concreto dentro das formas deve ser vibrado e, depois, sofrer cura, que, lamentavelmente, quase nunca é a ideal. Ou seja, podemos garantir que o fck do concreto do portão da obra vai diminuindo e diminuindo, cabendo a uma obra bem conduzida procurar reduzir ao máximo esses danos ao concreto. Pode-se, no entanto, dizer que sempre o fck vai diminuindo do portão da obra até o concreto nas formas.

A compatibilidade do uso do concreto das formas e do concreto previsto no projeto é obtida pelo uso dos coeficientes de ponderação (coeficientes de segurança).

Como saber a relação água/cimento usada pela usina do concreto comprado?

Como sabemos, a relação água/cimento é importantíssima em virtude da:

- resistência do concreto;
- durabilidade da estrutura.

---

[1] Fonte: ABESC. Plano de concretagem. *Revista Construção Mercado*, n. 30, jan. 2004.

Antes da compra do concreto usinado, podemos estabelecer as duas características do concreto, ou seja, o fck e a relação água/cimento máxima.

Para saber se alcançamos o fck do concreto entregue no portão da obra, usaremos os testes de compressão a 28 dias dos corpos de prova do concreto e, depois, faremos um tratamento estatístico dos resultados.

E a máxima relação água/cimento? Como saber se ela foi observada?

Temos uma má notícia. Para obras pequenas e médias, não existe tecnologia para testar se a máxima relação água/cimento foi obedecida. Para obras enormes (que estão fora das preocupações deste livro), uma maneira de ter essa garantia é manter um técnico acompanhando a dosagem, o que, convenhamos, é algo caro.

Chama-se teste de *slump*, ou teste do abatimento, um teste de obra, feito quando se recebe o concreto da usina, que mede quanto um concreto fresco (ainda mole, quase fluido) é colocado em uma forma tipo cone de aço (molde) e quanto que tirada a forma ele se abate (diminui de altura). Dizia o sempre cauteloso Mestre S. E. Giammusso:

> *— No teste de slump, o concreto do corpo de prova deve abater (perder altura) mas sem perder sua unidade, ou seja, se esse concreto se espalha em pedaços e em partes esse concreto está sem coesão e não serve para a estrutura de destino.*

Atenção, atenção, atenção. O teste de *slump* não tem sensibilidade para medir a relação água/cimento. O que pode acontecer no teste de *slump* é que estamos recebendo concreto com *slump* de 8 cm e em determinado dia o *slump* resultou 12 cm. Possivelmente, se não houve mudança do traço, puseram água demais na mistura.

23 Cuidados na produção do concreto armado

Chegou a hora da concretagem da estrutura do nosso prédio, e vários cuidados devem ser tomados.

A) Cuidados com o concreto

1. Siga as normas NBR 6118, NBR 14931, NBR 15696 e outras normas, observando os detalhes do projeto estrutural.

2. Você previu que formas e escoramento de madeira podem e devem ser reusados?

3. No caso de formas de madeira, que tal usar o prego de duas cabeças para facilitar a retirada dos pregos sem danificar as formas, permitindo seu reúso?

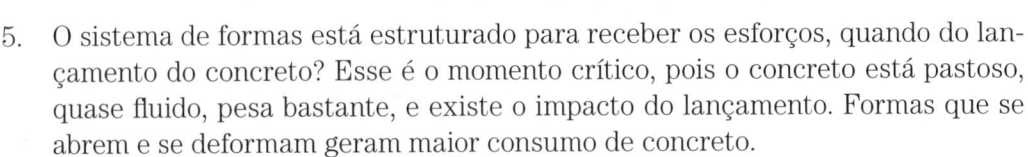

4. Sua construtora tem desenhos-padrão de formas para obras convencionais de concreto armado? É importante fazer uma última verificação de dimensões das formas compatíveis com as peças do projeto estrutural.

5. O sistema de formas está estruturado para receber os esforços, quando do lançamento do concreto? Esse é o momento crítico, pois o concreto está pastoso, quase fluido, pesa bastante, e existe o impacto do lançamento. Formas que se abrem e se deformam geram maior consumo de concreto.

6. As formas devem estar totalmente úmidas antes da concretagem, sendo mantida essa umidade por, pelo menos, uma hora, para que não retirem água do concreto a ser lançado.

7. As formas devem ter dispositivos de saída de água depois do molhamento, para que não haja a formação de bolsões com água.

8. Deve haver o fechamento de fendas e juntas das formas, para que o concreto, ou sua nata, não escape por elas.

9. Você pretende colocar nas formas um produto antiaderente para facilitar a desforma? No passado, quando não havia produtos industriais para isso, usava-se mistura de água e sabão, besuntando (engordurando) as superfícies das formas que teriam contato com o concreto. Essa providência de preparar as superfícies das formas deve anteceder a colocação da armadura. O produto antiaderente é do tipo que impede a posterior aplicação do revestimento? Caso seja, troque de marca.

10. O escoramento atende aos desenhos-padrão da sua construtora? Isso é muito importante. Muita forma já caiu em decorrência de escoramento insuficiente, com danos materiais e físicos, e até alguns casos fatais.[1]

11. No nível do piso, nunca se deve apoiar o escoramento no chão, mas sim sobre uma tábua de madeira, que está apoiada no chão. Assim, distribuem-se esforços e evitam-se puncionamentos no solo. Pode-se apoiar em um piso, mas sempre usando a tábua de distribuição de cargas no solo. Além disso, o solo deve estar seco e drenado para evitar recalques ou escorregamento na lama.

12. No caso de uso do concreto usinado, que é o da maioria das obras, bem como o do nosso prédio de referência, tenha intenso contato com a concreteira para fixar prazos e horas de entrega, deixando, na rua, espaço para o estacionamento do caminhão betoneira e do eventual caminhão bomba.

13. Para evitar problemas de estacionamento, algumas prefeituras, mediante o pagamento de uma taxa, permitem o bloqueio de locais para a parada dos caminhões da concreteira, com sinalização ostensiva.

14. A armadura foi colocada atendendo ao projeto? Verifique e verifique também pastilhas de espaçamento e outros dispositivos que impedem a abertura das formas ao receber o concreto.

15. O deslocamento dos empregados junto às formas foi disciplinado, para impedir afastamento de armaduras e abaixamento de armadura negativa?

---

[1] A tendência atual é, progressivamente, deixarmos de usar escoramentos de madeira para usar o escoramento metálico. A natureza agradece...

16. Ao chegarem os caminhões de concreto, deve-se ler com atenção a nota fiscal, para verificar custos e solicitar a eventual correção do material entregue.

17. O tempo máximo entre a saída do caminhão betoneira da usina e o início do descarregamento na obra deve ser de 90 minutos. O tempo máximo de descarga do caminhão betoneira deve ser inferior a 150 minutos.

18. O assunto bombeamento do concreto (opção de preferência crescente) está indicado no item 79 deste livro. Admitamos a hipótese de transporte do concreto descarregado usando carrinhos.

19. Lançamento: inicia-se o lançamento do concreto nas posições mais afastadas e em muitos pontos, vindo para posições próximas à chegada do concreto. Adotar camadas de concreto em lajes de 15 cm a 30 cm. As camadas adicionais devem ser adicionadas antes do início da pega do cimento (cerca de 90 minutos se não for usado concreto com aditivos).

20. Os espaçadores da armadura que garantirão sua cobertura já devem estar colocados nas formas.

21. No caso de concretagem de pilares, em face do desnível e do risco de o concreto lançado se desagregar, devem-se usar funis de adição (ver desenho).

22. A altura máxima de lançamento deverá ser de 2 m.

23. Adicionar, no caso de pilares, o lançamento prévio de argamassa (traço similar ao do concreto sem brita), cimento, areia e água para revestir formas e armaduras e para formar, no fundo da forma do pilar, um "colchão", com cerca de 15 cm de espessura (de acordo com a altura de lançamento), de recebimento do concreto lançado.

24. Para as formas não abrirem, o que demandaria o uso não necessário (desperdício) de mais concreto, em geral, devem ser usadas peças de plástico, que mantenham a distância entre as paredes internas das formas.

25. O concreto nas formas deve ser vibrado (adensado) e curado.

26. A vibração deve ser imediata, após o lançamento do concreto nas formas. Deve-se verificar: os vibradores estão disponíveis? É fácil ligá-los no sistema elétrico?

27. Um dos maiores erros de obra é usar os vibradores do concreto como transportadores desse concreto. Concreto se lança nos locais certos e que devem ser muitos. Vibrador é para vibrar e não para transportar o concreto de um ponto para outro.

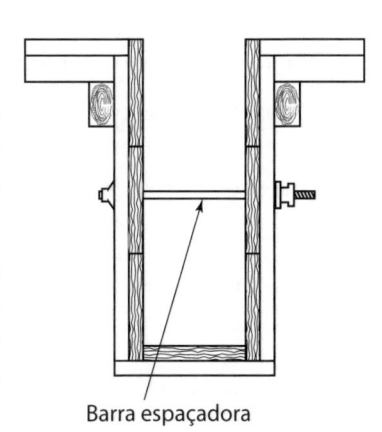

Barra espaçadora

28. No caso de parada de concretagem, gerando uma junta, deverão ser colocadas barras de ligação imersas no concreto já lançado, antevendo-se a ligação que acontecerá com o lançamento do novo concreto. Eventualmente, a armadura já terá sido cortada, deixando um trecho que será o elemento de ligação entre concreto velho e concreto novo.

29. Na chegada do caminhão-betoneira, devem-se retirar amostras do concreto para os testes de moldagem de corpos de prova, para verificar a resistência à compressão e para o teste de *slump*, que definirá se o concreto está na consistência ideal para ser lançado nas formas ou para ser bombeado.

Os assuntos vibração, cura e testes do fck e de *slump* estão mais detalhados nos itens 69, 82, 83 deste livro.

B) Cuidados com as armaduras

1) Siga as normas e os projetos.

2) As barras de aço devem ter sido guardadas em local no qual não se sujem. Se estiverem sujas, deverão ser lavadas. Partes em formato de escamas devem ser retiradas.

3) Devem-se fazer os dobramentos de acordo com o projeto.

4) As armaduras devem ser colocadas nas formas de maneira que seja mantido o espaço para a cobertura de concreto dessas armaduras, garantindo-se, assim, os cuidados para evitar a corrosão e, com isso, aumentando a vida útil da estrutura. Para manter essas distâncias, podem ser usadas pastilhas de argamassa ou espaçadores de plástico. As pastilhas de argamassa têm de respeitar a relação água/cimento correta.

5) As barras de aço devem receber proteção antioxidante no caso de as barras de espera demorarem para ser usadas, na fase posterior à concretagem. Essas barras expostas devem ser limpas antes da nova fase da concretagem, garantindo assim a aderência aço/concreto. Mais importante que as marcas de ferrugem (oxidação do aço da armadura), são eventuais escamas, as quais impedem a aderência do concreto à armadura. Portanto, deve-se limpar as armaduras e remover as escamas. Enfatizamos: a ferrugem não é preocupante, mas as escamas são.

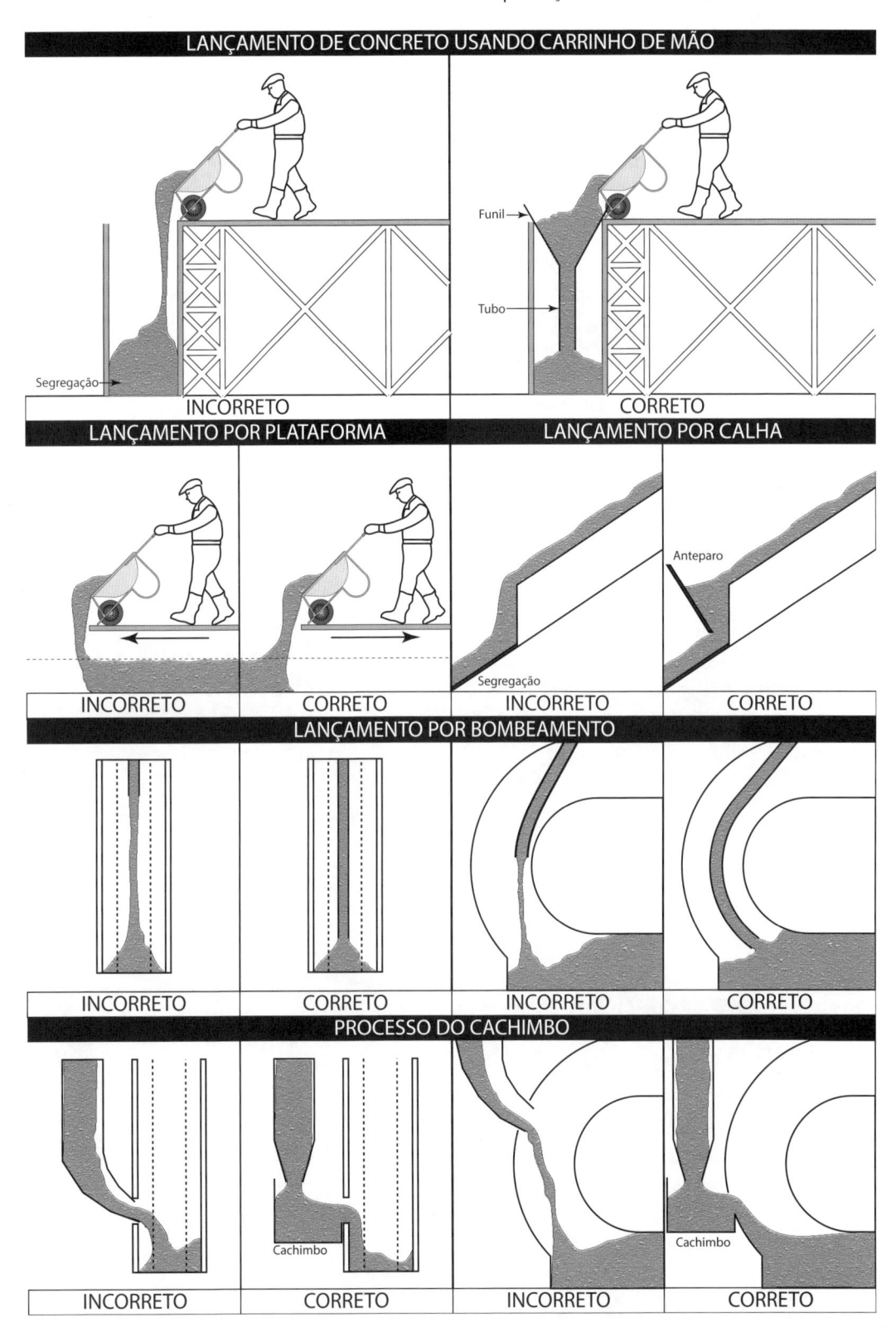

Nota

Quando for concretar pilares, a altura máxima de concretagem deve ser de 2,0 m. Se o pilar tiver mais de 2,0 m a concretagem deve ser feita em duas ou mais etapas.

A razão da limitação da altura de concretagem (situação em pilares e as vezes em muros de arrimo) é que se a altura do concreto ainda fluído tenderia a abrir a parte inferior das formas.

Se espaçarmos de um dia cada etapa de concretagem o concreto inferior já lançado 24 horas antes já terá alguma consistência deixando de ser fluido e não mais aumentará indesejavelmente a largura da forma que o recebeu.

Recomendação do engenheiro Nelson Newton Ferraz.

24 Mão de obra diarista ou mensalista?

Podemos contratar a mão de obra segundo a seguinte classificação:

- mão de obra horista – exemplos: pedreiro, servente, armador etc.;
- mão de obra mensalista – exemplos: mestre de obra, almoxarife, auxiliar administrativo na obra, vigia noturno;
- mão de obra temporária (empreitada, pintor, azulejista etc.).

Os funcionários da sede da construtora são sempre mensalistas. Para pequenas construtoras, o contador também é externo, tendo sua própria firma. Quando a construtora cresce, o contador tende a ser empregado, registrado mensalista.

Em ambos os casos, paga-se o salário em duas parcelas, sempre verificando o cartão de ponto de entrada e saída da obra, e fazendo o cálculo das horas trabalhadas, das faltas etc.

É rotina também uma terceira prática, de maneira informal, de fazer contratos de boca para tarefas de: pedreiro, azulejista, pintor etc. É a famosa empreitada.

O azulejista também assenta pisos de ladrilho, e aí o preço depende do tipo de ladrilho, podendo a aplicação ser mais cara que o preço do metro quadrado do azulejo.

O cálculo das leis sociais sobre as duas formas de pagamento varia bastante, costumando variar da seguinte forma:

- mão de obra de mensalista – da ordem de 60%;
- mão de obra de horista – da ordem de 120%.

Alerta

Embora a taxa de leis sociais seja bem diferente em cada caso, isso é mais formal que real. Assim, na prática, o empregado horista e o mensalista, com a mesma produtividade, custam **aproximadamente o mesmo, no fim do mês, para a construtora.**

Nota

O recebimento por tarefa (empreitada) estimula a produção e, no caso dos que recebem por hora, eles não têm como medir e ter seu trabalho incentivado (muitas vezes, fracionado em centavos $$$$$$$).

As contratações por empreitada, em geral, são informais (o que é um perigo!), sem recibo e deixando de pagar leis sociais, incluso aí o INSS. Isso pode resultar em problemas na regularização da obra para a obtenção do famoso "habite-se". O correto é fazer pequenos contratos e recolher o INSS sobre eles, e, quando for solicitar o habite-se, levar e considerar os comprovantes de recolhimento.

25 Tapumes de obra

Toda obra de construção civil tem de ter tapumes, fechando os seus limites, desde o seu início para:

- evitar invasões;
- evitar a saída antecipada (a popular saidinha fora de hora) de empregados;
- controlar a chegada de materiais com a entrada única;
- evitar o roubo de materiais;
- proteger o vigia noturno que dorme na obra;
- além de outras funções.

Recebidos os painéis, cabe ao encarregado de formas instalá-los formando os tapumes.

Vejamos uma propaganda dos painéis que podem ser usados como tapumes.

Transcrevemos a seguir um texto disponibilizado pelo site da LT Building Products do Brasil.[1]

---

[1] LP Building Products. *Durabilidade e beleza no seu canteiro de obras*. Disponível em: <http://www.lpbrasil.com.br/download>. Acesso em: 5 jan. 2015.

Durabilidade e beleza no seu canteiro de obras

Com LP Tapume você garante uma excelente aparência para sua obra. Tem elevada resistência à ação de chuvas e não empena. Permite um rendimento melhor devido ao tamanho maior que os outros painéis encontrados no mercado.

APLICAÇÕES
- Tapumes, barracões de obras e bandejas de proteção.
  Atenção: Estes painéis não devem ser utilizados para fins estruturais, tais como: paredes, pisos e telhados.

VANTAGENS
- Boa apresentação por todo o período da obra.
- Não entorta.
- Maior rendimento por sua largura 11% maior (9 chapas LP tapume correspondem a 10 chapas de compensado).
- Resistência à ação de chuvas.
- Ecologicamente correto.

COMPOSIÇÃO
- Composto por tiras de madeira reflorestada, orientadas perpendicularmente, unidas e prensadas sob alta temperatura.
- Bordas seladas nas cores laranja e bege.
- Superfície: Tinta verde (1 face)
- Resinas: MDI (interna) e PF (externa)

DIMENSÕES
- Formato: 1,22 × 2,20 m
- Espessuras: 8/10/12/14 mm

DENSIDADE

Produto	Espessura (mm)	Densidade (kg/m³)
6 a 10 mm	6 a 10 ± 0,8	650,0 ± 20,0
> 10 e < 18 mm	> 10 e < 18 ± 0,8	600,0 ± 30,0
18 a 25 mm	18 a 25 ± 0,8	600,0 ± 30,0

DESEMPENHO
- Elevada resistência físico-mecânica.
- Qualidade consistente e uniforme.
- Isento de vazios internos, nós e fendas.
- Boa aparência por todo o período da obra.

DURABILIDADE
- Por todo o período da obra.

26 Decisão na oportunidade: uma estratégia importante

A lição fundamental da construção civil é a "decisão na oportunidade".

Um dos colegas revisores deste livro pediu que mostrássemos no caso do tapume e de sua instalação na obra o famoso pensamento "decisão na oportunidade".

Façamos uma comparação entre uma indústria de parafusos e uma obra civil convencional.

Na indústria de parafusos:

- o local de trabalho é um só, ou seja, a fábrica;
- os produtos são sempre os mesmos, ou seja, parafusos de vários tipos e tamanhos;
- os fornecedores dos vários tipos de aço, matéria-prima da produção dos parafusos, são, em regra geral, sempre os mesmos;
- as normas dos aços e as rotinas de produção dos parafusos são sempre as mesmas;
- os empregados da fábrica fazem carreira e o fluxo de saída e entrada de funcionários é limitado. Há até alguns trabalhadores que estão na fábrica desde sua inauguração e se orgulham disso;
- os clientes são, via de regra, os mesmos, como indústrias conhecidas, montadoras de equipamentos e distribuidores dos parafusos (atacadistas).

No mundo da construção civil é tudo diferente e oposto:

- o local de trabalho varia, de obra para obra;
- as edificações a construir são diferentes umas das outras;
- em função do tipo de edificação e do local da obra, os fornecedores de materiais e de mão de obra possivelmente serão diferentes de obra para obra.

E as variações na comparação com a indústria de parafusos continuam.

Assim, um profissional da construção civil tem de ser um grande negociador, um homem de recursos humanos para as várias situações que a obra irá enfrentar e situações não repetidas, inesperadas e até surpreendentes.

Vejamos o caso dos tapumes. Na fase do orçamento da proposta do Edifício Solar dos Girassóis, a Construtora Andorinha Azul orçou o tapume com dois custos:

- custo do material (placas);
- custo da instalação.

Os dois custos foram dados por fornecedores de tapume. Agora, chegou à obra o material do tapume e verificamos quanto vai custar sua instalação. Pode ser que, em virtude do prazo da proposta da empresa de tapumes ter sido maior que o de validade, a empresa de tapumes escolhida peça especificamente para instalar o tapume (tarefa algo simples) por um valor alto.

Cabe agora ao profissional da construtora ver o que interessa mais: aceitar a nova proposta (adicional) da empresa de tapumes para a instalação ou fazer a instalação com o pessoal da obra (encarregado de formas – carpinteiros). Temos de considerar custos e prazos de execução. Às vezes, é vantajoso contratar a instalação com a empresa de tapumes, mas, às vezes, essa empresa está cheia de serviços e só está interessada em vender as placas, sendo a instalação um estorvo, pois ela mesma irá subcontratar uma equipe externa. Aí teremos de usar a mão de obra que já está no canteiro (chamada de mão de obra própria, mas que também tem custos) e que possa assumir mais esta tarefa.

Estamos na situação da "decisão na oportunidade". A opção e a responsabilidade pela decisão são suas...

Essa situação de escolha na obra é a regra na construção civil, diante da variabilidade de situações enfrentadas.

27 Cuidados com o concreto aparente

Como já explicado, o concreto aparente é um concreto do qual se espera um aspecto de beleza.

Podemos dividir do seguinte modo os tipos de concreto:

- armado a ser revestido (caso de obras prediais comuns);
- armado não revestido e sem exigências estéticas – por exemplo, de estruturas de pontes, etc.;
- armado aparente – que deve ter bela aparência.

Como produzir concreto aparente? Para isso, temos uma série de regras, cuidados dobrados e orientação especial da mão de obra:

- a grande chave é ter formas de alta qualidade, por exemplo, plastificadas;
- em grandes obras nas quais o reúso se justifique, deve-se optar pelas formas metálicas;
- obrigatoriamente deve-se usar desmoldante;
- o projeto das formas deve ser tal que favoreça a desforma;
- as juntas de concretagem devem evitar a saída de argamassa;
- deve-se comprar concreto de maior trabalhabilidade (maior *slump*) evitando-se, assim, as bicheiras;
- muita atenção com a vibração;[1]
- o projeto arquitetônico deve excluir detalhes que dificultem a obra;
- se há juntas de concretagem, devem ser um elemento decorativo, integrado à solução estética da obra do concreto aparente.

---

[1] Excesso de vibração ou mau uso de vibração separa a argamassa das pedras (agregados graúdos) tirando a uniformidade de materiais do concreto deteriorando. O único objetivo da vibração é eliminar vazios pela expulsão do ar retido.

Para termos um concreto aparente, é preciso trabalhar com concreto de maior trabalhabilidade, ou seja, com maior *slump*. Consegue-se isso aumentando o teor de água na massa seca de componentes, ou seja, para manter o mesmo fck, adiciona-se mais água e mais cimento. Além disso, trabalha-se com pedras menores (brita 1), enquanto no concreto comum usa-se a brita 1 e a brita 2 misturadas.

Vejamos na revista *Construção Mercado*, edição de novembro de 2002, os preços de concreto de mesmo fck e diferentes *slump*, para analisar como a necessidade de trabalhar com concreto aparente resulta em concreto mais caro:

- concreto fck 20 MPa – *slump* 5 cm brita 1 e brita 2 – preço por m^3 – R$ 139,51
- concreto fck 20 MPa – *slump* 8 cm brita 1 – preço por m^3 – R$ 162,74

O fabricante de produtos químicos para a construção civil Otto Baumgart, no seu *Manual Técnico Vedacit*, informa que existem dois produtos para desforma, um para concreto (comum) e outro para concreto aparente, denominado Desmol®.

Diz o manual que o Desmol® forma uma fina camada oleosa entre o concreto e as formas, impedindo a aderência entre ambos e possibilitando grande reaproveitamento das formas. O Desmol® é indicado para concreto aparente em formas de madeira e compensado comum ou resinado.

Usa-se Desmol® dissolvido em água, em proporções variadas, de acordo com o estado das formas. Formas de madeira bruta exigem uma dissolução pequena em água, na proporção 1 parte de Desmol® para 10 partes de água. Formas mais lisas como compensados permitem uma mistura de Desmol® para 25 partes de água. Cada reúso de uma forma exige, além da limpeza prévia, a aplicação do desmoldante. É necessário 1 litro de desmoldante para cerca de 100 a 200 m^2 de formas.

Indicamos como referência as "Recomendações quanto à execução de concreto aparente" (Casos Bauer 019), que foram publicadas na revista *Construção XXI* n. 2.266, 15 jul. 1991.

Vejamos, finalmente, como o famoso órgão paulista oficial de construções civis, o DOP,[2] que já teve o engenheiro Euclides da Cunha entre seus funcionários, autor de *Os Sertões*, especifica como obter um concreto aparente.

Atualmente, o nome da entidade que substituiu o DOP é Companhia Paulista de Obras e Serviços – CPOS.

Nota

O livro *Acidentes estruturais na construção Civil* v. I, p. 16, pondera:

"[...] ou se evite o uso de concreto aparente nas regiões litorâneas, ou se tomem medidas especiais para evitar que a umidade e os ventos deteriorem o concreto".

---

[2] Departamento de Obras Públicas.

MANUAL DO DOP

DEPARTAMENTO DE OBRAS PÚBLICAS DO ESTADO DE SÃO PAULO

===== 1981 =====

CONCRETO APARENTE

Para execução do concreto aparente, além das normas já estabelecidas para o concreto armado comum, deverão ser observadas outras recomendações, face às suas características de material de acabamento:

a) As formas deverão obedecer às especificações e detalhes contidos no projeto arquitetônico; sua confecção e escoramento contarão com projeto de execução previamente aprovado pelo departamento.

b) A superfície das formas, em contato com o concreto aparente, deverá estar limpa e preparada com substância que impeça a aderência; as formas deverão apresentar perfeito ajustamento, evitando saliências, rebarbas e reentrâncias e produzindo superfícies de concreto com textura e aparência correspondentes à madeira de primeiro uso.

c) A armadura de aço terá o recobrimento recomendado pelo projeto, devendo ser apoiada nas formas sobre calços de concreto pré-moldado. O recobrimento nunca poderá ser inferior a 2,5 cm.

d) O cimento a ser empregado será de uma só marca, e os agregados de uma única procedência, para evitar quaisquer variações de coloração ou textura.

e) As interrupções de concretagem deverão obedecer a um plano preestabelecido, a fim de que as emendas delas decorrentes não prejudiquem o aspecto arquitetônico.

f) A retirada das formas será efetuada de modo a não danificar as superfícies do concreto, valendo os prazos mínimos já estabelecidos para concreto armado comum.

g) As eventuais falhas na superfície do concreto serão reparadas com argamassa de cimento e areia, procurando-se manter a mesma coloração e textura; será permitida, para isso, a adição de cimento branco à argamassa.

h) A amarração das formas deverá ser efetuada por meio de ferros passantes em tubos plásticos ou através de orifícios deixados nos espaçadores de concreto. Os orifícios resultantes das amarrações deverão ser dispostos obedecendo a um alinhamento, tanto na horizontal como na vertical.

i) O consumo mínimo de cimento será de 350 kg por m^3; a granulometria do agregado graúdo deverá ser compatível com as dimensões das peças a serem concretadas.

Destaque empresarial

É sempre necessário (questão de sobrevivência econômica e desejo de obter lucro) saber, na fase de proposta, quais concretos deverão ficar aparentes. O concreto aparente deve ser cobrado mais caro que o concreto não revestido. O custo adicional refere-se ao custo de formas especiais, uso de plastificantes, uso de desmoldante e outros cuidados que encarecem o uso de mão de obra. E veja um aspecto humano: cliente que pediu uma parte da obra em concreto aparente vai querer ver esse concreto aparente. Clientes normalmente nada entendem de fck, relação água/cimento etc., mas entendem de estética e, portanto, possivelmente serão implacáveis na aceitação (ou não) desse concreto. Cuide dele.

Notas

- Em um passado distante, ao se construírem belas casas, a frente da casa não era feita pela mão de obra comum. Pagando bem mais, contratavam-se pedreiros artesãos, chamados de frentistas (em geral, artesãos europeus) para cuidar da produção da frente das casas. O concreto aparente segue esse princípio. Sua mão de obra tem de ser melhor, e ser melhor significa custar mais.

- É importante a manutenção do concreto aparente: esses concretos exigem periódicas ações de manutenção, pois tendem a escurecer.

Sugestão

Consultar os trabalhos relacionados a seguir.

- BAUER, L. A. F.; BAUER, R. J. F. Recomendações quanto à execução de concreto aparente. *Boletim Bauer*, n. 19.

- AMORIM, A. A. de. *Durabilidade das estruturas de concreto armado aparentes*. 2010. Monografia (Especialização em Construção Civil) – Universidade Federal de Minas Gerais, Belo Horizonte, 2010. Disponível em: <http://www.pos.demc.ufmg.br/2015/trabalhos/pg1/Monografia%20Anderson%20Anacleto%20de%20Amorim.pdf>. Acesso em: 5 jun. 2015. **(leitura altamente recomendada)**.

Devem-se consultar as normas:

- NBR 5674 – Manutenção de edificações – Requisitos para o sistema de gestão de manutenção.

- NBR 14037 – Diretrizes para elaboração de manuais de uso, operação e manutenção das edificações – Requisitos para elaboração e apresentação dos conteúdos.

23 Escoramento de formas (termo antigo para cimbramento)

A situação em que estrutura de concreto, formas e escoramento são mais solicitados não é durante o seu uso normal. A situação mais delicada ocorre quando, com as formas cheias de concreto recém-lançado, quem resiste e dá forma à futura estrutura de concreto são as formas e o escoramento. Passadas algumas horas, o concreto já ganha resistência e, com isso, alivia-se a carga nas formas e no escoramento.

Passados alguns dias, poderemos retirar as formas e o escoramento.

Vi uma obra em andamento que me aterrorizou. Foi em frente à casa de um amigo que eu visitava. Estavam sendo usadas lajes pré-moldadas e o catálogo técnico do fabricante dizia, com clareza, que o escoramento não devia se apoiar diretamente no chão, mas sim em uma tábua deitada. Isso não foi seguido, e o escoramento descarregava a carga em vários pontos do chão de terra. O apoio no chão de terra cedeu, e toda a estrutura se deformou. Se tivesse sido usada a tábua deitada, a carga concentrada do escoramento seria distribuída por quase toda a área da tábua.

Os escoramentos usam:

- madeira – o mais tradicional e, em certas cidades do interior, ainda se usam escoramentos com toras de eucaliptos;

- escoramento metálico (aço) (normalmente alugadas).

Amigos, estou querendo fazer um simples comparativo entre as formas metálicas e de madeira.

Item	Madeira	Metálica
Prazo de execução	Longo ou médio	Médio ou curto
Aquisição	Compra	Compra ou locação
Reaproveitamentos	Menor	Maior (com reparos)
Precisão estrutural	Menor	Maior
Rigidez da peça	Sofre abaulamento	Rígida
Pressão hidrostática	Menor	Maior
Rapidez na montagem	Ligeiramente maior	Menor
Geração de entulho	Mínima	Mínima
Peso	Menor	Maior
Custo	Menor	Maior
Flexibilidade de dimensões	*Built to suit*	A partir de padrões estabelecidos
Durabilidade	Menor	Maior

Assim, deparo-me com não comparar duas coisas iguais em relação a custos, pois a forma metálica é locada e a de madeira, vinda pronta para a obra, é comprada. Da forma de madeira, tenho o seguinte exemplo:

Produtividade: 5,15 m^2 por H·H

Peso: ± 15 kg/m²

Reutilizações: Resinado – 10 vezes; plastificado – 20 vezes

Custo: R$ 55,00

Da escora metálica, temos outro exemplo:

Produtividade: 0,5 HH/m²

Custo R$ 0,70/m²/dia e travamento a R$ 31,73 (oito conjuntos)

Também tem outro orçamento a R$ 0,50/m²/dia

29 Uso e escolha dos vários tipos de formas para o concreto armado

Como já citamos anteriormente, o concreto pode ser de três tipos:

- revestido, caso mais usado em construções residenciais e comerciais;
- não revestido, para o qual não se exigem cuidados estéticos, como o concreto de pontes e barragens;
- aparente, usado em situações nas quais a aparência é importante como frente de lojas, esculturas etc.

Em princípio, quem escolhe o tipo de forma é o construtor.

A forma é um equipamento e não um material de consumo, usado provisoriamente nas obras para dar forma ao concreto, enquanto ele está mole (horas iniciais depois de sua produção e do lançamento). O custo da forma e da mão de obra de sua preparação pode representar até 40% do custo total da estrutura de concreto pronto.

No passado as formas eram, em sua esmagadora maioria, de pinho-do-paraná. Essas formas, após um único uso (ou poucos reúsos), eram descartadas como lixo. Hoje, existem formas feitas de muitos materiais; vejamos os tipos de formas mais usados:

- de madeira – chapa plastificada;
- de madeira – chapa resinada;
- de madeira – chapa tipo naval;
- metálicas de aço – cuidados na contratação, no uso e na devolução;
- de papelão cilíndricas;
- de polipropileno para lajes nervuradas;
- metálicas de alumínio e acessórios de fixação;
- metálicas de fibra de vidro ou resina.

Muitas vezes, a escolha do tipo de forma está ligada ao tipo de uso. Assim, as caras formas de aço são usadas para concreto aparente. Jamais usaríamos essas formas para concreto que vai ser revestido.

Hoje, as formas mais comuns e mais baratas são:

- chapas de madeira compensada resinadas;
- chapas de madeira plastificadas.

De qualquer forma, o projeto executivo de formas deve garantir:[1]

- facilidade de interpretação dos desenhos de forma;
- construtividade a partir desses desenhos;
- posição das juntas, conforme modelo estrutural adotado;
- eixos de locação da obra posicionados em locais adequados;
- indicações claras de pontos especiais da estrutura: rebaixos em lajes; furos e dentes em vigas etc.;
- especificações dos carregamentos adotados.

---

[1] Veja: Abece. *Recomendações para elaboração de projetos estruturais de edifícios de concreto.*

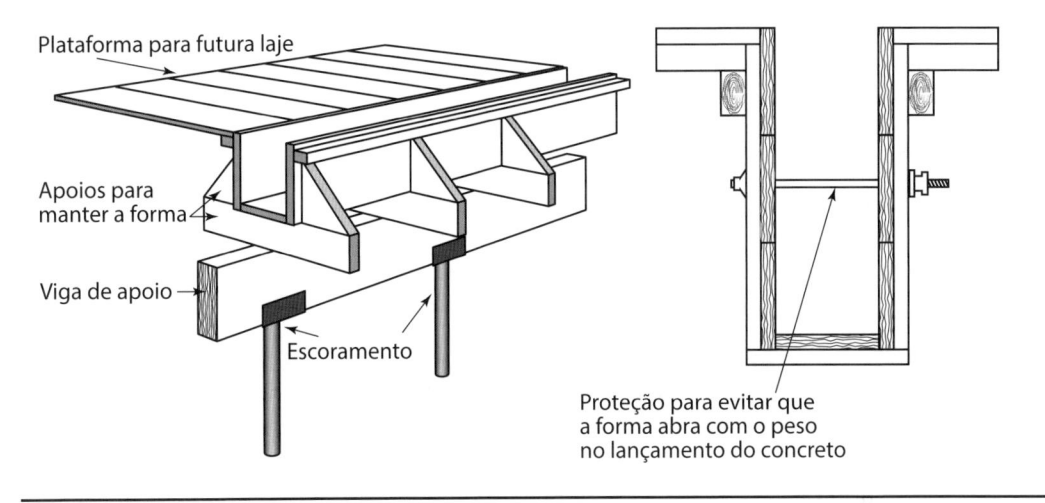

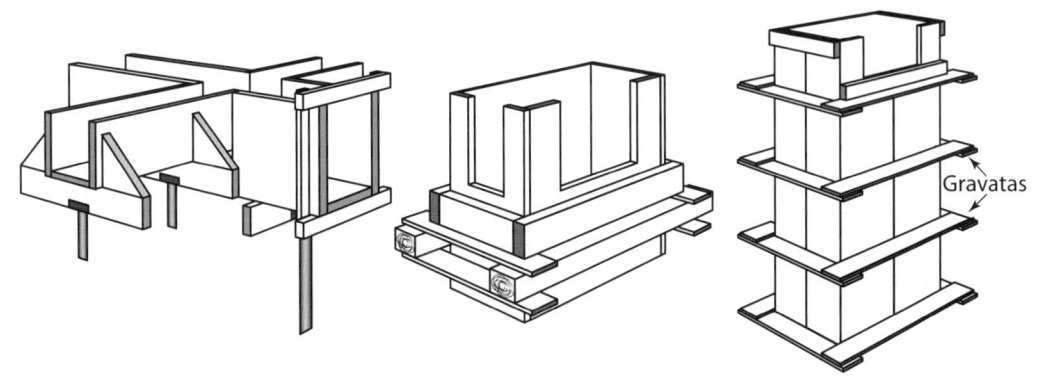

Consultar normas ABNT:

- NBR 14931 – Execução de estruturas de concreto armado.
- NBR 7190 – Projeto de estruturas de madeira.
- NBR 9531 – Chapas de madeira compensada – Classificação.
- NBR 9532 – Chapas de madeira compensada – Especificação.

Normalmente, não se estuda o assunto "formas" em um texto sobre estruturação de edifícios. Todavia, há casos em que um futuro construtor já está escolhido e ele tem preferência por determinado tipo de forma e de escoramento. As razões para a preferência podem ser:

- características de fornecimento local – em locais mais distantes, soluções mais sofisticadas não são a melhor solução;
- custos;
- preparação e experiência de mão de obra.

Algumas pessoas diriam que formas não trazem problemas para o concreto. Isso não é verdade. Para concreto aparente, as formas mais industrializadas tendem a ser as melhores.

Citemos alguns exemplos de erros em uso de formas:

1) Uma obra de um escritório ficou parada por cerca de dois anos por causa de brigas entre os sócios. As pranchas de madeira comum e que iriam virar formas já tinham sido compradas e foram guardadas ao abrigo de sol e chuva, mas o local era muito quente e de baixa umidade.

   Ao se usar as formas, esqueceu-se de um detalhe muito importante. As formas, antes de serem usadas, devem ser lavadas e inundadas com abundância de água, saciando-se a sede da madeira seca. Esse cuidado não foi tomado, e a madeira, muito seca, resultou em uma forma demasiadamente seca, e o concreto foi lançado nessas formas. A superfície do concreto ficou uma lástima, pois a madeira "roubou água do concreto".

2) As formas de uma construtora sempre eram feitas sem cuidado e se abriam um pouco quando era lançado o concreto. Diante disso, o concreto comprado de usina nunca conseguia encher as formas; comprava-se, por exemplo, 10 m^3 de concreto, volume calculado a partir do volume interno das formas e, na prática, com 10 m^3 nunca enchiam as formas. Possivelmente, a falta de concreto estava ligada à deficiência construtiva das formas pré-fabricadas de casas com paredes de concreto e, portanto, sem alvenaria. Desperdícios na aplicação também ocorrem.

3) Nas estruturas das estações do metrô de uma cidade foram usadas peças de madeira cheias de nós. Esses nós liberam um produto que ataca o concreto deixando marcas. A construtora deveria ter recusado o uso dessas peças de madeira.

Normalmente, a escolha do tipo de forma é uma atribuição do executor da obra. Para estruturas complexas, é importante fazer o projeto das formas.

Consultar o artigo "Formas", publicado pela revista *Equipe de Obra* – editora Pini, edição n. 3, ano 1, p. 19, out. 2005.

Sugerimos acessar, ainda, o site BKS: <http://www.bks.ind.br>.

Considere no seu projeto a necessidade e a vantagem de contratar um projeto de formas com um especialista em formas.

Vejamos detalhes de cada tipo de forma:

1) **De madeira, com chapa plastificada**
   Espessuras de: 10 cm, 15 cm e 18 cm.

2) **De madeira, com chapa resinada**
   Espessuras de: 10 cm, 15 cm e 20 cm.

3) **De madeira, do tipo naval**
   Espessuras de: 10 cm e 20 cm.

4) Formas metálicas (leia-se de aço)

São normalmente alugadas, mas podem ser vendidas.

As dimensões mais comuns são:

Dimensões disponíveis (cm)	Utilização mais comum
30×90, 60×90 e 90×90	Paredes, pilares e vigas
75×75, 75×100, 100×100, 200×75, 200×100	Lajes
120×45, 120×60, 120×75, 270×45, 270×60, 270×75	Paredes e pilares de 20 até 60

Existe uma variante de formas de aço com placas de polipropileno.

As informações de um fabricante dessas formas de aço com placas de polipropileno são:

- estrutura de aço galvanizado;

- painéis mais leves;

- placas frontais de polipropileno, 100% de reaproveitamento.

Sugerimos consultar o site BKS: <http://www.bks.ind.br>.

5) Formas de papelão cilíndricas

Diâmetros de 200 mm, 500 mm e 800 mm.[2]

Normalmente, usa-se a forma somente uma vez, pois seu reaproveitamento não é possível.

6) Formas de polipropileno para lajes nervuradas

Largura 600 mm, comprimento 570 cm, altura 150 mm.

7) Formas de alumínio

São caras, mas podem ser usadas em construções industrializadas de casas e outras edificações quando toda a alvenaria é substituída por paredes de concreto. Com as formas de alumínio, ganha-se em tempo de execução e na qualidade final (aspecto estético).

---

[2] Ver: *Revista Techné*, n. 137, p. 52, agosto de 2008.

Veja fotos de detalhes de formas:

30 Tolerância nas formas

Sejam as formas de madeira ou de outros materiais, seu custo (ver observação na página 102) percentual em relação ao custo total da estrutura de concreto armado tem aumentado significativamente.

Fazer formas que possam ser reusadas é um item importante, seja em termos de custos de material, seja em termos de custo de mão de obra e rapidez de execução.

Quanto a tolerâncias de construção, deve-se consultar a norma de execução NBR 14931, item 9.2.4, p. 16

Tolerâncias dimensionais para as seções transversais de elementos estruturais lineares e para a espessura de elementos estruturais de superfície	
Dimensão (a) cm	Tolerância (t) mm
$a \leq 60$	± 5
$60 < a \leq 120$	± 7
$120 < a \leq 250$	± 10
$a > 250$	$\pm 0,4\%$ da dimensão

Tolerâncias dimensionais para o comprimento de elementos estruturais lineares	
Dimensão (ℓ) m	Tolerância (t) mm
$\ell \leq 3$	± 5
$3 < \ell \leq 5$	± 10
$5 < \ell \leq 15$	± 15
$\ell > 15$	± 20
Nota: a tolerância dimensional de elementos lineares justapostos deve ser considerada sobre a dimensão total.	

31 Formas deslizantes e formas trepantes

As formas deslizantes e trepantes são usadas nas construções de pilares de pontes, caixas d'água, silos etc., onde são grandes as volumetrias e as alturas da futura estrutura.

No sistema forma trepante, é montado o primeiro lance de formas, adicionado o concreto, e colocado, por cima da forma de baixo, a forma de cima, "trepando" assim.

Formas trepantes – foto e esquema de funcionamento

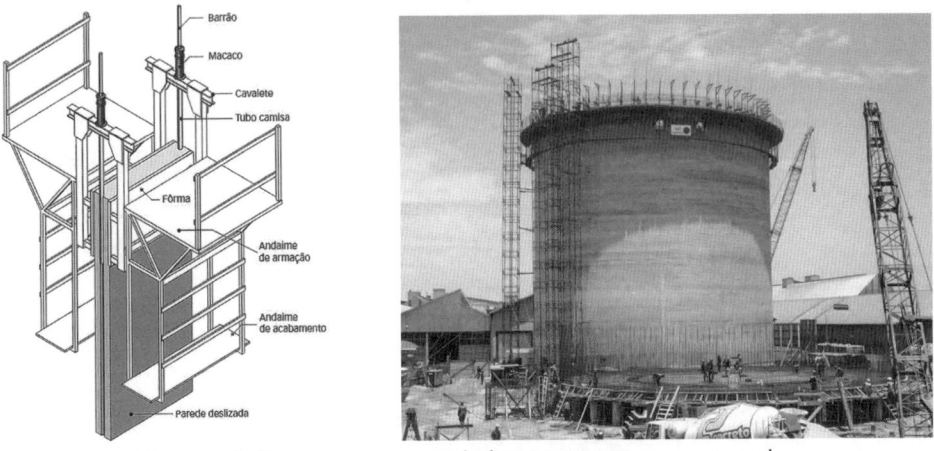

Formas deslizantes – esquema de funcionamento e um exemplo

O concreto deve ser de cura mais rápida e as formas podem ser alugadas ou vendidas.

Sugerimos acessar os dados fornecidos pelo site de um tradicional fornecedor das formas deslizantes e trepantes, o Buzolin (www.buzolin.com.br). No site desse fabricante são indicados cuidados de uso desse tipo de forma.

O leitor deve consultar também:

- www.etenas.com.br – formas metálicas
- www.madewal.com.br – formas, travamento e escoramento
- www.trcm.com.br – escoramentos, acessórios para formas
- www.dimibu.com.br – formas de papelão
- www.weiler.com.br – formas metálicas
- www.doka.com – formas onduladas leves para paredes, pilares e fundações
- www.shformas.com.br – formas para concreto, andaimes e escoramentos metálicos
- www.ciacasa.com.br – soluções para paredes e lajes moldadas no local
- www.mills.com.br – produtos e serviços de engenharia

E, também:

- Formas metálicas para edificações. *Revista Techné*, n. 121, p. 18, ago. 2011.
- Paredes em escala. *Revista Construção Mercado*, n. 121, p. 58, ago. 2011 (uso de formas de alumínio).
- Formas deslizantes. *Revista Infraestrutura Urbana*, n. 8, p. 46, nov. 2011.

32 Reúso de formas: formas para esculturas artísticas e projeto de formas

Considerando-se o alto custo das formas, tomam-se cuidados especiais no seu uso e reúso, que está ligado ao seu projeto especial.

Exemplos de cuidados de reúso:

- uso de desmoldante;
- esquemas construtivos que facilitem sua desmontagem, incluindo-se aí o uso de pregos com dupla cabeça;[1]
- incentivo à mão de obra, para a consciência da necessidade de reúso das formas.

Há casos-limite, nos quais os cuidados com formas são decisivos:

- indústrias de pré-moldados (usa só formas metálicas com reúso contínuo);
- produção de esculturas;
- formas especiais.

Nessas situações, o projeto das formas, inclusive de novas soluções, torna-se imperioso.

Para obras correntes, usam-se soluções-padrão, que nem sempre são as melhores soluções. A razão de usar soluções-padrão e nem sempre procurar as melhores produções de formas está ligada ao conservadorismo da direção das obras e da mão de obra.

---

[1] Ver figura na página 83.

33 Numeração de desenhos e documentos

Por incrível que pareça, para pequenas e médias obras de concreto armado e alvenaria acontece uma falta de ordem na produção e no manuseio de documentos técnicos da obra.

O desejável e necessário seria que cada desenho documento A0, A1, A2, A3 e A4 tivesse algum tipo de numeração. A seguir, é apresentado um dos sistemas possíveis, o qual é muito usado e absolutamente obrigatório no mundo industrial:

$$38 - ST - 0 - 91 - 4$$

Onde:

38   corresponde ao número do contrato da projetista com seu cliente;

ST   significa a especialidade, e outras podem ser as especialidades, como EL – AQ, MS, TO etc. No caso ST, refere-se a desenhos de estruturas;

0   corresponde ao código do tamanho do papel;

91   corresponde à classificação de identificação dentro do submundo ST – número de identificação;

4   corresponde à revisão (estado da informação).

> Existe uma regra sagrada: mudou a informação, altera-se a revisão para o número seguinte. Assim, quando pegamos dois documentos com o mesmo número e com a mesma revisão, temos a mais absoluta certeza de que nem acento de nome de rio tenha mudado ou sido acrescentado.

Há regras para uso de desenhos que proíbem a utilização de papéis em tamanhos A0 e A2 por haver certa dificuldade e falta de conforto no manuseio desses tamanhos ao serem abertos ao ar livre, principalmente quando está ventando...

34 O importante Custo Unitário Básico (CUB)

Tendo em vista acompanhar os custos de construção e sua variação com o tempo, a Lei nº 4.591 determinou que os sindicatos da construção civil (sindicatos patronais) de cada estado calculassem um índice de acompanhamento desses custos. Atendendo a essa determinação, a ABNT emitiu a norma 12721 e definiu um tipo de prédio Projeto R8 – N para acompanhar a evolução do seu custo unitário (CUB). O CUB é calculado mês a mês e divulgado pelo Sindicato da Construção Civil (Sinduscon) de cada estado. Em abril de 2013, os valores do CUB São Paulo referentes à atividade de construção de residências eram:

- Índice de custo global – 148,03

- Índice de materiais – 129,91

- Índice da mão de obra – 164,52

Enfatiza-se: **o CUB não é um elemento para se fazer orçamentos e sim para acompanhar a evolução do custo das obras, ou seja, acompanhar orçamentos em face do tempo e em face da inflação.**

Em alguns casos de pequeno valor e grande repetitividade, é comum se usar a expressão:

> Trabalho × CUB para orçar esse trabalho

Os índices CUB mostram a variação dos custos com o tempo tendo como referência uma obra de fevereiro de 2007 com índice 100.

> Importante: no INSS, para avaliar o custo da construção de uma obra e considerar o que dos recolhimentos previdenciários é correto, usa-se o CUB, considerando também a área construída e o padrão da obra (obra simples, obra luxuosa etc.).

35 Tipos de alvenaria: como escolher

Quem define o tipo de alvenaria em uma estrutura predial é o projeto arquitetônico com a participação do projetista estrutural e do proprietário. Há alvenarias mais caras e mais baratas. Há alvenarias mais custosas na sua execução e outras menos custosas.

Vejamos os tipos mais comuns:

- tijolo maciço (o velho tijolinho);
- bloco cerâmico de seis furos;
- bloco cerâmico estrutural;
- bloco de concreto.

O orçamento da construtora na fase de proposta deve seguir a escolha do arquiteto, e o projetista estrutural também deverá seguir o projeto arquitetônico, principalmente no assunto peso (carga) sobre a estrutura (peso morto).

Por opção do arquiteto e do projetista estrutural do Edifício Solar dos Girassóis, as alvenarias externas e internas serão de **bloco cerâmico não estrutural.**

Ver a seguir, neste item do livro, as dimensões de blocos.

Porém, em razão de custo, e com concordância do cliente e do arquiteto, antes de assinar o contrato, optou-se por usar blocos cerâmicos de seis furos.

Os blocos podem ser entregues ou a granel ou paletizados. Prefira a entrega em *pallets* (pacotes).

Se fôssemos usar blocos de concreto, teríamos como dados de referência de dimensões (comprimento, largura e altura):

- bloco de concreto estrutural: 39 cm × 19 cm × 19 cm

- bloco de concreto de vedação: 39 cm × 9 cm × 19 cm

No nosso caso, se usássemos o bloco de concreto, como temos a estrutura de concreto armado, usaríamos o bloco de concreto de vedação.

Não deixe de ler o excelente artigo "Alvenaria de blocos de concreto", publicado na revista *Equipe de obra*, ano I , n. 3, out. 2005. Seção Passo a Passo.

Um famoso engenheiro construtor declara:

— *A melhor alvenaria do mundo é a alvenaria feita com tijolo maciço, pois dá maior conforto térmico, maior conforto acústico e permite furar as paredes para fixar quadros, sem rompê-la. Essa alvenaria só tem como defeitos: exigir mais tempo de execução e, em face disso, ser mais pesada e cara que as alternativas.*

Como empresário que visa lucro honesto, preocupa a espessura da argamassa de assentamento dos tijolos. A espessura da argamassa às vezes está grossa demais. Gasta-se então mais cimento (da argamassa) e menos tijolos (produto mais barato). A preocupação com a economia na obra deve ser constante. Deve-se tomar o cuidado de forrar o chão com piso de madeira para recolher a argamassa que caiu durante o assentamento e, não estando misturada com detritos, ela deve voltar à caixa de massa para, outra vez, ser misturada e usada. Mesmo sendo pequena a economia, no caso, essas providências criam na obra um sentido de responsabilidade técnica e econômica.

36 A importância da alvenaria em quase todos os tipos de estrutura

Nos velhos prédios de um ou dois, ou até três, andares,[1] a alvenaria era o coração único da edificação. A estabilidade da construção dependia essencialmente dela.

Aí estão os casarões da cidade de Salvador, os sobrados de Ouro Preto, os sobrados estilo holandês de Recife como exemplos disso, os quais, como visto, duram séculos. Suas lajes (tablados) eram feitas com pranchas de madeira apoiadas em vigas de madeira.

Hoje em dia, construímos, às vezes, como opção para diminuir custos, prédios sem vigas e sem pilares, mas usando lajes de concreto armado. Nesses casos, as paredes de alvenaria são então os elementos fundamentais para a resistência e a estabilidade do prédio.

Com o surgimento do concreto armado, usando a "trindade de ouro" – ou seja, laje, viga e pilar –, a alvenaria passou a ter uma importância bem menor, pois sua função era, ou seria, apenas dividir ambientes e fazer a proteção externa contra invasões, ruídos e pó, dando privacidade visual. Todavia, como a alvenaria é amarrada em cima, pelo chamado encunhamento, embaixo, pelo atrito, e lateralmente, por ligação a pilares de concreto armado, essa alvenaria **ajuda no funcionamento da estrutura, pois aumenta o seu grau de hiperestaticidade (interfuncionalidade estrutural de toda a estrutura)**.

Por tudo isso, a alvenaria não pode ser esquecida em um projeto estrutural de uma edificação, que é muito mais que o projeto de concreto armado de uma edificação.

Assim, em uma alvenaria predial:

- deve ser prevista sua amarração superior, bem como suas amarrações laterais, admitindo-se que a amarração inferior aconteça pela carga e pelo atrito decorrente;
- devem ser previstas vergas, um assunto discutido em outro capítulo deste livro;
- devem ser previstas amarrações de alvenaria de marquises à estrutura de

---

[1] E antes do concreto armado.

concreto armado (acidentes com mortes já aconteceram por esquecimento de que essa alvenaria tem de ser amarrada a algo confiável, ou seja, à estrutura principal);

- em grandes áreas de alvenaria, chamadas, por vezes, de "panos de alvenaria", é necessário haver uma armadura de aumento de resistência (pilaretes, vigotas e cintas);

- e mais cuidados...

Quem contrata um projeto estrutural deve exigir esses cuidados e, obviamente, pagar por esse trabalho.

Veja este exemplo: em um estádio de futebol, foi construída uma mureta de alvenaria sem amarração com nada na passarela de saída. Tudo ia bem quando, na hora da saída de um jogo de muita afluência de público, formou-se no local uma multidão querendo sair, e muita gente se apoiou lateralmente na mureta, que se rompeu, e havia um desnível de vários metros protegido (?) por essa mureta. Houve feridos e mortos.

A mureta não existia no projeto estrutural, tendo sido uma solução (?) aplicada no decorrer da obra. Essa mureta tinha uma cinta superior de concreto armado, mas que possuía várias interrupções, ou seja, ela não cintava nada...

Se essa mureta tivesse pilaretes amarrados na laje e as cintas ligadas a eles, essas cintas resistiriam às cargas horizontais geradas pelo alvoroço da multidão em saída...

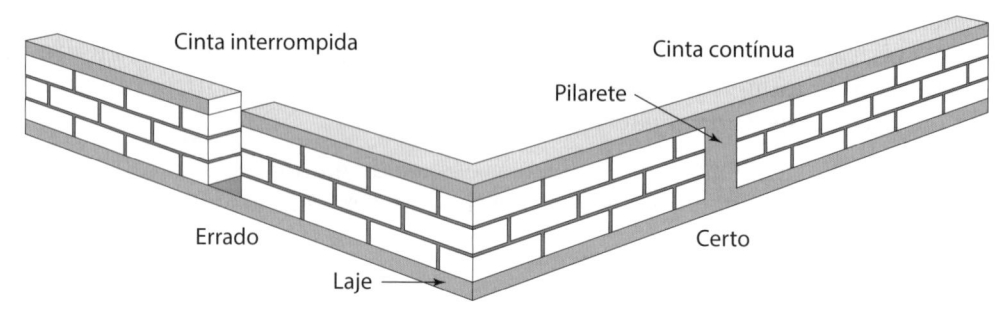

O pilarete deve estar ligado estuturalmente à laje indicada

Nota

Um revisor deste livro contou ao autor que conhecia vários prédios de estrutura de concreto armado que resistiam bem, pelo fato de terem boas alvenarias.

Notas

- A alvenaria deve ser assentada depois de, no mínimo, duas semanas da concretagem da estrutura sobre a qual ela se apoia, para minimizar trincas.

- Deve-se considerar o uso de argamassa expansiva para amarrar, ligar a alvenaria à estrutura de concreto armado superior. Consegue-se isso graças a um aditivo aplicado na produção da argamassa de assentamento dos tijolos/blocos.

- Quando existe contato da alvenaria com o terreno, não se deve esquecer de colocar uma camada impermeabilizante na alvenaria para evitar que a umidade do terreno suba por ela.

Sugestão

Ler os interessantíssimos artigos:

- Ligação de paredes com vigas e lajes. *Revista Téchne*, n. 88, p. 56, maio 2004.
- Alerta! Deformações excessivas. *Revista Téchne*, n. 87, p. 45, abr. 2005.

Cite-se a opinião do Prof. Péricles Brasiliense Fusco no livro *Fundamentos do projeto estrutural*, da Editora da Universidade de São Paulo e da Editora McGraw-Hill do Brasil, 1976, p. 30, Seção 2.2, "Análise da construção":

> Nos arranha-céus, as alvenarias são consideradas como material de simples compartimento dos ambientes, sem finalidade estrutural. No entanto, a resistência estrutural dessas alvenarias pode colaborar de modo apreciável e, por vezes, até decisivo na resistência aos esforços horizontais decorrentes da ação do vento.

No caso do Edifício Solar dos Girassóis, a alvenaria a ser usada, tanto para as paredes externas como internas, será o bloco cerâmico de seis furos.

37 Exigências ao projetista estrutural

Por ênfase e importância, voltamos a este assunto.

Deve ser intenso o diálogo entre a obra, ou seja, entre os profissionais construtores e os projetistas. Entre os projetistas temos os de arquitetura, instalações hidráulicas, elétricas e em prédios mais sofisticados os projetistas do ar condicionado central, sinalização e até os decoradores. Cada um deve saber o que cada um dos outros fará e o que não fará, incluso aí os fornecedores.

Assim, o projeto estrutural deve considerar e detalhar:

- encunhamento de alvenarias na estrutura de concreto armado;
- ligação alvenaria-pilares;
- reforços nas alvenarias quando estas têm vãos muito grandes;
- no caso de balcões, sua alvenaria precisa ser detalhada, bem como sua ligação com o resto da estrutura;
- detalhes de vergas e cintas;
- e outros.

Quanto ao assunto vergas, ele aparece escondido e pouco valorizado no item 24.6.1, p. 205 da norma, inclusive sem usar o nome totalmente aceito de "verga": "Nas aberturas das portas devem ser previstas pelo menos duas barras de ø 10 mm que se prolongam 50 cm a partir dos ângulos reentrantes".

Como alerta, esse assunto é colocado, na norma, na parte do item 24.6 de título "Elementos estruturais de concreto simples". Destaca-se que o elemento verga é usado em estruturas de concreto simples e concreto armado.

---

[1] Dizem alguns filósofos da construção civil: erros de desenhos de detalhamento podem, às vezes, causar mais danos que os provenientes de sofisticados cálculos de estrutura.

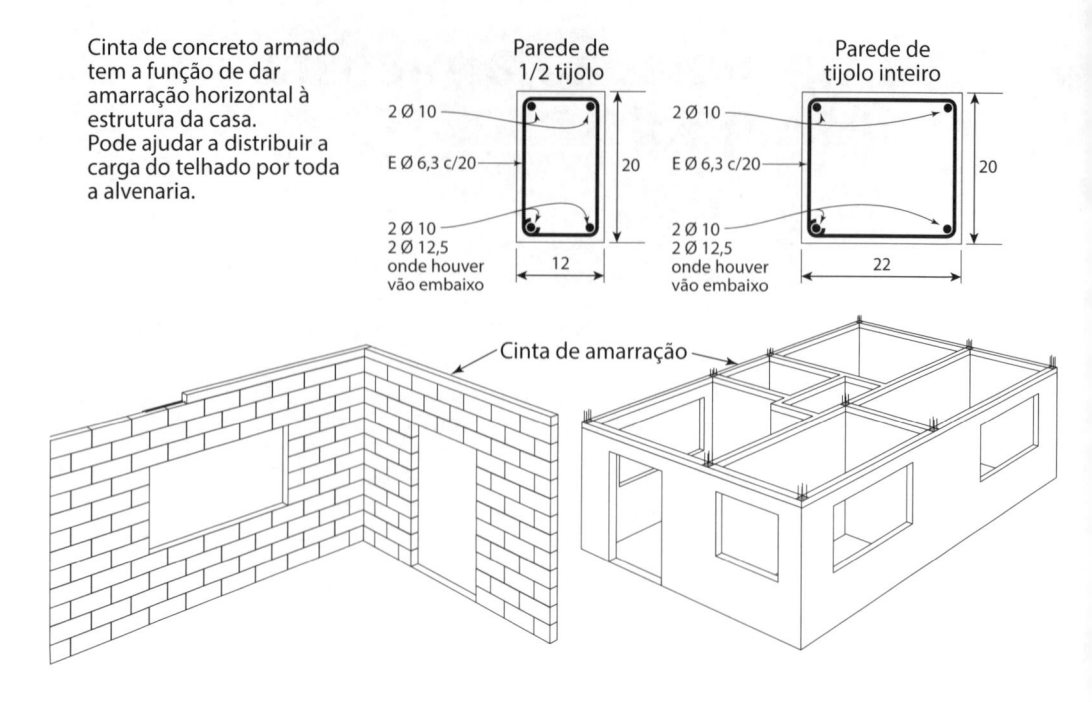

Cinta de concreto armado tem a função de dar amarração horizontal à estrutura da casa.
Pode ajudar a distribuir a carga do telhado por toda a alvenaria.

Parede de 1/2 tijolo

2 Ø 10
E Ø 6,3 c/20
20
2 Ø 10
2 Ø 12,5 onde houver vão embaixo
12

Parede de tijolo inteiro

2 Ø 10
E Ø 6,3 c/20
20
2 Ø 10
2 Ø 12,5 onde houver vão embaixo
22

Cinta de amarração

E valem os seguintes alertas complementares, apresentados a seguir.

A postura correta de uma construtora não deve ser de simplesmente solicitar desenhos e especificações da obra de concreto armado. Para a construtora assumir as responsabilidades que são suas, ela deve exigir – **eu disse exigir** – que os detalhes da obra sejam definidos pela projetista estrutural. No importantíssimo artigo "Ligação de paredes com vigas e lajes",[2] esse assunto é debatido e enfatizado.

Nesse artigo, recomenda-se que seja adicionado látex polimétrico na argamassa de assentamento da alvenaria. O artigo chama a atenção para a preferência que se deve dar ao uso da bisnaga, e não a colher de pedreiro, na aplicação dessa argamassa.

As recomendações do artigo são:

Siga as recomendações:

> Independentemente do método escolhido, é fundamental seguir alguns procedimentos básicos durante a execução da fixação ou encunhamento da alvenaria. Caso não seja respeitada a movimentação da estrutura, mesmo a mais criteriosa escolha do método será prejudicada.
>
> Espere o maior tempo possível antes de executar a alvenaria a fim de permitir a livre deformação lenta da estrutura.
>
> Em uma situação ideal, o intervalo de tempo entre o término da execução da alvenaria e o início da fixação deve ser de, pelo menos, duas semanas. Esse tempo é

---

[2] *Revista Téchne*, n. 86, maio 2004.

suficiente para que a estrutura absorva a carga a que foi submetida e a argamassa retraia, tornando a parede mais resistente.

Execute a fixação partindo de andares superiores para os inferiores. Assim os pavimentos inferiores absorvem melhor as deformações.

Para evitar camadas muito finas e frágeis, aplique a argamassa sempre com a bisnaga, nunca com a colher.

A fim de evitar esmagamento, não utilize blocos excessivamente frágeis.

E não nos esqueçamos dos aditivos expansores adicionados em argamassa de aplicação de alvenaria para melhor encunhamento da alvenaria com a estrutura de concreto armado. Para blocos cerâmicos ou de concreto, empregar canaletas em medidas equivalentes.

ALVENARIA REFORÇO

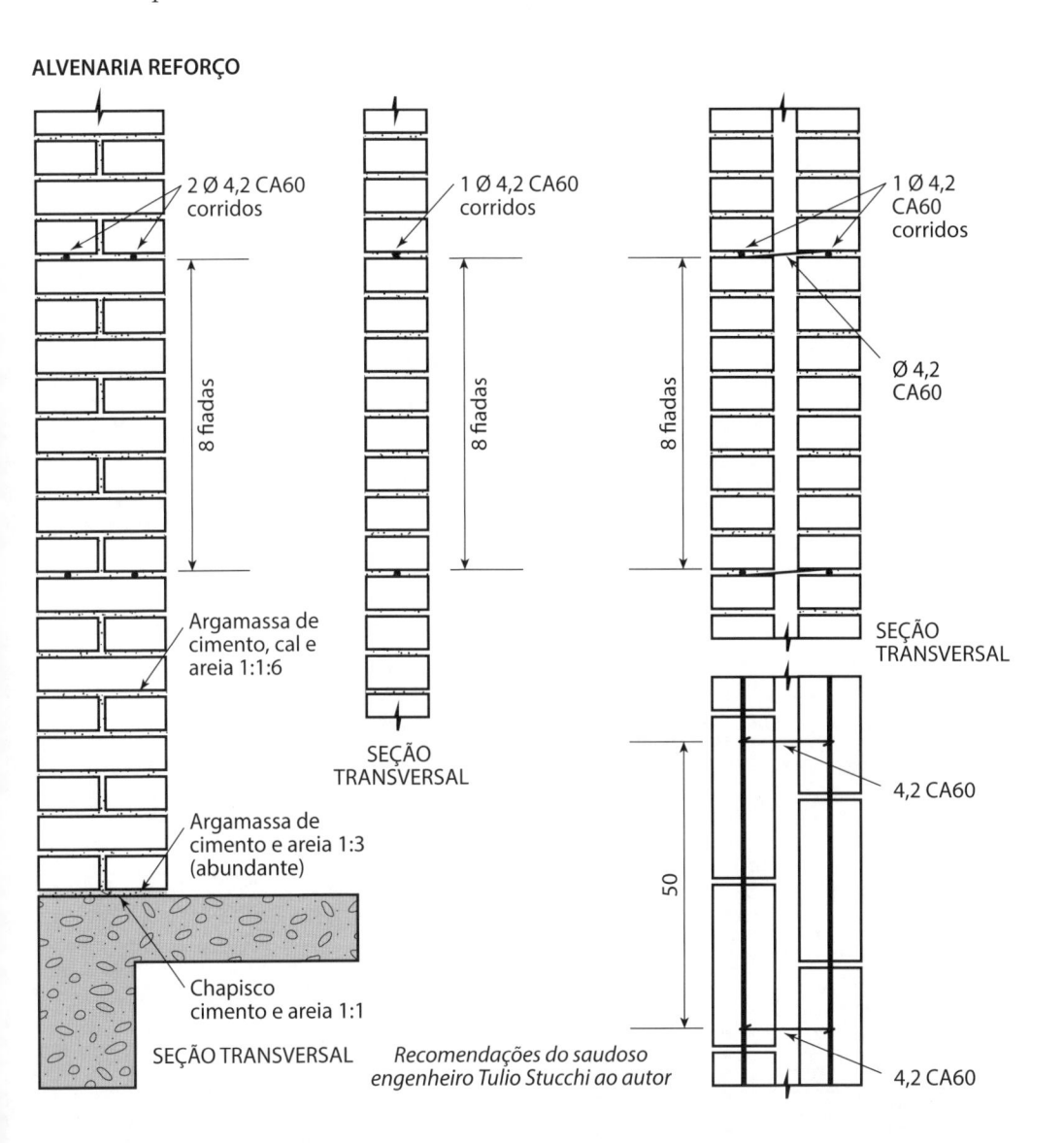

Recrutamento e seleção de mão de obra

A obra civil tem a terrível característica de ser ambulante, ou seja, muda sempre de lugar, e essa mudança pode chegar a extremos de uma obra se situar em um estado do sul do país e a obra seguinte se localizar em um estado no norte do país. Nesses casos, é obrigatório dispensar a mão de obra da obra mais antiga, pois ela não desejará mudar de estado por vários meses. Todavia, um núcleo de empregados deve ficar e, entre eles, temos o mestre de obra e os contramestres.

Em um trabalho de construção civil, temos três tipos de mão de obra:

- os empregados fixos e registrados pela construtora (mestres e contramestres, também chamados de encarregados);

- os empregados de firma especializada (instalações hidráulicas, elétricas e outras especialidades);

- mão de obra mais simples, contratada de firmas de mão de obra chamadas de firmas de gatos. Exemplos dessa mão de obra mais simples são os pedreiros, os serventes, os armadores e os responsáveis pela execução de formas (carpinteiros).

Se formos executar uma nova obra próxima de uma obra em fase final de construção, devemos fazer um esforço para:

- usar os empregados fixos, pois eles representam muito para a construtora;

- tentar usar as firmas especializadas e sua mão de obra que já conhecemos;

- tentar usar as firmas de mão de obra (gatos) selecionando os profissionais que melhor atenderam às necessidades da obra em final de execução.

Vejamos agora a questão de contratação de mão de obra para uma obra distante. Nesse caso, recomenda-se:

- continuar mantendo mestres e contramestres e considerar, na época do orçamento, que eles exigirão um sobressalário para trabalhar longe de suas famílias, bem como um custo adicional para viagens periódicas, para visitarem suas famílias, e despesas de alojamento no local da nova obra;

- procurar continuar a usar as firmas especializadas já conhecidas, mas sabendo que também elas pedirão um acréscimo nos seus honorários, em face das despesas já apresentadas no item anterior. Se essas firmas solicitarem alto valor diante do deslocamento, a solução será buscar no novo local outras firmas, se possível, com o mesmo nível técnico;

- quanto à contratação local de mão de obra mais simples, a solução é usar o famoso "caça-gatos", ou seja, com uma pessoa com experiência, visitar as obras nas redondezas, não para tirar empregados, mas para conhecer as firmas de gatos que pudessem ter mão de obra disponível.

Notas

- Um famoso empresário da construção civil, quando ia realizar uma obra muito fora de sua sede, sempre, mas sempre mesmo, procurava uma parceria com uma construtora local de menor porte. O conhecimento que essa firma menor tinha sobre o mercado e sobre os critérios de seleção de mão de obra sempre valeram muito.

- Em certas obras grandes com um grande contratante geral, é feito um acordo geral entre as construtoras participantes, para que não haja roubo de um empregado de uma firma para outra. Os empregados também são informados do acordo da não contratação por uma construtora de empregado de outra.

- No diálogo que antecedia a contratação de mão de obra avulsa, duas coisas eram anotadas:

  - se o profissional tinha ferramentas próprias e como cuidava delas;

  - se as mãos desse profissional mostravam sinais de trabalho.

- Dentro de uma política de evolução da mão de obra, uma construtora sempre procurava descobrir bons profissionais com perspectiva de evolução, para, no futuro, virem a se tornar mestres de obras. Nesses casos, os encarregados de formas (carpinteiros) eram os preferidos, pois o domínio das medidas (dimensões) das formas fazia o profissional evoluir.

- A rotina de colocar na placa de obra o nome do mestre de obras e dos contramestres tinha um enorme valor, mas sempre havia o risco de esses profissionais serem atraídos para serem contratados por outra construtora.

- Se sua obra se localizar em área distante e com forte influência na mão de obra de origem indígena, outros cuidados, e muito específicos, devem ser tomados, com destaque para obras no estado de Roraima. A diferença de cultura pode gerar conflitos.

No registro de empregados, sugere-se usar sempre a terminologia da Classificação Brasileira de Ocupações (CBO) – Portaria Ministerial nº 397, de 9 de outubro de 2002.

Isso pode evitar problemas trabalhistas futuros.

No caso do "pedreiro", profissão símbolo da Construção Civil, a CBO, como exemplo, prevê as seguintes alternativas de classificação profissional:[1]

Ocupações	Código	Tipo
Auxiliar de pedreiro	7170-20	Sinônimo
Pedreiro	7152-10	Ocupação
Pedreiro (chaminés industriais)	7152-15	Ocupação
Pedreiro de acabamento	7152-10	Sinônimo
Pedreiro de alvenaria	7152-30	Sinônimo
Pedreiro de chaminés	7152-15	Sinônimo
Pedreiro de concreto	7152-10	Sinônimo
Pedreiro de conservação de vias permanentes (exceto trilhos)	9922-20	Ocupação
Pedreiro de edificações	7152-30	Ocupação
Pedreiro de fachada	7152-10	Sinônimo
Pedreiro de forno	7152-20	Sinônimo
Pedreiro de manutenção e conservação	7152-10	Sinônimo
Pedreiro de mineração	7152-25	Sinônimo
Pedreiro de reforma geral	7152-10	Sinônimo
Pedreiro (material refratário)	7152-20	Ocupação
Pedreiro (mineração)	7152-25	Ocupação
Refratarista (pedreiro)	7152-20	Sinônimo
Servente de pedreiro	7170-20	Sinônimo
Servente de pedreiro na conservação de vias permanentes (exceto trilhos)	9922-25	Sinônimo

Nota

Consulte o saber local. Saiba então que:

- na época de colheita, as remunerações do mercado de trabalho crescem;
- em certas regiões com minas de ouro, e em tempos de fortes chuvas que revolvem o solo, os empregados mais simples, literalmente, desaparecem das obras, indo atrás de pepitas de ouro em rios;
- em algumas regiões do país, as obras quase param, e por um tempo não pequeno, em face das festas de Carnaval, do sagrado São João e das micaretas, além das festas dos santos padroeiros... É o Brasil...

---

[1] Recentemente essa listagem ganhou mais uma profissão: "motorista de ambulância".

39 A obra está prestes a começar

Inicialmente, vamos nos recordar da obra de referência, ou seja, a obra que, por motivos didáticos, será o palco de nossas discussões.

Trata-se de um prédio de apartamentos de classe média, de quatro andares (três, mais andar térreo), quatro apartamentos por bloco e dois blocos. Cada apartamento possui dois quartos. Tem estrutura de concreto armado e alvenaria e está planejado para ter lajes maciças, vigas, pilares, escadas, sapatas de fundação e caixa d'água de concreto armado. As sapatas de fundação já estão prontas face a contrato anterior do proprietário com outra construtora.

O prédio não tem elevadores e as escadas, bem como a caixa d'água, são de concreto armado.

O escopo da Construtora Andorinha Azul é a construção da estrutura de concreto armado e das alvenarias externas e internas. As montagens das instalações elétricas (e hidráulicas) do canteiro para apoio à obra estão sendo feitas por uma empresa contratada pelo proprietário.

O prazo para executar a obra contratada junto à Construtora Andorinha Azul é de oito meses.

Já existem para esse prédio, antecedendo o início da obra e elaborados por terceiros, contratados diretamente pelo proprietário:

- levantamento topográfico da área da obra;
- sondagens geotécnicas, como previsto na norma;
- projeto arquitetônico;
- projeto estrutural;
- projetos de instalações de água, esgoto, águas pluviais, gás e prediais de eletricidade;
- o fck (resistência característica do concreto) foi fixado pelo projetista estrutural em 20 MPa, e o aço previsto é o CA 50;
- existem especificações complementares das instalações do prédio.

Agora, atenção. Reforcemos:

Como o projetista estrutural contratado pelo proprietário fixou o fck em 20 MPa e, no detalhamento do projeto, fixou os espaçamentos e as coberturas das armaduras metálicas, se o construtor seguir esses cuidados não poderá, no futuro, ser chamado no caso de problemas, por exemplo, de corrosão na estrutura, pois as decisões principais foram tomadas na fase de projeto. O construtor só seria responsável se acontecesse o seguinte:

- o concreto de 20 MPa previsto não foi fornecido com essa característica, ou seja, a concreteira contratada pelo construtor forneceu um concreto com fck inferior;

- o concreto foi fornecido pelo fck do projetista, mas produzido com alta relação água/cimento e fora da especificação da NBR 6118;

- os cobrimentos da armadura foram feitos na obra com espessura menor que a prevista para o concreto;

- foi feita concretagem de má qualidade por ter chovido sem interrupção na fase de lançamento do concreto, por ter ocorrido trepidação no transporte interno, por falhas de lançamento nas formas, por falta de vibração ou cura inadequada.

As principais atividades da construtora no tocante à execução da estrutura e da alvenaria, itens para os quais ela foi contratada, são:

- contratação de mão de obra;
- fechamento por tapumes[1] da área da obra;
- compra dos materiais para a obra;
- execução das formas e escoramento da estrutura do concreto;
- compra do aço da obra, sua montagem e sua colocação nas formas;
- compra do concreto de usina central;
- execução das obras de concreto armado;
- compra do material de alvenaria e sua colocação no prédio em início de execução;
- organização do almoxarifado da obra;
- recebimento e colocação do concreto;
- execução da alvenaria.

---

[1] Os tapumes têm várias funções como: diminuir a possibilidade de furtos; diminuir a eventual possibilidade de o empregado sair na furtiva, pelos fundos da obra; diminuir as interferências e as conversas do pessoal da obra com os que passam na rua ou que são moradores das redondezas etc.

Atenção, atenção: finalmente, a obra vai começar...

Notas

- A construção civil, por usar muita mão de obra, e mão de obra de origem simples, exige toda uma estratégia de relacionamento "construtora x empregado". Como exemplo dessa simplicidade, uma construtora tinha um eletricista, Sr. Joaquim, que fazia, e muito bem, as instalações elétricas das obras (obras pequenas). Para cada obra, era feito o desenho das instalações, e esse desenho era mostrado ao Seu Joaquim que, apesar de ser excelente profissional, não conseguia fazer a abstração mental para entender um papel riscado. O engenheiro da obra então, com o desenho na mão, falava ao Seu Joaquim como as instalações deveriam ser produzidas. E tudo era feito pelo Seu Joaquim, em obediência estrita ao que ouvira...

- É sempre recomendável que a construtora, ou uma firma sua contratada, faça o famoso Relatório Prévio de Provas com muitas fotos sobre o estado das obras vizinhas e registrando esse relatório em cartório. No caso de ocorrerem problemas em obras vizinhas, principalmente as edificações de até dois andares e só de alvenaria, a existência desse relatório pode por limites a injustas reivindicações futuras.

- Lembrar que o Relatório Prévio de Provas pode também ser feito pelos vizinhos. Este autor, como perito judicial, fez um relatório desse tipo para um enorme prédio já com, aproximadamente, dez anos de uso, considerando que o metrô iria passar a menos de 10 m de distância e documentando que a situação do prédio era muito boa, sem problemas. Se algo acontecesse no prédio, esse relatório serviria como elemento técnico de reivindicação de indenização.

- Ter seguro de obra feito pela construtora é muito importante e, como esse seguro é algo caro, deve-se considerar sua necessidade na fase de orçamento e proposta. Vale o famoso ditado: "seguro se faz antes do sinistro".

40 Placa de obra com os nomes do mestre e dos encarregados

Uma prática saudável de relacionamento entre a construtora e a mão de obra, na opinião da sócia arquiteta, é afixar uma placa com vista para a rua,[1] com os nomes do mestre e dos encarregados de formas, armação e concretagem.

Veja como ficou na nossa obra de referência:

> **Construtora Andorinha Azul**
>
> Obra do **Edifício "Solar dos Girassóis"**
>
> Mestre – João Aparecido de Paula (Paulão)
>
> Encarregado de formas – Valdecir dos Santos Paixão
>
> Encarregado de armadura – Rosicleido Açunção[2]
>
> Encarregado de concretagem – Mariosvaldo Silva
>
> Obra com registro na prefeitura nº XXXXXXXXX

Aparentemente, a placa dos profissionais seria um sucesso se o pintor, Augusto, não reclamasse dizendo: "e por que o meu nome não está na placa...?".

É claro que, além dessa placa, existiam a placa da construtora com o nome e o registro CREA/CAU do engenheiro ou arquiteto responsável, o número do alvará da

---

[1] Destaque-se que há empresários da construção civil que são contra essa prática. Um dos revisores deste livro, um construtor de mão cheia e com muitas histórias para contar, não faz a placa de obra com os nomes do mestre e dos encarregados em seus empreendimentos civis e recomenda que não se faça isso. Ele já sofreu muito com o aliciamento de seus encarregados, ou seja, obras das imediações chamavam e contratavam esses profissionais. Deixemos a cada um que julgue se é certa ou errada a colocação dessa placa.

[2] O Rosicleido havia sido registrado com o sobrenome assim (Açunção), no cartório do local simples onde nascera, e fazia questão que se respeitasse a grafia de seu nome, pois assim também estava na sua sagrada certidão de batismo.

No Brasil, ainda existe uma parte da população que não tem registro civil, tendo às vezes apenas a certidão de batismo (chamada de batistério). Felizmente, essa realidade está mudando.

construção, o endereço, além de placas individuais de fornecedores, como os fornecedores do aço, a firma das instalações elétricas etc.

Em obras públicas, é costume colocar na placa de obra o valor a ser pago à construtora (chamada de empreiteira) e a data prevista para o fim da obra, para que seja feito o chamado "controle social".

41 Desenhos de perspectiva da estrutura

Em um empreendimento de projeto de uma enorme casa de bombas tirando água do mar, o relacionamento estava precário, pois envolvia uma firma alemã, que fizera o projeto preliminar, uma firma americana, que dava as características dos seus equipamentos a implantar, e um comando gerencial brasileiro fraco, muito fraco... Com tudo isso, questões até triviais viravam conflitos técnicos intermináveis, e os conflitos técnicos sempre passam para conflitos pessoais e profissionais. Quando a situação era essa e este autor MHCB gerenciava apenas o projeto executivo (e não o empreendimento), ele sofria todas as consequências do conflito. Eis que um arquiteto, de nome Pedro (popular Pedrão pela sua simpatia), da minha equipe, propôs fazer duas perspectivas da unidade (posições diferentes) mostrando como se podia entender mais facilmente essa unidade e com seus detalhes. A proposta de Pedrão foi aceita, com relutância, por mim, mas dali a duas semanas os desenhos estavam prontos e mostravam detalhes e situações que não eram compreensíveis até então, revelando problemas por cima dos quais estávamos passando. As perspectivas foram um sucesso, até com o cliente, que era muito ranzinza e, a partir daí, toda reunião de coordenação era obrigatoriamente realizada com os desenhos na parede, e com fácil consulta visual.

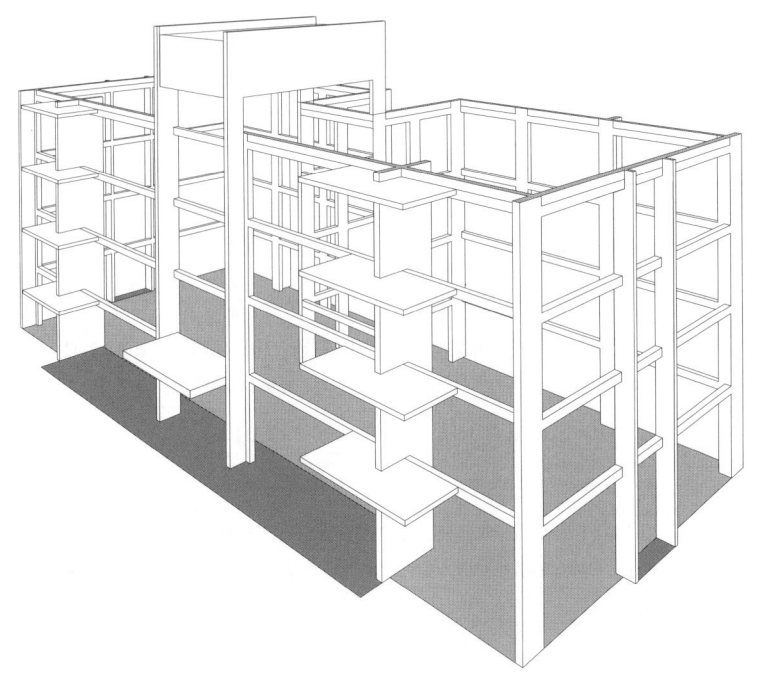

Em empreendimentos complexos de construção civil, sempre cabe a pergunta:

— Vale a pena fazer a perspectiva da obra?

Pense nisso, caro leitor.

Usando o desenho de perspectiva em projetos estruturais

Nos Estados Unidos, em grandes empreendimentos petroquímicos e em outros empreendimentos civis, além das especificações e dos desenhos, é corriqueiro e normal executarem-se, adicionalmente, desenhos de perspectivas gerais, de processos petroquímicos, de estruturas, de instalações elétricas e de instalações hidráulicas. No Brasil, muitas vezes fazemos isso no projeto de instalações hidráulicas. Nos Estados Unidos também acontece o fato de que os clientes ou as projetistas decidem fazer, paralelamente a esses desenhos, modelos resumidos (maquetes) das obras a construir. Isso é tão comum que existem firmas que produzem peças-modelo padronizadas de bombas, motores, tubos, válvulas etc., permitindo que as projetistas simplesmente montem maquetes que vão para a obra e serão usadas como orientadoras das montagens. Com base nessa ideia, este autor quer propor que, além dos desenhos convencionais de concreto armado de formas e armação, sejam feitos desenhos da perspectiva estrutural (e eventual maquete) como mostrado a seguir. Creio que, com a existência desse documento, o diálogo na obra será melhor, encurtando tempo e minorando enganos. Claro está que a implantação e o uso desse novo tipo de documento terá melhor acolhida na mão de obra mais jovem, pois os mais velhos tenderão a ser conservadores.

Deve-se lembrar que:

- desenhos em planta e em corte são ótimos para indicar dimensões e ruins para proporcionar uma visão global da estrutura, principalmente para leigos;

- desenhos em perspectiva de arquitetura são inadequados para se colocar dimensões, mas são ótimos para apresentar e orientar a compreensão de como a estrutura final de concreto armado deve ficar.

Lembrete

Use os recursos de computador para produzir, além de perspectivas, maquetes eletrônicas.

Pedrão deu outra contribuição:

— Quando possível, coloque, na perspectiva de uma edificação, crianças, um espelho de água e um cachorrinho. Isso torna a perspectiva muito mais agradável.

Sábias palavras do arquiteto Pedrão.

O desenho em perspectiva também ajuda a proporcionar uma visão sobre o tamanho e as proporções da edificação ou do ambiente, embora possam ocorrer distorções.

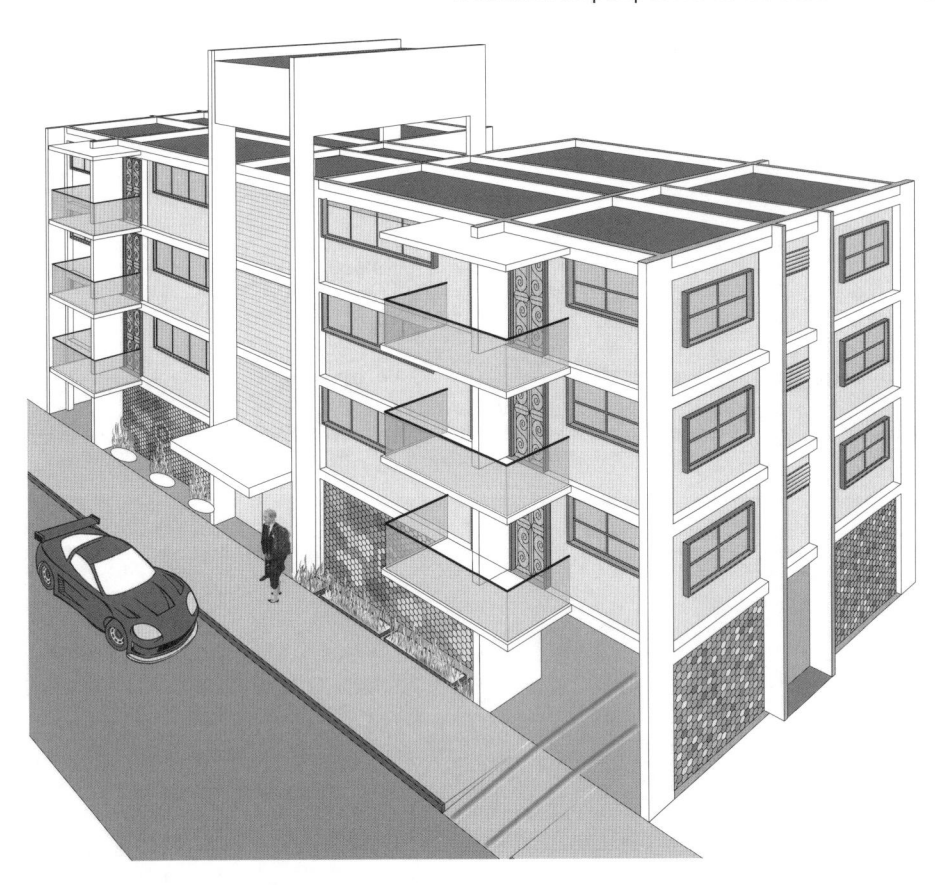

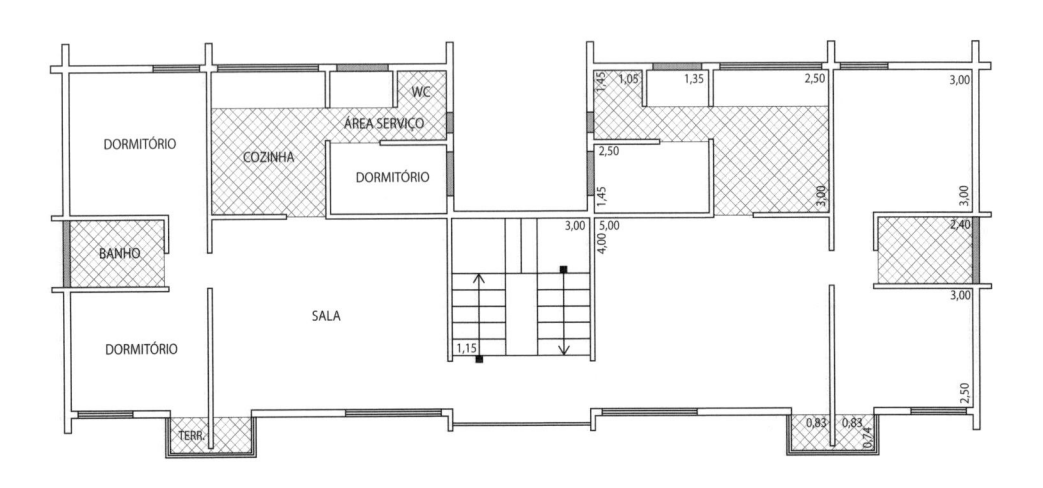

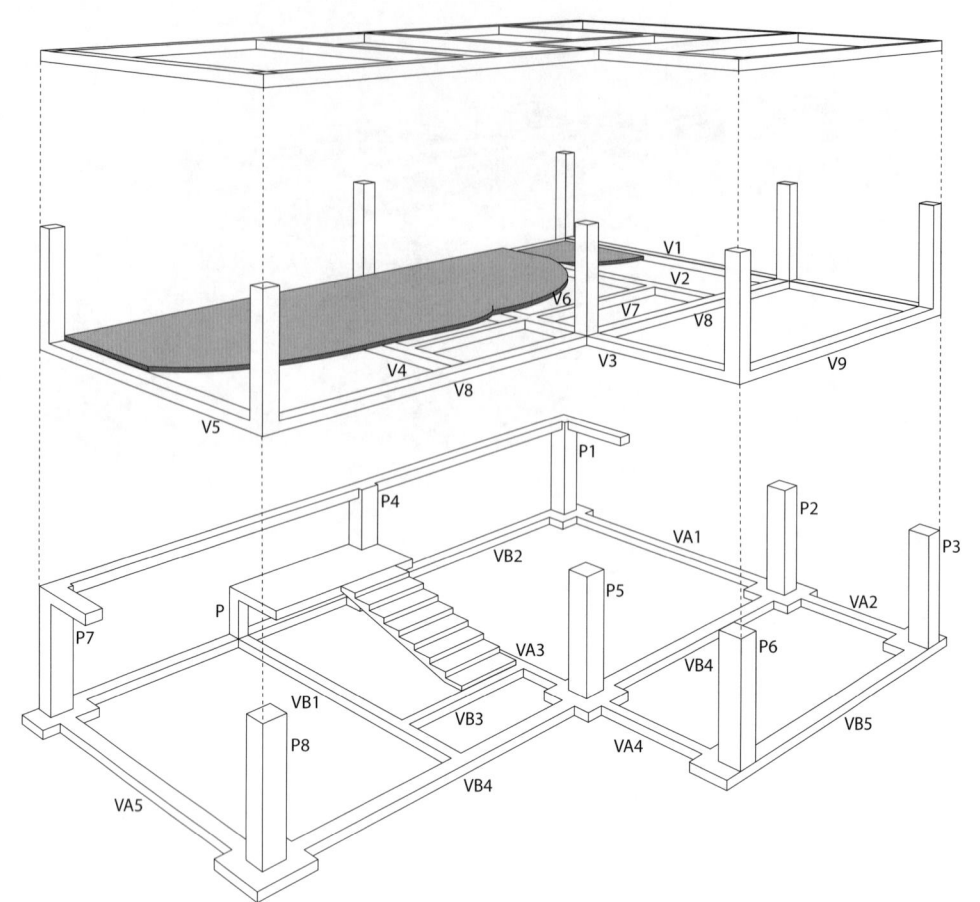

Desenho da perspectiva da estrutura, casa assobradada de três quartos

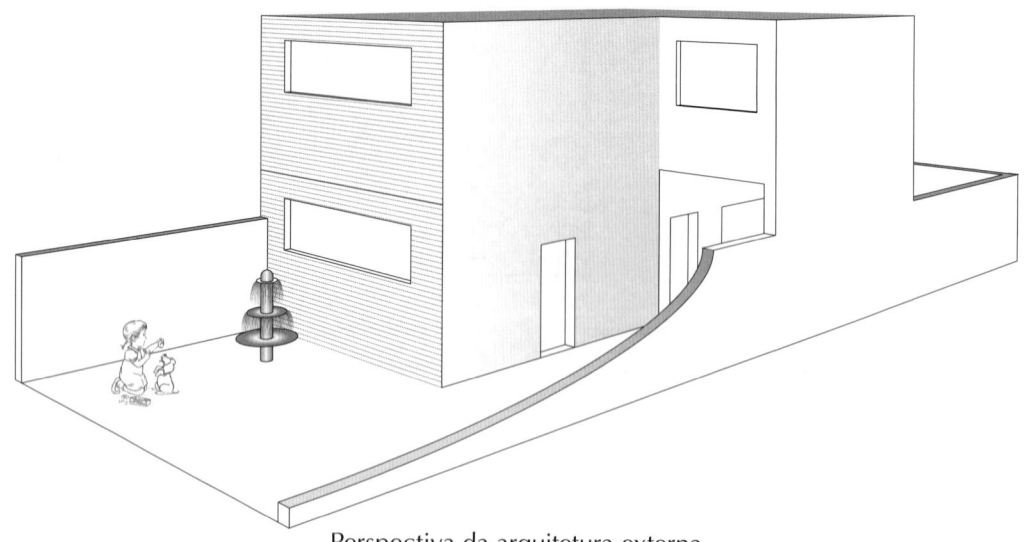

Perspectiva da arquitetura externa

42 Topografia: levantamento e acompanhamento

Para obras pequenas, o uso cuidadoso de:

- trena, para medidas lineares;
- triângulo 3, 4 e 5, para definição de linhas ortogonais;
- fio de prumo, para fixação de direções verticais (eixos e faces);
- nível, para controlar horizontalidades, e
- é suficiente para tocar obras de edificações.

Aumentando o vulto e a exigência das obras, a presença da topografia se impõe. Mas, mesmo nas grandes obras, esses recursos são regularmente empregados no dia a dia, em face de sua simplicidade e eficiência.

Como regra geral, os trabalhos de topografia são contratados com terceiros, pois sua necessidade não é permanente.

A topografia, nesses casos, é necessária:

- marcação inicial de linhas e posições;
- acompanhamento da evolução da obra;
- locação de equipamentos de maior porte e mais pesados, casos comuns em hospitais, hotéis e instalações industriais.

Dizem as más línguas que, para saber se houve um acompanhamento correto da topografia em uma obra, basta olhar pisos de cozinha e de banheiros. Nesses locais, uma falta de ortogonalidade gerada pelos ladrilhos acusa, para a eternidade, a falha de acompanhamento topográfico.

Conheci um pedreiro que, no final da obra, tinha a ortogonalidade sempre garantida. Ele explicava a razão do sucesso:

— *Se houver falha, nós acertamos na massa...*

Ou seja, a deficiência técnica diminuía o espaço interno, além de consumir mais mão de obra e mais materiais. Sem comentários...

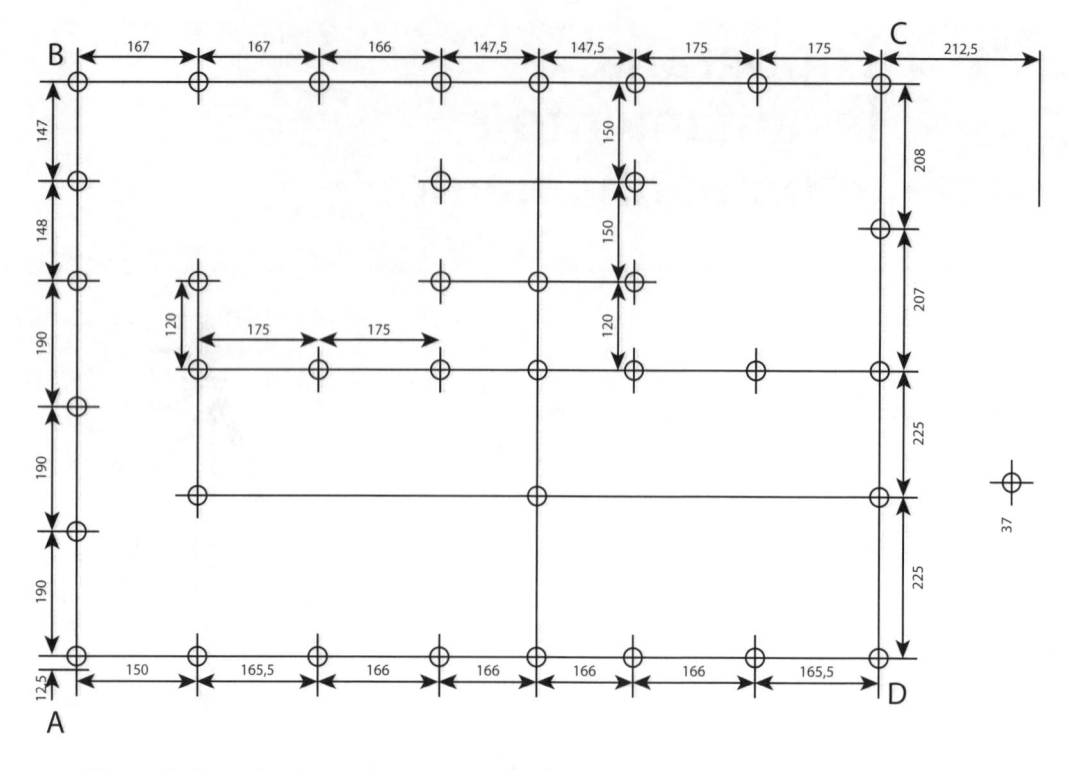

Planta de locação de estacas para fundações (os pontos A, B, C e D são pontos de amarração firmes)

Nota

A locação da obra e dos seus componentes principais como, por exemplo, os pilares, é pelo eixo desses componentes.

43 Atividades preliminares: implantação do canteiro de obras

Trabalhar com ordem, segurança, higiene e conforto só traz qualidade e produtividade. Todas as obras, desde as pequenas até as grandes, devem cuidar do canteiro de obras local, onde se centraliza o trabalho e se guardam alguns materiais e equipamentos. Para obras pequenas e médias, além do escritório da obra, no canteiro se localizam os galpões de guarda de equipamentos e eventuais veículos, além de sanitários, refeitório etc. Há clientes que estranham o custo do canteiro, que, de uma forma ou outra, quem paga tem de ser sempre a obra (cliente). Bastará a obra começar que pessoas sensíveis percebem a importância de um canteiro de obras adequado.

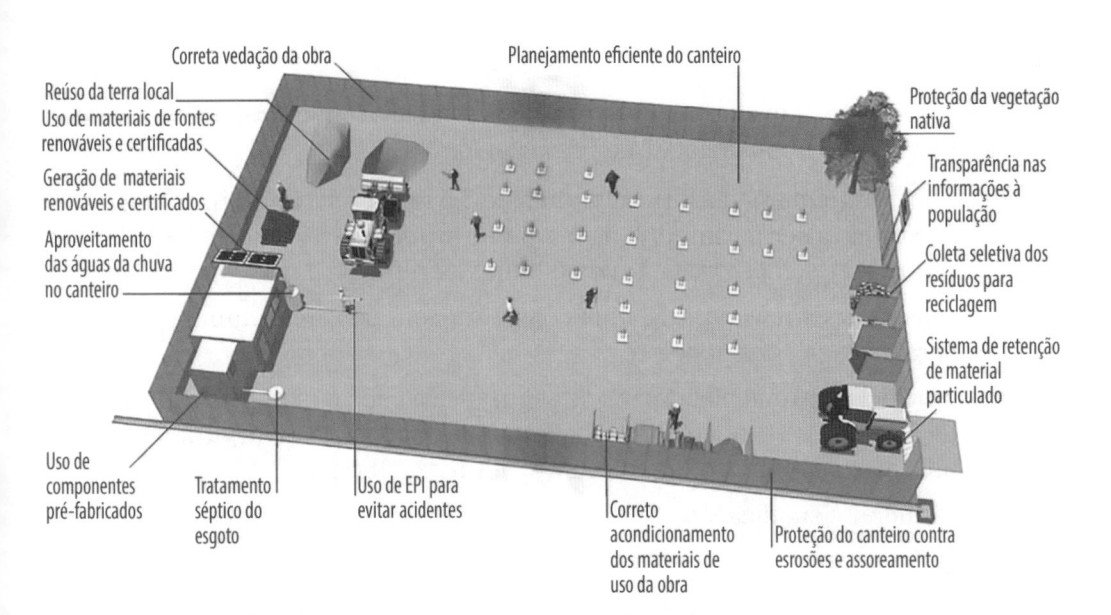

Assim, em um canteiro de obras, devem existir:

- sanitários;
- local com torneira de água potável;
- sala de reuniões;

- sala do engenheiro da obra;
- sala para outro engenheiro ou do mestre de obras;
- sala de arquivo de documentos;
- refeitório;[1]
- local de guarda de equipamentos da obra;
- armários com chave para guardar individualmente as ferramentas dos empregados;
- eventual alojamento.

Nota

A construtora deve ter desenhos-padrão para canteiro de diferentes tamanhos de obras. Esses desenhos-padrão já devem ter a lista de materiais para sua implantação. Não tem cabimento projetar para cada obra um canteiro de obras com desenhos, lista de materiais para sua construção etc. É necessário padronizar!

Em uma proposta da construtora de preço global, o item "custo do canteiro de obra", assim como outros itens, não deve ser explicitado, pois isso em nada contribui, e pode atrapalhar. Em uma proposta de preços unitários, deve ser mostrado o custo do canteiro de obras.

Uma providência que certa construtora adotou para o início de obras, usando o Código de Obras do município para edificação, foi:

- colocar tapumes com altura mínima de 2,5 m em relação ao nível do passeio (costumava ser permitido que o tapume avançasse até a metade da largura do passeio, sempre respeitando o limite máximo de 3 m);
- construir sobre o passeio uma cobertura com pé direito mínimo de 2,5 m para proteção dos pedestres;
- providenciar uma plataforma de segurança a cada 8 m na vertical para proteção no caso de queda de trabalhadores e materiais. A largura dessas plataformas deve ser executada com largura de 1,2 m;
- abundante sinalização.

Hoje em dia, em um canteiro de obras, os escritórios devem ter banheiros privativos para colegas do sexo feminino. As mulheres estão chegando, faz tempo, à construção civil.

---

[1] O refeitório é o local onde as pessoas se alimentam. Em um refeitório não se cozinha. A alimentação ou é providenciada pelos próprios trabalhadores (marmita), ou é comprada pronta pela construtora. A compra de comida pela construtora é a tendência. No refeitório, deve haver um fogão esquentando as marmitas em água quente (banho-maria).

Os escritórios do canteiro de obras, muitas vezes, são construídos com material que não protege seus ocupantes em relação ao calor. Não tenha dúvida. Verifique a possibilidade de instalar ar-condicionado para todos os cômodos dos escritórios. Escritórios de obra com ar-condicionado proporcionam muito melhores – e põe muito melhor nisso – condições de trabalho, ou seja, melhoram enormemente a produtividade dos ocupantes.

Atenção, atenção, atenção. Não existem instalações elétricas provisórias. As instalações elétricas de um canteiro de obras devem atender a todas as normas de eletricidade de uma instalação definitiva. Deve-se lembrar que, em um canteiro de obras, circulam muitas pessoas, inclusive visitantes e fornecedores que, na azafama do trabalho, podem ser imprudentes. Consulte seu assessor de segurança do trabalho.

Todos os equipamentos de proteção individual (EPI) devem ser do tipo aprovado pelos órgãos oficiais de segurança do trabalho (com C.A.).

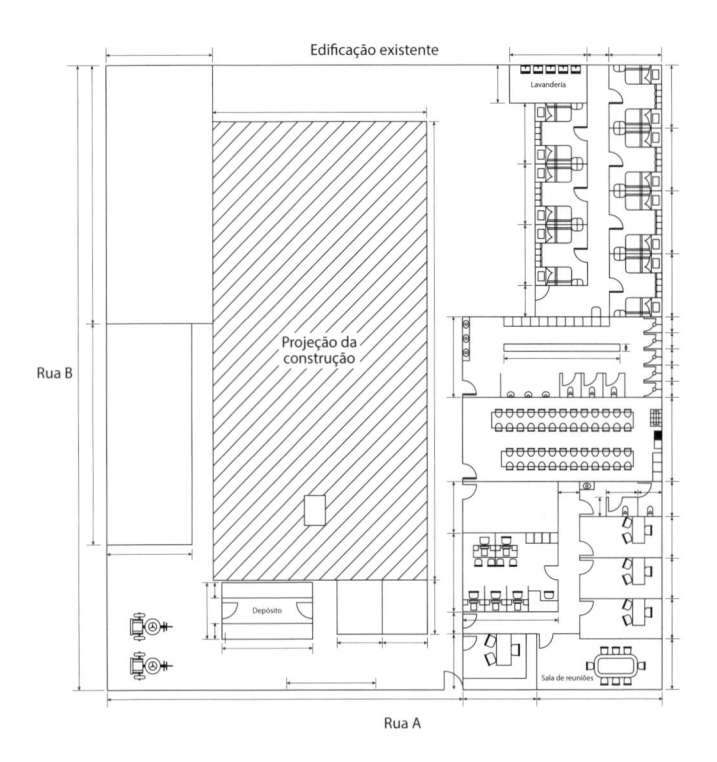

Consultar:

- NBR 14931 – Execução de estruturas de concreto, item 6.1, assunto: "Canteiro de obras".
- NBR 12284 – Área de vivência em canteiros de obras.
- NR 18 (norma federal) – Condições e ambiente de trabalho na indústria de construção.
- Site comercial: <http://www.canteiro.com.br>.

Sugestão: consultar o livro *Instalações elétricas residenciais básicas*, deste autor e do engenheiro Márcio Antônio de Figueiredo, item 15, "Instalações elétricas em canteiro de obras", 2012, da Editora Blucher (http://www.blucher.com.br).

44 Pagamento da mão de obra

Existe uma regra no pagamento da mão de obra. Alguns profissionais recebem por dia/mês e outros por serviço executado. Dependendo do tipo de obra, existem variações, caso a caso.

Horistas	*Mensalistas*	*Sub-empreiteiros*
Serventes	Pessoal de nível superior	Pintor
Pedreiros	Técnicos de nível médio	Azulejista
Carpinteiros	Mestre de obra	Encanador
Armadores	Encarregados	Eletricista
Almoxarife		

Tarefeiros: todos os horistas podem fazer um acerto de "tarefas" (muito comum), mas isso pode ser um risco pois, na maioria dos casos o pagamento acaba sendo feito "por fora". E, eventualmente, isso pode ter consequências.

Observação: os mestres de obra e encarregados podem, eventualmente, ser remunerados como horistas, mas isso é raro, pois como eles geralmente alcançam o cargo por promoção dentro das obras, costumam ter orgulho do *status* alcançado e não gostam de "voltar" a ser horistas.

O recebimento por tarefa estimula a produção e, no caso dos que recebem por mês, não há como medir e incentivar seu trabalho.

Os que recebem por tarefa nunca aceitarão trabalhar por hora.

Além disso, podem existir, e recomenda-se que haja, incentivos gerais.

Amoxarifado de obra

O almoxarifado de obra é o local onde se guarda material de uso não imediato e que será usado dias depois.

Existe uma regra geral: só existe furto em obra que tem almoxarifado em ordem. Isso não é um incentivo à bagunça de obra, mas sim um alerta de que, quando não se tem um almoxarifado em ordem, acontecem furtos, muitos furtos, mas eles não são percebidos.

Hoje, o controle de entrada e saída do almoxarifado deve ser feito por computador, usando-se, por exemplo, o programa Microsoft® Excel.

A regra sagrada de um almoxarifado é que qualquer equipamento somente pode ser retirado com uma requisição assinada pelo solicitante.

Atenção: no almoxarifado, não se guardam produtos inflamáveis, que devem ter condições de guarda e manuseio específicos (fora do almoxarifado). Várias ações na justiça trabalhista começam e terminam com derrota de construtoras por guardarem e estocarem produtos combustíveis no prédio do almoxarifado, onde trabalha o almoxarife.

Houve uma ação trabalhista na qual um ajudante reivindicava, além de horas extras (isso sempre acontece), seu registro como auxiliar de almoxarife desde um ano e meio antes. Ninguém entendeu o empenho do empregado em lutar por esse título. O título foi aceito no acordo trabalhista.

No mês seguinte, o empregado iniciou outra ação trabalhista reclamando adicional de periculosidade.[1] Para instruir seu pedido, anexou fotos (verdadeiras) nas quais era comprovado que a construtora estocava recipientes com combustível no almoxarifado. O empregado ganhou a ação.

---

[1] Nas relações trabalhistas, deve-se diferenciar o adicional de insalubridade e o adicional de periculosidade. O adicional de periculosidade prevê acréscimos nos salários muito maiores que o acréscimo por insalubridade. O adicional de periculosidade refere-se a situações com risco de vida, como trabalhar com explosivos, perto de caldeiras, trabalhar em manutenção de linhas elétricas etc. É importante informar-se com o responsável pelo setor de Recursos Humanos (RH) de sua construtora e com o seu advogado trabalhista.

Caso: um dos proprietários de uma das maiores construtoras do país foi visitar a obra e o almoxarifado. No almoxarifado, foi apresentado a todos os empregados, citando-se ser ele o poderoso dono do tudo. Esse empresário, que era implacável, dirigiu-se ao almoxarife e perguntou como poderia solicitar um martelo do almoxarifado. O pobre almoxarife escolheu o martelo mais novo, e entregou-o ao patrão e não solicitou desse patrão que assinasse o documento de requisição...

O almoxarife foi demitido por não ter seguido a regra sagrada, perante a qual um equipamento só pode sair do almoxarifado com uma requisição assinada pelo solicitante.

Quando uma construtora cresce, surge a necessidade de estocar equipamentos usados (mas ainda com valor) de obras já concluídas. O local para esse estoque seria o **almoxarifado central**.

Consultar a norma NBR 14931, itens 6.2 a 6.4, que tratam dos seguintes assuntos relativos ao almoxarifado da obra:

- recebimento dos materiais;
- armazenamento dos materiais;
- materiais componentes do concreto;
- aços para as armaduras;
- equipamentos.

46 Índices de uso de materiais e recursos humanos

É sempre útil conhecer índices gerais de uso de materiais e recursos humanos em uma obra.

Vamos a eles:

O m³ de concreto por m² de área construída

Para descobrir essa relação, introduzamos o conceito de espessura média, que é a relação entre o volume de concreto de toda a estrutura e a área construída. A espessura média seria equivalente à de uma laje sobre a área construída.

- espessura média da superestrutura de um prédio com lajes, vigas e pilares 0,23 m;

- espessura média da superestrutura de um prédio com laje pré-moldada, vigas e pilares 0,13 m;

- espessura média da estrutura de fundação composta de sapata e baldrame 0,10 m;

- espessura média da estrutura da fundação composta de blocos e baldrame 0,045 m.

Assim, uma construção assobradada com 150 m² de construção terá um consumo de:

a) concreto da superestrutura $\qquad$ $150 \times 0,23 = 34,5 \ m^3$

b) concreto da infraestrutura $\qquad$ $150 \times 0,10 = 15,0 \ m^3$

total (a + b) $\qquad$ $49,5 \ m^3$

kgf de aço para m³ de concreto

Esse índice mostra a relação entre o consumo de aço de concreto armado e o volume de concreto:

- 100 kgf/m³ da superestrutura;

- 70 kgf/m³ da fundação, se esta for de estaca, e 40 kgf/m³ se a fundação for de sapatas;

- se houver interesse de se antever o consumo de aço por peça, então: pilares + vigas + lajes = 100 kgf/m³.

m² de forma para m³ de concreto

- 12 m²/m³ de concreto na superestrutura;

- 5,5 m²/m³ de concreto na infraestrutura, se for de blocos e baldrames;

- 7 m²/m³ de concreto na infraestrutura, se for de sapatas e baldrames.

Consumo de arame n. 18 recozido para armaduras e serviços gerais de obra

0,02 kgf de arame n. 18 recozido por kgf de aço da armadura prevista.

Produção de concreto

- Concreto usinado – cada caminhão betoneira transporta de 5 a 10 m³ de concreto;

- Concreto feito na obra – por dia consegue-se, no máximo, com uma betoneira, cerca de 16 viradas. As betoneiras pequenas têm 240 litros de capacidade de produção por virada, e as betoneiras maiores têm 400 litros de capacidade. Logo, a produção diária máxima de uma betoneira pequena é (no máximo) cerca de 4 m³ e a produção diária máxima de uma betoneira grade é 6,0 m³;

- Uma edificação com cerca de 50 m³ de concreto exigirá cerca de dez dias de concretagem, prazo que dificilmente se faz de maneira contínua, ou seja, o período que a betoneira deverá estar na obra é muito maior.

Preço do concreto armado

Considerando o concreto armado pronto: forma, armadura e mão de obra por R$800,00, em maio/98 – preço que a construtora paga para ter isso na obra. Para venda ao cliente, incluir o BDI, isto é, as despesas indiretas e a margem de lucro (benefício).

Havendo interesse, podemos quebrar essa previsão de custo:

- concreto no canteiro – R\$150,00/m^3;
- armadura – R\$200,00/m^3;
- mão de obra – R\$150,00/m^3;
- formas – R\$300,00/m^3.

Alvenaria

Em prédios públicos, tem-se encontrado a seguinte relação: a área de alvenaria corresponde ao total da área construída.

Exemplo numérico

Para tornar mais didático o uso desses números mágicos, vamos a um exemplo.

Seja um prédio de apartamentos que tem quatro pisos, um piso térreo e três pisos de apartamentos, cada piso com 180 m^2. A área construída do prédio é de 3 × 180 = 540 m^2.

Para saber o volume da superestrutura (lajes, vigas e pilares), se as lajes forem maciças, o volume previsto será, então:

$$540 \text{ m}^2 \times 0,23 \text{ m} = 125 \text{ m}^3$$

Se o prédio usar lajes pré-moldadas, a estimativa do volume de concreto da superestrutura será:

$$540 \text{ m}^2 \times 0,13 \text{ m} = 70,2 \text{ m}^3$$

Para saber o volume de concreto armado da infraestrutura e admitindo-se que esta será construída com sapatas e baldrames, então:

$$540 \text{ m}^2 \times 0,10 \text{ m} = 54 \text{ m}^3 \text{ de concreto armado.}$$

Cálculo de formas

Superestrutura

Admitindo-se que o volume de concreto da superestrutura seja de 125 m^3, a estimativa de formas será de:

- 12 m^3 de forma para 1 m^3 de concreto;
- 125 m^3 × 12 = 1.500 m^2 de área de forma.

Infraestrutura

- $54 \text{ m}^3 \times 7 = 378 \text{ m}^2$, se a fundação for com sapatas e baldrames;
- $54 \text{ m}^3 \times 5,5 = 297 \text{ m}^2$, se a fundação for com estacas e baldrames.

Aço

A quantidade de aço dessa obra:

- superestrutura – 125 m^3;
- aço – $100 \times 125 \text{ m}^3 = 12.500 \text{ kgf} = 12,5 \text{ t}$;
- infraestrutura – 54 m^3;
- aço $40 \times 54 = 2.160 \text{ kgf} = 2 \text{ t}$.

A estimativa total de aço vale $12,5 + 2 = 14,5$ t. Como complemento de uso, a estimativa de consumo de arame é de 0,02 kgf por kgf de aço. Isso resulta em:

$$14.500 \times 0,02 = 290 \text{ kgf}$$

Forma de madeira compensada $12 \text{ m}^2/\text{m}^3$ de concreto.

Consumo de recursos humanos 67 HH/m^3 de estrutura de concreto armado e referente à preparação de escoramento, formas, preparo e instalação de armaduras, lançamento do concreto, adensamento, retirada de formas e escoramento.

47 Drenagem provisória e definitiva

Como sabemos, a estrutura de concreto armado não se dá bem com a água ou a umidade. Como o concreto fissura, as águas (de chuva, principalmente, e a água de ambientes marinhos) podem entrar na estrutura via essas fissuras e oxidar a armadura.

Conforme mostrado na norma NBR 6118, item 7.2, p. 17, devem ser previstos cuidados de drenagem da estrutura durante a obra e depois dela, no caso de uso de estruturas planas.

O projeto de sistema de drenagem definitiva é de responsabilidade do projetista das instalações hidráulicas. Os cuidados com a drenagem da estrutura provisória são de responsabilidade da construtora. Assim:

- Drenagem definitiva – instalada em superfícies planas externas, como coberturas, pátios, garagem e estacionamento, que devem ter ralos e condutores. Todos os tipos de platibanda devem ser protegidos por chapins. Todos os beirais devem ter pingadeiras, e encontro de diferentes níveis devem ser protegidos por rufos.

- Drenagem provisória – nas formas do concreto, deve-se evitar o acúmulo de água.

Vejamos os itens 7.2.1, 7.2.2, 7.2.3 e 7.2.4, p. 17, da norma NBR 6118.

O item 7.2.3 diz:

> Todas as juntas de movimento ou de dilatação em superfícies sujeitas à ação de água devem ser convenientemente seladas de forma a torná-las estanques à passagem (percolação) de água.

Verifique se o projetista das instalações hidráulicas do prédio tomou os cuidados com as drenagens aqui citadas.

Para o escoramento do andar térreo que eventualmente se apoie no chão, mesmo tendo a sagrada placa de madeira de distribuição de tensão no solo, devemos verificar se o local desses apoios está bem drenado, pois, se não, em momentos de chuva, com o alagamento do terreno, pode acontecer um escorregamento dos apoios.

Comprando para a construção civil

Primeiras palavras

Para alguns que se iniciam na construção civil, as atividades de compras não parecem ser complexas e nem decisivas para o sucesso da construção de um empreendimento. A maturidade no exercício da atividade de construir, invariavelmente, faz rever esses conceitos.

Mas por que é complexo comprar?

A complexidade está ligada a:

- grande número de itens a comprar;

- prazo reduzido;

- diversidade de fabricantes com produtos semelhantes e grande oscilação de qualidade entre eles;

- mercado tipicamente dominado pelos fornecedores e, em alguns casos sem maiores tradições de estrita observância de normas e técnicas e de prazos.

Este quadro agrava-se por uma certa não valorização, por parte da engenharia de projetos, da atividade de suprimentos, tudo isto dificultando a atividade de compras.

Levantar esses problemas, dando ideias sobre documentos necessários para agilizar as compras, é o objetivo deste trabalho.

A atividade de compras dentro do planejamento global de um empreendimento

A compra é a atividade final de um processo que se iniciou de uma concepção, que resultou em desenhos, listas de materiais e especificações. Assim, quando temos que comprar portas, esquadrias de alumínio ou válvulas (registros) para instalação hidráulica, é porque já houve uma série de atividades anteriores de concepção para que se chegasse até ela. Por todo esse processo de planejamento, o produto a ser comprado, como, por exemplo, uma simples torneira, deve:

- ter diâmetro adequado para permitir sua colocação na tubulação a que se destina;
- ter características técnicas, ou seja, vedar totalmente o fluxo de água;
- ter durabilidade, exigência de difícil verificação;
- ter padrão estético, como cor, cromeação etc.;
- ser adequadamente embalada tanto para proteção no transporte como para facilitar a identificação do produto na obra;
- ter preço adequado;
- ser entregue no prazo acertado.

Para que a atividade de compras possa atender a todas essas exigências ela precisa de requisitos. Esses requisitos para compra são:

a) ter documentos técnicos adequados, a saber: lista de materiais e especificações especialmente preparadas para o departamento de compras;

b) ter procedimentos administrativos de compra, ou seja, rotinas que balizem e organizem procedimentos;

c) ter um mercado fornecedor que atenda às necessidades. Claro está que esse item extrapola os limites de atuação de uma firma de engenharia ou de construção, sendo principalmente uma meta da nação;

d) ter experiência comercial;

e) ter tempo para executar a atividade.

Analisemos algumas dessas exigências dentro do quadro atual da construção civil brasileira.

Documentos técnicos de definição

Em outros países, a contratação global de um empreendimento a partir tão somente de um anteprojeto e especificações básicas (*Turnkey*) é muito usada. No Brasil, vigora com bastante frequência a separação entre projeto e construção. Em obras públicas essa separação é a situação mais comum.

A separação entre projeto e construção, embora tenha alguns méritos, pode gerar deformações. Um exemplo dessa deformação é que na fase de projeto, normalmente, se toma o devido cuidado na preparação de desenhos, precisos tecnicamente e claros na comunicação, embora o mesmo não aconteça com especificações e listas de materiais. Principalmente as listas de materiais são consideradas, às vezes, como atividade de "menor nobreza", deixada a cargo de profissionais menos gabaritados.

O que mais chama a atenção na produção de listas de materiais e especificações é o esquecimento de que haverá, com base nesses documentos, um processo de compra. Como exemplo da não preocupação com a atividade de compra, às vezes, para se saber sobre as exigências de compra de um quadro elétrico, somos obrigados a manusear uma lista de material na qual esse quadro está citado, além de uma especificação geral de eletricidade que engloba esse material junto com especificação de motores, cabos elétricos e para-raios, chegando, até, a ter de consultar dois ou três desenhos, onde estão indicadas, de forma dispersa, informações sobre o quadro elétrico. **Esta é a situação quando não se geram documentos adequados para compra**.

A produção de documentos de engenharia sem a preocupação de facilitar o processo de compra atende tão somente a uma necessidade de quantificar e especificar equipamentos e materiais. Documentos desse tipo são, entretanto, de difícil utilização pelo setor de compras.

Face às deficiências anotadas, por vezes, para acelerar o procedimento de compra, os departamentos de compra **são obrigados** a "montar" documentos que mostrem de maneira mais adequada:

- o produto;
- forma e dimensões;
- quantidade;
- especificações;
- local de entrega do material.

Passamos então a dar sugestões e exemplos de como poderiam e deveriam ser os documentos para acelerar e dar maior confiabilidade ao trabalho de comprar.

Procedimentos de documentos técnicos para as atividades de compra

Codificação de produtos – índice de produtos

Como um procedimento que facilita a atividade de compras, assim como todo o planejamento de um empreendimento, é de grande interesse codificar os produtos e equipamentos a comprar.

Em um prédio de apartamentos, por exemplo, costumam ser necessários mais de dez tipos de portas (**porta** de entrada, **porta** de acesso ao salão de festas, **porta** principal de cada apartamento etc.). A codificação de cada tipo (P-1, P-2 P-3, ...) facilita enormemente sua identificação e citação nos documentos. O que vale para portas, vale também para torneira, quadros de luz, esquadrias etc.

A codificação favorece enormemente os procedimentos de compra e controle de todo o empreendimento. Os produtos e suas codificações formam o documento **índice de produtos**.

Especificação

É o documento que fixa as exigências de um produto.

A especificação é em geral um documento único para uma dada classe de produtos. Exemplos de classes de produtos: portas, louças sanitárias, metais sanitários, caixas de telefone, caixas de luz, luminárias. A especificação permanece constante por várias obras. Não é necessário repetir o que as especificações e normas da ABNT preceituam. Basta citá-las.

Folha de dados

A folha de dados descreve o fornecimento de cada produto dentro de sua classe.

Haveria assim a folha de dados para a porta código P-3, onde se diria:
- a que ela se destina (porta da sala com a varanda);
- suas dimensões específicas (altura, largura, espessura);
- sua quantidade (se são 76 apartamentos e duas portas iguais por apartamento, a quantidade será de 152 portas);
- a especificação à qual se refere;
- condições específicas e eventualmente aplicáveis (embalagem, por exemplo);
- local de entrega.

Às vezes, as exigências de folhas de dados podem conflitar com prescrições da especificação geral. Isso não deve ser encarado como erro, pois há uma hierarquia de documentos e a folha de dados, por ser específica, tem maior hierarquia que a especificação, que é geral.

Requisição de materiais

A requisição é uma relação de materiais, específica para cada um deles, listando para o ladrilho, por exemplo, tipo, dimensões, especificação e quantidade (unidades).

De posse dos documentos citados, índice de produtos, especificação, folha de dados e requisição de materiais, o departamento de compras está munido de documentos extremamente adequados para o início do processo de compras.

Assim, para comprar a porta P-1, o processo de compra é instruído pela folha de dados e pela especificação geral de portas. Tudo o que se precisa está lá, sem informações inúteis (de outro produto).

Procedimentos administrativos de compra

Tendo os produtos a comprar devidamente catalogados pelo seu código e tendo documentos de fácil manuseio para a compra, entramos no campo estritamente administrativo de compras, onde deverão ser organizados os documentos:

- situação geral de compras;
- rotinas de concorrência;
- condições gerais de fornecimento;
- lista de fornecedores.

Analisemos cada um desses documentos.

Situação geral de compras

Cada item a ser comprado terá um acompanhamento próprio, indicando os fornecedores a serem consultados, as respostas aos pedidos de propostas, as propostas recebidas, a decisão do fornecimento e o prazo de entrega.

Esse mapa, pelo seu dinamismo – pois a cada dia chegam propostas e decidem-se por fornecedores –, deve ser revisto quase que diariamente, sendo o verdadeiro termômetro da situação geral de compras.

Rotinas de concorrência

Indica os procedimentos de como fazer as concorrências, valores-limite de compra direta, tomada de preços etc.

Condições gerais de fornecimento (pedido de cotação)

Indica aos fornecedores as condições comerciais gerais para as quais a construtora deseja comprar, tais como local de entrega da mercadoria, embalagem, frete, seguro, condições de pagamento, garantias.

Como os principais fornecedores também têm as suas condições gerais de venda, muitas vezes ter-se-á que chegar a fórmulas conciliatórias.

Lista de fornecedores

Indica os fornecedores preferenciais a serem consultados para a solicitação de proposta.

Essa lista é feita com base na qualificação dos fornecedores e na tradição de bom fornecedor à construtora.

Experiência comercial

A experiência comercial é a acumulação da técnica e da arte de comprar.

Além de dominar a técnica (saber o que vai comprar, saber de quem vai se comprar, lotes econômicos de compra), há mais a arte da negociação, onde entram elementos de comunicação humana como a teatralização, a encenação etc.

Tempo para comprar

Para se comprar bem, além da técnica e da arte, há uma última arma altamente estratégica que é o tempo. Quando há tempo, temos mais condições de negociar e de escolher a compra do melhor produto, tanto técnica como economicamente.

E para que a atividade de compra tenha tempo, ela precisa ser valorizada no planejamento global do empreendimento. Esperamos que este trabalho contribua para essa valorização.

Anexos

Anexamos alguns tipos de documentos:

Especificação de Balança Rodoviária

1. Objetivo

   Esta especificação tem por objetivo fixar as condições para o fornecimento e o acompanhamento da instalação de balanças rodoviárias.

2. Escopo do fornecimento

   As balanças deverão ser fornecidas completas com todos os seus pertences e acessórios, incluindo-se elementos que deverão ser embutidos na estrutura durante a concretagem.

   Está excluído o fornecimento das obras civis de instalação.

3. Características das balanças

   tipo: rodovárias;

   quantidade: ver folha de dados;

   capacidade: 20 a 50 t;

   dimensões: 18 m × 3 m (aproximadamente);

   plataforma: base em longarinas de aço tipo "V" e "I", calculadas para a adequada distribuição de cargas;

   deverão ter amortecedores, indicadores de pesagem, pintura: alcatrão epóxi.

4. Normas

A ordem hierárquica é ABNT, ASTM, ASME.

5. Desenhos

O fornecedor deverá fornecer três jogos de cópias para comentários dos desenhos de instalações e cargas, além de dois jogos de cópias azuis dos desenhos aprovados.

Deverão ser fornecidos três jogos do Manual de Operação. Todos os documentos serão nos tamanhos padronizados da ABNT.

6. Inspeção

A folha de dados indica a necessidade de inspeção e sua época.

7. Embalagem

A balança e seus pertences deverão ser devidamente embalados.

Nas páginas seguintes, alguns formulários para o departamento de compras.

Sugestão: não deixe de ler o artigo "Compra conforme", da *Revista Guia da Construção*, n. 143, p. 21, jun. 2013.

Notas

- As construtoras, por segurança, costumam comprar quase tudo pelo departamento central, deixando que o pessoal da obra só compre pequenos itens e pequenas necessidades urgentes.

- Quem compra com folga de tempo de entrega pode negociar melhor.

- Se, na fase de orçamento, você usar dados de custos publicados em revistas e em sites, saiba que, na hora da compra, poderá ter um razoável desconto em alguns itens cobrindo:

  - habilidade na negociação;
  - forma de pagamento não alongada e, com isso, o fornecedor sempre dará descontos.

- Recomendamos a leitura do livro *Manual dos primeiros socorros do Engenheiro e do Arquiteto – v. 2*, onde se conta a história convulsionada e depois com final feliz, da construção de um *shopping center*.

Obra: Situação geral de compras   Rev.:_____ ___/___/___

Produto	Código	Folha de dados	Solicitado	Mandaram proposta Sim	Mandaram proposta Não	Fornecedor escolhido	Nº da A. F.	Prazo de entrega	Observação
Ladrilho	L-3	FD-392	Sulmar	X					Encerrada a compra
			Anton	X		X	122	28.04.79	
			Bluelad		X				
Lajota	L-8	FD-214	Sulmar	X		Em cotação			
			Monte Azul						
			Pascoa						
Lajota	L-12	FD-213	—	—	—	—	—	—	Há pendência
Bacia sanitária	BS-1, BS-2, BS-3								Não liberado pelo engenheiro

Índice de produtos

Obra:		Produto:	Porta	
Obra nº 32		Por:		
Revisão: D	Data: 03/08/1985			

Código	Descrição sumária	Total	Folha de dados	Observação
P-1	Liga o hall de recepção do prédio ao jardim. Aço e vidro.	2	FD-507	
P-2	Liga o hall de recepção ao salão de festas. Aço e vidro.	1	FD-509	
P-3	Porta de entrada do apartamento.	76	FD-510	
P-3	Idem.			
P-3	Idem.			
P-10	Liga a área de serviço do apartamento ao WC da empregada.	76	FD-523	

Folha de dados FD-29

Louça sanitária

Obra: Edifício Colibri   Nº 32

Revisão: M   Data   /   /   Por:

Produto: Pia   Código LS-11

Quantidade: 61

Descrição: Deverá ser de louça esmaltada...

Cor: 38 verde   23 azul   61 total

Croquis

Material que deverá ser fornecido junto com a pia:

Condições de fornecimento:

Embalagem: X sim   não

Documento de referência – Especificação geral nº 137

Documento preparado por:

Folha de dados

FD-138

Tampão de ferro fundido para sistema de esgoto

Obra – Rede de esgoto de Monte Verde

Revisão: C   Data 14.08.1987   Por: [ ]

Produto: Tampão de ferro fundido   Código TP-1

Descrição: Esta folha de dados cobre o tampão e o telar (peça de encaixe que fica
moldada no poço de visita). As peças devem ser de ferro fundido, sem falhas
de fabricação e atender aos pesos, diâmetros e desenhos desta folha de dados.

Tampão de 80 kg (c/telar)   un   23
Tampão de 120 kg (c/telar)   un   07
Total   30

Desenho do tampão

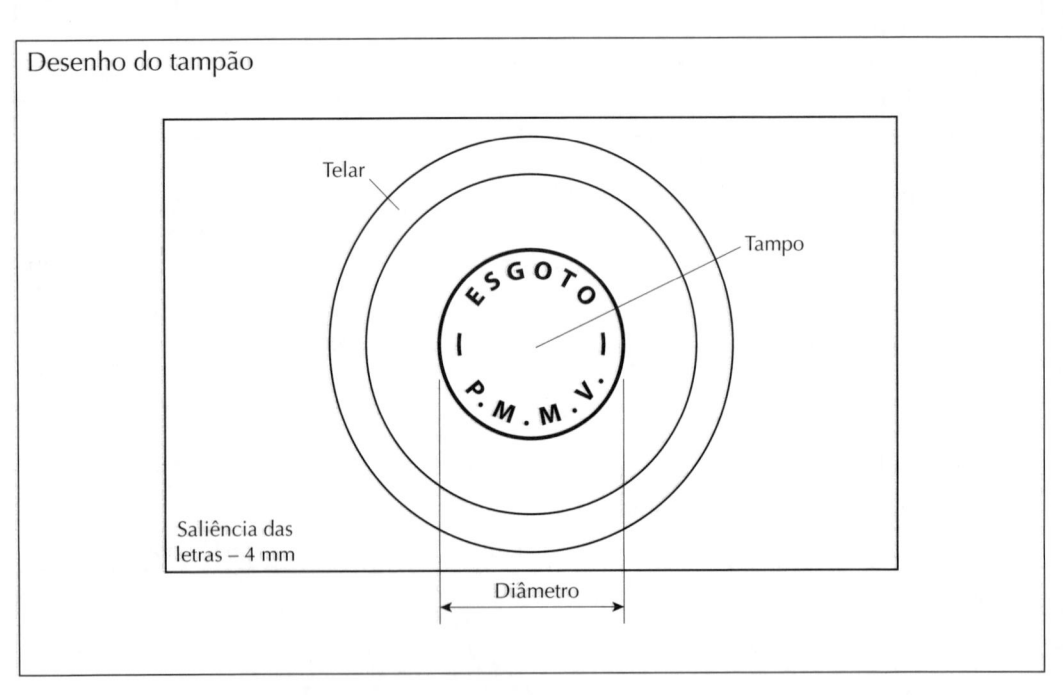

Observações:

Haverá inspeção de fabricação: [ ] sim   [X] não

Especificação de referência: não tem

Tolerância de peso: ± 2%

49 Atrasos no pagamento: o que fazer?

Vamos falar agora exclusivamente sobre **relações dentro do mundo da iniciativa privada**, pois relações com órgãos públicos são outro mundo.

Dizem que um avião só cai se acontecerem ao mesmo tempo vários erros ou defeitos. Quando vamos propor um serviço a um proprietário/cliente, temos de analisar o passado desse proprietário. Se ele costuma atrasar pagamentos em outras atividades, possivelmente atrasará pagamentos com a sua construtora e, nesse caso, não vale a pena trabalhar com ele. Mas, por vezes, mesmo proprietários com bom passado atrasam pela decorrência de fatores externos e, com a globalização da economia, fatores externos ao próprio país podem criar crises ou ótimas condições comerciais.[1] Uma solução seria, no contrato com a construtora, conseguir um seguro bancário que garantisse, se não o pagamento de todos os atrasos, ao menos o pagamento de duas ou três faturas vencidas ou a vencer.

Nessa situação de garantia de recebimento (via banco) de algum recurso monetário, cabe agora:

- deixar de pagar imediatamente impostos e recolhimentos obrigatórios, fazendo esse pagamento tão logo a situação volte ao normal. Haverá custos adicionais que deverão ser discutidos com o proprietário;

- pagar a mão de obra, pois ela não tem flexibilidade, e pode ser até perigoso não pagar. Ir planejando, conforme o ritmo do atraso, além da parada da obra, a demissão de empregados;

- negociar com fornecedores um novo esquema de pagamentos do que já foi entregue e considerar a possibilidade de eventual devolução de material já entregue, mas ainda não usado.

---

[1] Um exemplo de interferência de condições externas é o de uma cidade brasileira, com economia ligada à exportação de suco de laranja para os Estados Unidos. Em determinado período do ano, acompanhava-se a ocorrência ou não de neve em um estado norte-americano grande produtor desse suco. Se acontecesse neve, a produção californiana de laranja cairia e haveria, então, a necessidade de importar suco do Brasil, claro, a preços mais elevados. A cidade então entrava em euforia, os negócios prosperavam, os investimentos privados aumentavam e ninguém atrasava pagamentos.
Mas se não houvesse neve, não haveria importação de suco do Brasil. E, então, não haveria novos negócios, e os pagamentos às vezes se atrasariam. Nessa cidade, para ser empresário, era necessário acompanhar a ocorrência de neve nesse estado norte-americano. A pequena emissora de rádio local acompanhava e divulgava diariamente a situação.

No caso de não haver seguro bancário, as medidas têm que ser mais urgentes e radicais, mas sempre deve-se tentar pagar a mão de obra. Os fornecedores poderão protestar via cartório as faturas não pagas. Pode haver risco de falência ou concordata. Também é sagrado, depois da regularização, pagar os impostos e as taxas oficiais.

Conclusão: toda atividade empresarial envolve riscos, e eles devem ser estimados e, na medida do possível, controlados ou mitigados.

De qualquer maneira, a construtora tem que ter um capital (bens de valor mais dinheiro), com destaque para o dinheiro vivo, para que essa construtora tenha agilidade empresarial, pois custos inesperados e não programados podem chegar.

Nota

Numa reunião de diretoria da Construtora Andorinha Azul, o grande assunto era o atraso de pagamento dos serviços já feitos e a necessidade quase que imediata de dinheiro para pagar a mão de obra, o aluguel da sede, os telefones, os fornecedores e tudo o mais. E a perspectiva era de que o pagamento não viria no curto prazo, considerando a conversa com esse proprietário. Como a construtora pensava em entrar no ramo de incorporação e, para isso, deveria ter fama de empresa sem problemas, principalmente sem problemas financeiros, a situação preocupava muito.

Por sorte, estava na reunião, e isso deve ser uma constante sagrada, o contador da construtora, que disse:

— *Eu tenho, se não uma solução, pelo menos algo que pode minorar e adiar os problemas mais urgentes. Adotemos o sistema* leasing back *em que vendemos, teoricamente, para uma empresa de* leasing *todos os nossos bens, com uma cláusula que garanta que essa empresa não poderá revendê-los, e essa empresa, ao mesmo tempo, nos aluga os mesmos equipamentos. Com isso, teremos* cash *(dinheiro vivo no banco) e, esperando que o cliente nos pague, recompraremos os nossos bens que, na verdade, nem sairão da construtora. Para a empresa de* leasing *a segurança é total, pois os bens ficam amarrados e essa empresa **só costuma comprar** (se é que essa operação é de compra, sendo, na verdade, um empréstimo) a empresa por uns 40% do que vale.... Agiotas são sempre terríveis.*

A ideia foi aprovada, inclusive por falta de outra, e, então, negociou-se com uma empresa de *leasing*. Infelizmente, era alta a taxa mensal do custo financeiro dessa operação. O dinheiro do *leasing* entrou, e, posteriormente, o cliente conseguiu pagar o que devia e, ao final, a menos dos juros da empresa de *leasing*, tudo se resolveu com a recompra de tudo o que tinha sido pago para a empresa de *leasing*. Na verdade, nenhum equipamento saíra da construtora. Tudo foi uma oportuna (e desesperada) troca de papéis, com cláusulas financeiras.

50 Uso e controle do aço a ser usado na obra

O aço é uma liga (mistura homogênea) produzida essencialmente de ferro e carbono; é produzido em siderúrgicas a partir do minério de ferro (produto natural, composto por ferro e impurezas que são separadas na siderúrgica). Hoje, o aço é o metal mais barato que existe, sendo usado em milhares de produtos, de chapas de carro a corpo de produtos. O aço é usado na construção civil em várias situações, como, por exemplo, a armadura do concreto armado e em estruturas metálicas independentes.

Esse uso do aço no concreto armado pode ser de três tipos:

- aço CA 25 – só para obras pequenas, muito pequenas (pouco uso);
- aço CA 50 – o mais comum;
- aço CA 60 – usado em indústria de pré-moldados.

O aço CA 25 tem superfície lisa. Os outros dois têm superfície rugosa, que proporciona maior atrito com o concreto.[1] Deve-se consultar a norma NBR 7480.

Como referência, o aço CA 25 tem a metade da resistência do CA 50, e o aço CA 60 tem 20% mais de resistência que o CA 50. (ver a seguir a Tabela-Mãe)

Há também o arame 18, tipo de aço usado intensamente na amarração de barras da armadura. Trata-se de um tipo de aço recozido de pequeno diâmetro comercializado em pequenos rolos.

Sendo o aço um produto industrial, produzido em indústrias altamente sofisticadas, ele não costuma estar fora de especificação, podendo ser usado sem outros critérios de verificação de qualidade nas obras pequenas e médias.

---

[1] Há certo tempo, uma pequena siderúrgica contratou a exportação do aço CA 25, mas o cliente no exterior exigiu, por norma desse país, aço com superfície rugosa. Pronto o lote, esse cliente do exterior só mandou embarcar cerca de 80% do lote produzido. O resto ficou aqui em nosso país, ou seja, aço CA 25 com superfície rugosa, o que engana quem compra o aço CA 50 (superfície obrigatoriamente rugosa) apenas pela aparência. Aconteceram muitos problemas. Algumas siderúrgicas, para evitar problemas, fazem superfícies do aço gravadas com a classe a que pertencem.

Verificando a norma 6118 e normas correlatas, verificamos que o material concreto sofre várias verificações para testar sua qualidade. Ao contrário, o seu parceiro no concreto armado, o aço, é pouco verificado em sua qualidade.

Para grandes e enormes obras, é recomendável, necessário e viável, pelo porte e os custos envolvidos, testar a qualidade do aço a usar e verificar por balanças e medida direta a quantidade de barras de aço entregues na obra.

Tabela-Mãe para aços												
Usos mais comuns	Diâmetro ø (mm)	Peso linear (kgf/m) (10 N/m)	Área das seções das barras A_s (cm^2)									
			Número de barras									
			1	2	3	4	5	6	7	8	9	10
Estribos e lajes	5	0,16	0,196	0,392	0,588	0,784	0,980	1,176	1,372	1,568	1,764	1,960
Estribos, lajes e vigas	6,3	0,25	0,315	0,630	0,945	1,260	1,575	1,890	2.205	2,520	2,835	3,150
	8	0,40	0,50	1,00	1,50	2,00	2,50	3,00	3,50	4,00	4,50	5,00
	10	0,63	0,80	1,60	2,40	3,20	4,00	4,80	5,60	6,40	7,20	8,00
	12,5	1,00	1,25	2,50	3,75	5,00	6,25	7,50	8,75	10,00	11,25	12,50
Vigas e pilares	16	1,60	2,00	4,00	6,00	8,00	10,00	12,00	14,00	16,00	18,00	20,00
	20	2,50	3,15	6,30	9,45	12,60	15,75	18,90	22,05	25,20	28,35	31,50
Estruturas maiores p/pilares	25	4,00	5,00	10,00	15,00	20,00	25,00	30,00	35,00	40,00	45,00	50,00
	32	6,30	8,00	16,00	24,00	32,00	40,00	48,00	56,00	64,00	72,00	80,00

Notas

O Arame 18 é aplicado somente para amarração de barras.

Seus dados são:

Tabela de arames recozidos			
BWG	Diâmetro	Metragem por peso	Peso por metro
18	1,24 mm	105 m/kgf	9,48 g/m

Para obras de pequeno porte, controlar a qualidade do aço não é economicamente viável. Para obras de porte médio, podemos ou não fazer a verificação da qualidade. Para obras de grande vulto devemos fazer a verificação de sua qualidade.

Arame é aço de menor exigência de qualidade, pois seu uso é secundário, amarrando barras de aço, formas, e com aplicação em outros usos de pequena responsabilidade.

A unidade BWG tem origem inglesa. B vem de Birminghan,[2] W vem de *wire* (que significa arame), e G vem de *gauge* (que é uma unidade de medida).

Compre o aço pela lista de barras e seu comprimento, que deve constar do projeto estrutural.

---

[2] Birmingham: cidade industrial inglesa, uma das maiores do país.

51 Cortando o aço e dobrando armaduras

O aço do concreto armado chega nas obras transportado em caminhões em barras de 11 m. Seu manuseio exige luvas para a mão de obra.

É necessário, então, cortar e dobrar as barras de acordo com o projeto de armação, que faz parte do projeto estrutural.

Hoje em dia, o aço possui três classes:

- CA 25 (em extinção no mercado da construção civil brasileiro)
- CA 50
- CA 60

Pequenas laminações e pequenas siderúrgicas oferecem, às vezes, outros tipos de aço. Não os compre, estão fora de norma.

O aço CA 25 tem uso em pequenas construções.

O aço CA 50 é o tipo que domina a construção de concreto armado em estruturas convencionais.

O aço CA 60 é usado no diâmetro de 5 mm (para estribos) e na indústria de pré-moldados.

O aço CA 50 tem o dobro da resistência do aço CA 25.

O aço CA 50 tem suas partes constituintes chamadas de barras.

O aço CA 60 tem suas partes constituintes chamadas de fios (ø abaixo de 6,3 mm).

Recebidos os fios e barras de aço, chega a hora do corte, sendo usadas pequenas máquinas para essa tarefa. No passado, para pequenos diâmetros, cortava-se o aço com golpes de outra peça com extremidade cortante.

Cortado o aço, cabe agora, atendendo aos desenhos de armação, dobrar essas peças e, para isso, usamos a mesa de dobragem.

Ferramenta de corte elétrica

Ferramenta de dobra elétrica

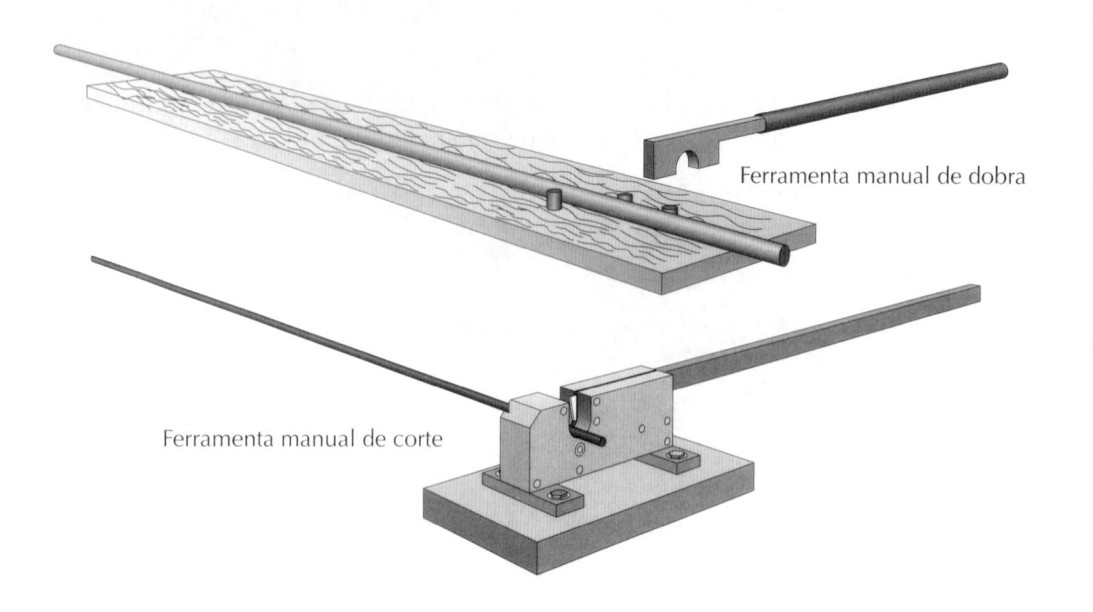

Ferramenta manual de dobra

Ferramenta manual de corte

Flechas e contraflechas

Em uma obra de concretagem, há assuntos que não podem deixar de ser destacados. Um deles é a ocorrência das flechas em peças sofrendo flexão, como lajes e vigas.

Contraflechas

Numa estrutura de concreto armado convencional, temos peças sofrendo flexão, como as lajes e as vigas. Essas estruturas tendem a se deformar mais que as outras. Por vezes, essa deformação nas lajes, chamada de flecha, pode ser visualmente inconveniente ou acarretar outros danos.

Cabe ou ao projetista da estrutura ou ao engenheiro da obra recomendar e deixar nas formas dispositivos antiflechas, chamados "contraflechas", que, de forma prática, diminuem as flechas.

Em regra geral, nas peças fletidas, costuma-se deixar, via elevação de apoio, uma contraflecha, de 1,5%, do maior vão fletido.

As flechas se dividem em dois tipos:

- flechas imediatas, ou seja, as que ocorrem durante a obra;

- flechas diferidas, (flecha que talvez ocorra ao longo do tempo), fruto da deformação lenta do concreto, chamada de fluência.

Ver na norma NBR 6118 os itens 17.3.2.1.1 e 17.3.2.1.2, p. 125.

Atenção, atenção, senhores construtores. Um alerta importantíssimo:

O responsável pela fixação do valor das contraflechas é o projetista da estrutura **e não o construtor.**

Ver p. 10 do documento "Recomendações para elaboração de Projetos Estruturais de Edifícios de Concreto", emitido pela Associação Brasileira de Consultoria Estrutural (Abece).

A exigência de que no projeto estrutural conste o assunto flechas e contraflechas deve ser uma das exigências do construtor ao projetista.

Flecha em uma viga

Flecha em uma laje pré-moldada

53 Espaçadores de formas

Pela importância do assunto, voltemos a ele.

O aço da armadura das estruturas de concreto armado é altamente oxidável e, por isso, se exposto à umidade do ambiente, ele irá, progressivamente, oxidar (enferrujar), inchando e perdendo resistência, pois, o aço, começa a se transformar em óxido de ferro (o termo popular é ferrugem)...

Temos que lutar contra a oxidação das armaduras. A melhor forma de proteção contra a entrada de umidade no concreto e o ataque à armadura é protegê-la com uma camada de concreto que, espera-se, seja de qualidade. Esse é o chamado cobrimento da armadura, assunto que cresce, progressivamente, em importância.

Para garantir essa camada de concreto protetora da armadura contra a oxidação, temos que garantir essa cobertura. Como o lançamento do concreto nas formas é algo violento, mesmo que deixássemos as armaduras algo distantes das paredes internas das formas, com o lançamento, as armaduras se movimentariam, diminuindo ou mesmo eliminando por completo esse cobrimento. Para se ter a certeza de que o lançamento do concreto nas formas garanta uma adequada cobertura, temos que usar espaçadores.

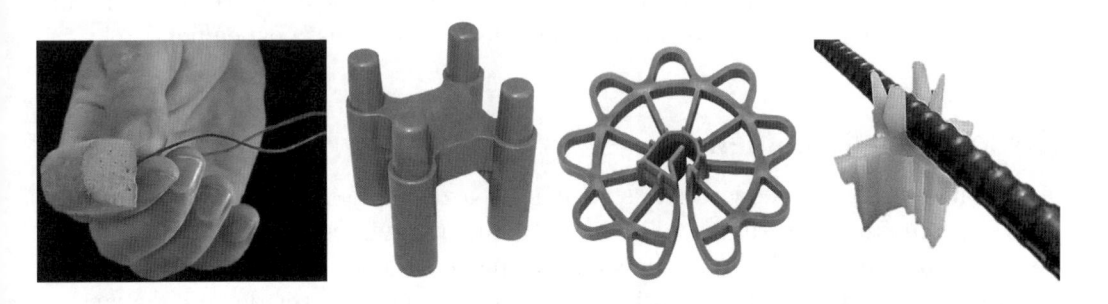

Temos três alternativas para espaçadores em obras:

- espaçador feito de argamassa (cimento mais areia e água), produzido em formas e no momento em que parte da mão de obra está sem frente

de trabalho (otimizar o uso da mão de obra é um dos segredos da construção civil);

- espaçador feito industrialmente com argamassa ou de plástico. Os seus tipos variam em função do seu formato:

  - prisma;

  - triângulo;

  - pino;

  - fundação;

  - cruzeta.

Existem dezenas de tipos de espaçadores com tamanhos e espessuras os mais variados. Alguns dos nomes e tipos de uso são:

- **cadeirinha**: espaçador indicado para apoio de malhas e ferragens em pisos, fundos de viga e lajes;

- **multiapoio**: espaçador indicado para fundo de vigas ou ferragens de lajes muito pesadas;

- **rolete**: espaçador indicado para centralizar ferragens de estacas, paredes--diafragma e postes;

- e outros.

A preocupação com um trabalho eficiente de proteção da armadura por meio de espaçadores nos leva a procurar saber se esses espaçadores de argamassa não seriam uma porta de entrada para a umidade. Para testar essa capacidade de retenção da umidade, podemos usar a norma NBR 9778 – Argamassa e concreto endurecido – Determinação da absorção de água, índice de vazios e massa específica.

Dispositivos de contenção

Quando se lança o concreto nas formas, às vezes malfeitas, elas podem "embarrigar" e, com isso, gastaremos mais concreto que o previsto no projeto, e haverá um desperdício de material. Essa situação costuma ocorrer em formas de vigas, pilares e paredes. Para que a forma continue com as dimensões desejadas e construídas, usamos um produto que impede que as formas se abram. Isso é chamado de dispositivo de contenção, quase sempre de material plástico.

Nas estruturas maiores porém, é de aço, caso de pelares-paredes, muros de arrimo e outras formas esbeltas. Para reaproveitar as peças de aço, usa-se uma bainha de PVC com diâmetro interno um pouco maior que o da barra de aço como indicado no desenho abaixo (desenho meramente indicativo, sem escala ou medidas).

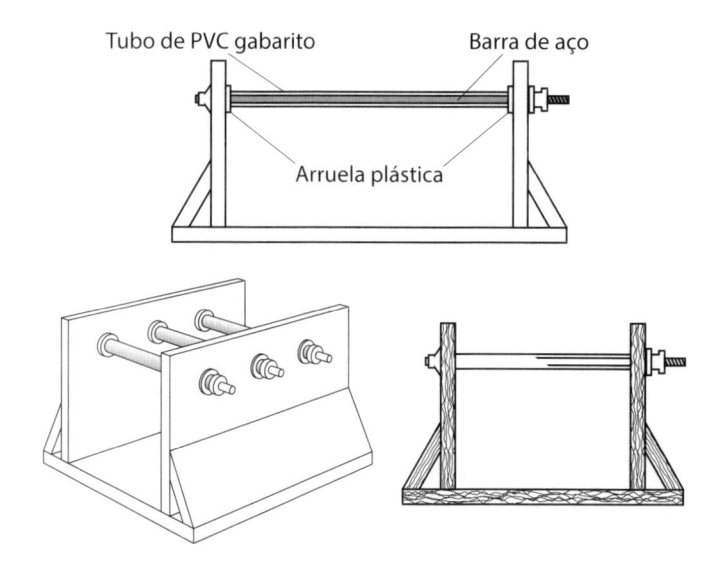

O tubo de PVC pode ser fixado nas ferragens com arame, a forma é furada na medida exata da haste com uma arruela de PVC com furo do mesmo diâmetro. A haste é enfiada dentro do tubo e apertada com porcas, de preferência no sarrafo do entarugamento da forma. O tubo de PVC também serve de gabarito para manter a espessura da parede na medida correta. Quando da desforma, a haste e as arruelas de PVC são removidas e o tubo de PVC é preenchido com pasta de cimento. As arruelas de PVC servem para vedar o tubo além de possibilitar um melhor acabamento do concreto.

Tubo preto em polietileno ou PVC. Utilizado no fechamento de formas paralelas, aplicado com tensores e barras de ancoragem. Ajustado com perfeição para encaixe nos cones de encosto e vedação.

Apresentação: Interno nas medidas 1/2", 3/4" e 1".

Referência: JERUEL Plásticos. Disponível em: <www.jeruelplast.com.br>. Acesso em: 2 jul. 2015.

54 Complemento de concreto em pequenas quantidades

Pode acontecer de haver necessidade de pequenos volumes de concreto. As usinas de concreto só fornecem a preços-padrão a partir do volume mínimo fixado por cada usina, e dependendo das relações comerciais usina *versus* construtora.

Havendo a necessidade de pequenas quantidades de concreto, então, deve-se:

- esperar a próxima chegada de concreto e solicitar o concreto também para essa pequena quantidade; ou

- ter, na obra, para produzir esse concreto, uma betoneira, que também poderá ser usada para produzir argamassas.

Nota

Nunca nos esqueçamos que o concreto possa ser produzido misturando-se manualmente areia, cimento, pedra e água, usando para isso uma enxada e um piso impermeável. Boa parte do povo brasileiro mora em habitações com elementos de concreto armado produzidos dessa maneira. Esse é o Brasil de 2016!

55 Mudanças na obra de detalhes do projeto

Na maioria de pequenas e médias edificações, que constituem o limite de foco deste livro, é extremamente comum que os projetos estruturais sejam modificados pelo construtor, quando os recebe. A razão disso é uma sensibilidade de obra que cada um tem e, portanto, é o que se chama de algo "personalíssimo". Um construtor contou a este autor que, em todas as obras dele, fez mudanças no projeto estrutural, sem falar com o projetista. Isso é um risco, pois:

- pode ter havido uma mudança incorreta, com danos;

- no caso de uma perícia, a divergência entre o previsto e o executado sempre tenderá a ter como responsável (culpado) quem mudou o projeto.

O correto e o ideal seria que ocorresse uma reunião com ata, e que as modificações fossem acertadas e incorporadas.

Outro detalhe que, em geral, cabe à obra é determinar o critério de amarração de barras com barras usando para essa amarração o arame 18. Um critério de obra seria amarrar com o arame cruzamento de barras sim, cruzamento de barras não. Isso é válido para barras de maior diâmetro. Para barras de menor diâmetro e que tendem a se movimentar, será necessário amarrar todo encontro de barras.

O trabalho seguido em várias obras do projetista e da construtora pode ter dois frutos, um positivo e outro negativo.

- Fruto positivo: a construtora sabe como a projetista estrutural trabalha e detalha seus projetos.

- Fruto negativo: é uma consequência negativa do fruto positivo. A falta de formalidade no relacionamento gera falhas de comunicação. Um mínimo de formalismo profissional tem que ser mantido entre os dois participantes. Se quiserem, podem chamar isso de "burocracia", e a burocracia é necessária.

> Você compraria um imóvel sem consultar a documentação da propriedade???

56 A estratégica e importantíssima relação água/cimento na produção do concreto

Acreditava-se até pouco tempo atrás, ou aceitava-se, que a grande vedete do concreto fosse unicamente o fck, tanto em termos de resistência à compressão como em termos de qualidade do concreto e durabilidade da estrutura.

Tanto que, nas especificações de obras antigas, só se fixava o fck (e, por vezes, o teor mínimo de cimento) e ponto final. No entanto, com o avanço da tecnologia da indústria do cimento, é possível se ter um fck adequado em termos de resistência à compressão, mas com uma relação água/cimento[1] muito alta, ou seja, o concreto atende às necessidades de resistência (basicamente o fck), mas é muito poroso diante da alta relação água/cimento usada. Uma alta relação água/cimento também torna o concreto mais deformável, o que é uma grande desvantagem. Parte da água de preparação do concreto se evapora com o tempo e, com isso, se criam microporos que deixam o concreto permeável à ação de umidade, a qual penetra no concreto e ataca a armadura, que sofre, então, oxidação.[2]

Diante disso, a nova NBR 6118/2014 impôs restrições aos dois conceitos: fck e relação água/cimento.

---

[1] Relação água/cimento – relação da quantidade de água total (peso) colocada no concreto e a quantidade (peso) de cimento. Assim, uma relação água/cimento igual a 0,55 significa que, para cada quilo de cimento (1.000 g), colocaremos na produção do concreto 550 gramas de água na mistura (amassamento). Deve-se levar em conta, na dosagem, a umidade da areia, pois essa umidade, ou seja, sua quantidade de água, pode ser significativa no total de água de amassamento. A umidade dos agregados graúdos (pedras) não preocupa, pois pedras, mesmo molhadas, não transportam umidade significativa.

[2] Pode-se estimar que a água retirada do concreto seja a parte da água que irá dar trabalhabilidade à mistura, pois a água que irá hidratar o cimento seco transformando-o em elemento ligante (uma verdadeira cola) realiza essa função rapidamente.
Se o caro leitor tem dúvida sobre essa voracidade hídrica do cimento, faça uma experiência: coloque cimento (pouco, muito pouco) sobre a palma de sua mão, ou seja, um local com umidade corporal. Rapidamente você sentirá a retirada de água pelo cimento. Em uma linguagem leiga, "o cimento queima a mão".

	I	II	III	IV
Tipos de ambiente	Agressividade muito fraca – área rural	Agressividade moderada – área urbana	Agressividade forte – área industrial/ área marítima	Agressividade muito forte – área industrial/ respingos de maré
Relação água/cimento	Menor ou igual a 0,65	Menor ou igual a 0,60	Menor ou igual a 0,55	Menor ou igual a 0,45
fck (MPa) mínimo	20	25	30	40

Como sabemos, ao comprar concreto usinado, temos que especificar:

- fck;
- relação água/cimento;
- *slump* (abatimento do concreto);
- eventualmente, diâmetro máximo dos agregados;
- eventual adição de aditivos;
- aspectos administrativos, como volume, local de descarregamento, horário etc.

Evite concretar (principalmente lajes) em horas de chuva, pois a água da chuva pode aumentar a sagrada relação água/cimento. Mas, se sua obra tomar providências (como cobertura) contra a água de chuva, aí será possível concretar.

Opinião de um construtor com aguda compreensão do assunto custos:

— *Iniciada uma concretagem, o custo de uma parada é tão grande que devemos fazer de tudo (sempre evitando a mistura da água de chuva com o concreto pronto) para que essa concretagem não pare...*

Uma má notícia: como respondido na seção de perguntas e respostas, não existe, na prática, um teste simples e rápido para saber se o concreto entregue por uma concreteira obedeceu ou não à relação máxima água/cimento. Teremos que confiar. Em grandes obras, poderemos colocar um profissional auditor fiscalizando a mistura do concreto na usina.

57 Água para mistura do concreto

Nas obras de pequeno porte, onde se produz concreto em betoneiras ou, até mesmo, misturando-o no braço (técnica ainda muito usada nas periferias das cidades), há um critério prático de obra. A água que o pessoal bebe (e que se presume de qualidade correta) é boa para amassar o concreto, ou seja: a água potável é adequada.

A quantidade de água para o amassamento do concreto é relativamente pequena e, se for possível, podemos contratar a vinda de um caminhão-tanque com água e estocá-la, na obra, para esse uso.

Como norma de segurança tanto para água de amassamento como para água de beber (a mais importante), em hipótese nenhuma devemos usar caminhões de transporte de combustível para esse fim, mesmo que esse caminhão seja muito bem lavado no interior de seu reservatório. Nunca, mas nunca mesmo, pode-se adotar essa prática.

Consultar o site da Central Analítica: <http://www.centralanalitica.com.br/analises/> para obter uma análise da água que está sendo usada.

Nota triste

Em algumas regiões mais pobres do nosso país, existem caminhões-tanques que transportam, alternadamente, combustível e, depois de adequada lavagem interna (?????), o que não adianta nada, água para regiões carentes de água para beber. Uma pena isso.

Nota importantíssima sobre a relação água/cimento na preparação do concreto

Trecho da entrevista da *Revista Concreto*, n. 33, p. 5, 2005.

Seção "Conversando com o Ibracon".

Pergunta:

Qual a diferença entre o concreto rolado na obra e o usinado com relação à quantidade de água e sua influência na resistência do concreto?

Resposta Ibracon:

A quantidade de água é o fator mais importante na tecnologia de concreto. Controla sua compacidade, resistência, deformabilidade e durabilidade (vida útil). Tanto o concreto dosado em obra ou usinado deve ter controlado o teor de umidade dos agregados, o qual influencia diretamente na quantidade de água final a ser acrescentada. Evidentemente, em obra, em geral, esses controles de água, de massa (proporção entre materiais construtivos), de eficiência do equipamento de mistura, de mão de obra treinada, é muito mais raro e menos frequente que aqueles que podem ser realizados em uma Central de Concreto. Manter os materiais estocados na obra separados em baias e cobertos por lona seria uma forma de melhor controlar a qualidade do concreto rolado no canteiro.

Notas

- A expressão "concreto rolado", no entender deste autor, significa o concreto feito na obra em betoneira estacionária (posição fixa) pela própria construtora.

- Opinião do autor M. H. C. Botelho (este autor): o controle da relação água/cimento pode, nas obras de pequeno porte, se limitar a medir exclusivamente a umidade da areia, além da água adicionada, pois a umidade dos agregados graúdos (pedras) carrega pouca água.

Regra de ouro

Um caminhão que um dia transportou combustível jamais poderá ser usado para transportar água para beber e para produzir (misturar) concreto na obra.

Portanto, estamos diante de uma pena eterna.

Entendendo o uso dos principais aditivos para o concreto

O concreto convencional é composto por cimento, areia, pedra e água (chamada água de amassamento). Chamamos de aditivos os produtos químicos estranhos ao concreto convencional e que alteram (em geral a favor) suas características e sua atuação.

Acredita-se que os aditivos, usados corretamente, não diminuam a resistência à compressão do concreto nos famosos 28 dias.

Os aditivos são produzidos por grandes indústrias químicas.

Existem muitos aditivos, vamos explicar o uso dos mais importantes.

Tipos de aditivos mais importantes

Os aditivos mais importantes existentes no mercado são:

- aditivos plastificantes e superplastificantes;
- aditivos retardadores de pega (início do endurecimento do concreto);
- aditivos aceleradores de pega;
- aditivos impermeabilizantes.

Uso dos aditivos

Sendo produtos químicos produzidos por indústrias, deve-se seguir as instruções para uso desses produtos. Em caso de dúvida, entre em contato com os fabricantes.

Como os aditivos, em geral, são produtos líquidos, para permitir a melhor distribuição na massa do concreto, tornando-o o mais homogêneo possível, eles devem ser adicionados inicialmente à água de amassamento e esta depois adicionada aos poucos aos produtos secos.

Explicando, um a um, os principais aditivos

Aditivos plastificantes e superplastificantes

O concreto tem que entrar no espaço deixado para ele nas formas e entre as armaduras. Por falha de projeto ou por falha de obra, por vezes, o concreto não preenche todos os espaços deixados para ele, e, nesses espaços não preenchidos, nascem as bicheiras, elemento estranho à estrutura que diminui a resistência da peça.

Um exemplo de falha de projeto que gera bicheiras é não respeitar distâncias mínimas entre armadura e forma. Para evitar a formação de bicheiras, o concreto deve ter fluidez (sinônimo de trabalhabilidade). Para dar maior fluidez ao concreto a ser usado na concretagem, uma primeira ideia seria aumentar o teor de água da mistura, mas o aumento do teor de água (maior relação água/cimento), embora possa proporcionar maior fluidez, reduz a resistência à compressão do concreto. Usamos então, para dar maior fluidez (plasticidade – medida pelo teste de *slump*) ao concreto, aditivos chamados de plastificantes e superplastificantes e, com isso, ganhamos a fluidez e não perdemos a resistência do concreto. Mas lembremos que o aditivo tem custo.

Aditivos retardadores de pega (início do endurecimento do concreto)

Usamos os aditivos retardadores de pega nos casos de transporte do concreto a maiores distâncias e para diminuir a fissuração em grandes blocos de concreto.

Aditivos aceleradores de pega

Os aditivos aceleradores de pega fazem o inverso dos aditivos retardadores de pega. Os aditivos aceleradores de pega apressam o endurecimento do concreto. Esses aditivos aceleradores de pega são muito usados em indústrias de pré-moldados de concreto, no uso de formas especiais, como formas deslizantes e formas trepantes. Com o uso de aditivos aceleradores de pega, a retirada de forma é apressada, ganhando tempo na concretagem.

Aditivos impermeabilizantes

Em obras que vão ficar dentro de água (obras de pontes dentro de rios, por exemplo) ou em locais muito úmidos, é interessante usar aditivos impermeabilizantes adicionados junto com a água de amassamento do concreto. Deve-se notar que o aumento da impermeabilização da massa do concreto com o uso desse aditivo tem a função de proteger a armadura do concreto, que pode oxidar-se, em ambiente úmido e com oxigênio. Com isso, a oxidação da armadura é diminuída, aumentando a vida útil da peça. A oxidação da armadura faz com que ela aumente de volume e possa, com isso, gerar fissuras, que deixarão entrar mais oxigênio e umidade, acelerando e aumentando as condições agressivas à armadura.

Um aditivo e um produto sempre existentes e pouco citados

O coração do cimento é o produto *clinker*, resultante de mistura, moagem e queima em fornos rotativos da mistura material calcário e argiloso. Pronto. Produzimos o *clinker*, que é extremamente ávido por água e que, encontrando a umidade do ar, começa a reagir, ou seja, ganha resistência quase imediatamente, o que não nos interessa, pois o cimento deve durar muitos dias na sua condição de material pulverulento. As fábricas produzem o cimento que será usado nas obras vários dias ou semanas depois e, portanto, não é interessante que o cimento ganhe resistência de imediato. Para prolongar bastante a vida útil do produto, tomamos as seguintes providências:

- durante sua fabricação, adicionamos o produto gesso ($CaSO_4$), que é um retardador das ações de reação do *clinker* com a umidade;

- embalamos o cimento em sacos de papel reforçado para diminuir a ação da umidade do meio ambiente, que faz iniciar as reações de endurecimento, as quais só devem acontecer quando cimento, pedra, areia e água estiverem misturados e já nas formas.

Para avançar no estudo do uso de aditivos, recomenda-se contatar os fabricantes desses produtos químicos e solicitar boletins técnicos.

Na NBR 6118 há poucas informações e prescrições sobre aditivos. Na essência, o que consta nessa norma é o item 7.4.4, p. 19: *"Não é permitido o uso de aditivos contendo cloretos na sua composição (dos aditivos) em estruturas de concreto armado ou protendido"*.

Deve-se levar em conta a NBR 11768 e consultar os principais fabricantes: Basf Construction Chemicals Brazil e Vedacit.

Deve-se consultar também os sites: <**www.gdace.uem.br**>; <**www.dcc.ufpr.br**> e <**www.graceconstruction.com**>. E, como sempre, consultar o site de busca Google com o dado de entrada "aditivos para concreto".

Controle de custos da obra

Talvez este item seja o mais importante de todos do livro.

Vamos falar de controle de custos (para a construtora) da obra.

> **Atenção: anotar e registrar custos não é fazer o controle de custos**. Quando chove e medimos a intensidade da precipitação, estamos medindo a chuva, mas seguramente não estamos controlando a chuva, que tem intensidade e duração ligadas a fenômenos climáticos.

Como, então, vamos controlar (medir) custos e resultados de uma obra em etapas, a saber:

- a 20% da execução;
- a 40% da execução;
- a 60% da execução;
- e a 80% da execução.

A perspectiva é de lucro ou, desgraçadamente, a obra corre o risco de ter prejuízo?

Atenção, atenção, atenção:

O próprio e importantíssimo assunto "apuração do lucro" é algo que deve ser definido como elemento de administração da construtora, pois, se assim não for feito, um profissional dessa construtora achará um valor para o lucro, outro profissional dessa mesma construtora achará outro valor, seguramente a contabilidade achará um terceiro valor para o lucro, e um fiscal do imposto de renda achará, ainda, outro valor.

Logo, para conhecer e, depois, controlar custos – eu disse: controlar custos de obra –, precisamos de um método com características e cuidados e, pelo resultado dos números, **deveremos adotar cuidados gerenciais na obra.**

Destacamos, todavia, que a contabilidade da construtora atuará com um método independente de custos, pois seus critérios são baseados em normas, leis, decretos, portarias, resoluções, hábitos etc.

Cabe então à construtora, auxiliada por especialistas (por exemplo, um profissional de administração de empresas), criar um sistema de custos e de seu acompanhamento para si. Nesse assunto de controle de custos, temos de ter **disciplina militar com pena de morte** (demissão) para empregados indisciplinados ou omissos.[1]

Em uma famosa construtora, antes de surgir a ferramenta computador, o seu diretor exigia receber da sua assessoria um relatório-resumo (não mais que cinco páginas), obra por obra, entregue todas as quintas-feiras até as **16h41**. Esse cuidado de fixar dia e hora quebrada gerava um ambiente de alta exigência (quase terror, diriam alguns) e, regra geral, tudo funcionava assim, e essa construtora, mesmo tendo falecido esse sócio-diretor, continuou a trabalhar desse modo e a ter lucros, usando métodos de obra eficientes.

Mas é claro que, para que tudo funcione e falando a mesma língua, é necessário que haja um método de anotação e uma análise dos custos.

Um exemplo de dificuldade de interpretação, no qual cabe uma orientação da companhia. Para uma obra era necessário comprar um novo caminhão, e esse custo estava previsto no orçamento da proposta dessa obra. Bem mantido, o caminhão serviria a essa obra e mais algumas outras que entrassem em futuro próximo na construtora. A construtora estava com dinheiro em caixa para essa compra. Mas uma dúvida pairava:

— A compra de um caminhão, do ponto de vista contábil, é uma despesa ou um investimento?

Fale com o seu contador e esse desembolso contábil poderá ser lançado ou como despesa ou como investimento, com consequências contábeis diferentes. Tudo depende das circunstâncias, das opções contábeis e das situações da construtora, diante do imposto de renda.

No item 197 deste livro, mostraremos uma maneira de saber se, até determinado ponto, estamos ganhando ou perdendo dinheiro, mas sempre lembrando que a análise tem que ser global (inicialmente, obra por obra, e, depois, uma análise global da construtora) e não como feita por um pobre inocente, como mostrado a seguir:

---

[1] Uma situação difícil e extremamente problemática ocorre quando um dos sócios de uma empresa (qualquer que ela seja) não obedece a essas leis. Lembremos: o dono de uma loja que abre às 8h da manhã tem de chegar, no máximo, às 7h45.

> Trabalho em uma empresa e **ganho bem, muito bem**. Recebo meu salário todo dia primeiro de cada mês. Veja que, nos **primeiros cinco dias** depois do recebimento do salário, vivo com bastante folga financeira. O único problema é o que acontece depois de passarem os **primeiros cinco dias...** até chegar ao trigésimo dia.

Ao analisar os resultados da construtora nessa obra, olhe para **além dos primeiros cinco dias.**

Parecer de um dos autores deste livro, engenheiro Nelson:

Para o acompanhamento de custos das obras que se deve fazer, considere que é imprescindível o planejamento: orçamento detalhado em *nível executivo* e cronograma físico financeiro da obra, efetuando-se a conferência, a cada semana ou, no máximo, a cada duas semanas, mas sempre no mesmo dia: 2ª ou 3ª ou 4ª etc. e, claro, usando os documentos mais atualizados possíveis. Se os custos estão de acordo, com uma variação em torno de 5% a 20%, para mais ou para menos, há uma boa chance de haver lucro. Com esse controle, é possível efetuar correções e ajustes ao longo do período restante. Importante: se começar a aparecer folga sempre, é sinal de que o cronograma ou o orçamento estão errados, faça a revisão e ajuste-se para o restante da obra. Os valores devem convergir para uma média que será bem próxima do valor do cronograma.

Nota importante

Toda a entrada ou saída de dinheiro relativa a uma obra deve ter um documento comprobatório com a data e a descrição de sua origem, possibilitando, assim, sua classificação e controle. Isso vale para tudo, inclusive, às despesas dos materiais de feitura do sagrado cafezinho.

60 Dados da contabilidade para controle de custos e apuração paralela

Falemos agora, e mais uma vez, sobre um assunto difícil que é a comunicação entre a contabilidade, a gerência financeira e a gerência de custos das obras de uma construtora.

Sabidamente, técnicos (engenheiros, arquitetos, tecnólogos e empresários) e contadores têm dificuldades de diálogo, embora ambos usem números, sagrados números. Como este é um livro para técnicos (engenheiros, arquitetos, tecnólogos e empresários), comecemos explicando o mundo da contabilidade.

Inicialmente, avisamos que a contabilidade:

- cuida, nos casos comuns, de **custos documentados** e receitas de toda a construtora, e não com pormenores individualizados de cada obra. Logo, pela contabilidade, não saberemos da expectativa de lucro ou prejuízo de cada obra. Logo, pela contabilidade, não poderemos acompanhar custos e receitas da obra "Solar dos Girassóis", nossa obra de referência;

- possui uma organização de dados e conceitos contábeis que tem, principalmente, origem externa, ou seja, quem dá orientações à organização das contabilidades de todas as empresas do Brasil (não só da construção civil) é o Ministério da Fazenda, via Departamento da Receita Federal;

- possui, entre outros, um conceito que é algo estranho para a área técnica, ou seja, o conceito de "depreciação de equipamentos". Dependendo do tipo de equipamento, ele sofre uma depreciação anual, com taxa definida oficialmente e com implicações no pagamento do Imposto de Renda da construtora. A depreciação contábil independe do maior ou menor uso desse equipamento. Para empresários, todo equipamento perde valor todo ano, e essa perda de valor depende do desgaste do equipamento e das condições de mercado, caso queira vender esse equipamento. Já houve casos, em época de colheita de safra agrícola, que o valor de um caminhão usado, mas em excelente estado, era maior que o preço de tabela de um caminhão novo, pois, literalmente, caminhão novo não existia à venda no mercado. Para a contabilidade, as condições de mercado nada interessam;

- possui um linguajar que, por vezes, é inverso ao linguajar do cidadão e dos técnicos. Quando se deposita dinheiro da construtora num banco, normalmente se diz que temos um crédito, mas a contabilidade diz que lançamos um débito ao banco, ou seja, o banco nos deve o valor depositado. Claro que aritmeticamente isso é verdade, e é a mesma coisa, mas atrapalha uma rápida compreensão numa conversa com leigos;

- "sofre arrepios" quando a construção civil, principalmente na área rural, é obrigada a conviver com situações não formais, como, às vezes, comprar madeira de forma e escoramento sem nota fiscal;

- tem profissionais, os contadores, que, em geral, têm as qualidades de serem organizados e formais, em contrapartida à área técnica, que tende a ser desorganizada ou, administrativamente, quase caótica;

- entende a quantia de R$ 78.435,23 como igual a, exatos, R$ R$ 78.435,23, pois **vive em função de registros financeiros formais e documentais**. Um contador considera, assim, uma heresia e um erro aceitar, por exemplo, R$ R$ 78.435,23 como igual à R$ 78.000,00, arredondamento que seria feito por um técnico ao se referir a um pagamento que a empresa tem a receber.

Assim, e numa linguagem alegre:

Para um profissional não contabilista:

$$R\$ 78.435,23 = R\$ 78.000,00$$

e para um contador:

$$R\$ 78.435,23 \neq R\$ 78.000,00$$

Diante desses fatos, o diálogo entre a área técnica e a área contábil é, por vezes, difícil. Algumas construtoras de nível médio contratam administradores de empresas, que têm dupla visão, para ser uma ponte entre a área técnica da construtora e sua contabilidade.

Com todos esses problemas, mesmo assim, enfatizamos a importância da presença do contador junto à direção da construtora, lutando por orientar a direção da construtora, para fugir dos alçapões dos impostos e para conter a indisciplina organizacional de alguns...

Portanto, os documentos da contabilidade podem ser usados na gerência de obra, mas com um critério seletivo.

Apuração paralela da situação de cada obra

Portanto, toda construtora precisa ter **outro sistema de custos**, independente da contabilidade e que meça o estado das obras em função dos custos e do faturamento.

Com a assistência de um contador, com pessoas experientes em obras e com visão comercial, podemos montar um sistema. **Esse sistema de custos tem que ser único na construtora e aplicado para cada obra,** devendo:

- possuir linguajar e termos claros e únicos na empresa, válidos para todas as obras;

- para cada obra e dependendo do porte, criar um sistema de divisão (vários centros de custos) com apuração independente;

- obter dados de custos ocorridos com periodicidade semanal ou, no máximo, a cada duas semanas;

- comparar quantidades de serviços e materiais estimados com dados acontecidos;

- verificar custos estimados e custos conseguidos nas compras e contratações;

- emitir relatório consolidando todos esses dados, alertando para fatos que preocupem, em fatores que tendam a gerar mais lucro para a construtora.

Como já explicado, esse sistema de custos único na construtora não valerá para a área contábil, que usa critérios formais exigidos pelo governo federal, via Secretaria da Receita Federal.

Pergunta de um técnico ao contador de sua construtora:

— Vou fazer uma obra e tenho que usar um de quatro caminhões (A, B, C e D) da construtora. Dois (A e B) estão amortizados e totalmente depreciados contabilmente. O caminhão C está amortizado e parcialmente depreciado. O caminhão D não está totalmente amortizado e ainda não foi depreciado contabilmente. Qual o critério para escolher o caminhão a usar na minha obra para aumentar lucros, admitindo-se que os quatro caminhões estivessem em muito bom estado de conservação e manutenção?

A resposta do contador foi surpreendente:

*— **Do ponto de vista contábil ou de interesse da construtora**, nenhuma diferença faz o uso de cada caminhão, pois a **contabilidade** é **de toda a empresa e não de uma obra**. Estando os caminhões comprados, não devemos olhar se eles estão pagos e nem se estão ou não depreciados contabilmente.*

Eles têm vida contábil autônoma **com ou sem uso (caminhões parados)**. *Tanto faz como tanto fez...*

E jocosamente, o contador explicou:

— *Escolha o caminhão a usar jogando dadinhos, para escolher um deles...*

Antes de comprar um bem como um caminhão, veja como seria seu custo se fosse alugado, pois é crescente a tendência para usar equipamentos alugados, não tirando dinheiro do estratégico capital de giro da empresa. Até bancos, que no passado se orgulhavam de sedes próprias de suas agências, agora estão vendendo essas agências com cláusula de longo prazo de aluguel e girando com o capital arrecadado com a venda. **E lembremos que Bancos sabem fazer girar o dinheiro...**

É... as verdades mudam com o tempo...

E o contador continuou:

— *Não conheço a mais famosa firma de* software *dos Estados Unidos, mas garanto que ela, com enorme certeza, opera em um imóvel alugado, que inclusive permite flexibilidade de uso, pois se quisermos, depois de cumprido o contrato, poderemos nos mudar para outro lugar melhor ou para uma sede maior ou menor. E, assim, o capital da companhia é investido no que dá mais lucro, que é, no caso dela, a geração de programas de computador, e não imobilizado em imóveis...*

61 Planejando e acompanhando o andamento dos custos da obra: teremos lucro?

Dizem que o preço da liberdade é a eterna vigilância. No nosso caso, diremos que uma das condições para o resultado final de uma obra estar no sinal verde são os permanentes acompanhamento e apuração de custos. **Deve-se notar que a apuração frequente de custos de uma obra que não está indo para o sinal verde nada corrige da situação, mas indica a necessidade de se tomar providências corretivas.**

Ou seja: medir não é controlar, medir é fornecer os dados para que, em outra ação, se tomem providências para controlar uma situação. O termômetro não retira a febre, apenas fornece informações para se tomar ou não remédios, os quais, sim, corrigem as situações.

As causas de problemas de aumento de custos de obra em relação ao que se imaginava podem ser:

a) surgimento de desvios de obra, causados por situações não são de responsabilidade da construtora, deixando isso para depois (?????) solicitar uma remuneração adicional;

b) falta de competência do profissional tocador de obra em planejar as situações com criatividade;

c) falta de competência do profissional tocador de obra para conduzir e administrar a mão de obra da construção civil, que, normalmente, é pouco disciplinada;

d) falta de competência do profissional tocador da obra por agir com promiscuidade com as firmas subcontratadas, gerando confusões técnicas e de relacionamento;

e) erros de orçamento da construtora na fase da proposta

f) atraso permanente da chegada de material à obra;

g) outros problemas, como greves, roubos, excesso de chuva, falta de material etc.

Acontecendo o problema relatado no item a), devemos conversar com o proprietário da obra, mostrando a situação e suas consequências no aumento de custos da construtora e no aumento do prazo de execução. Deveremos solicitar, pois, um acréscimo de remuneração para a construtora.

Acontecendo os problemas relatados nos itens b) e c), a solução será trocar o profissional da obra por falta de competência (ou seria falta de experiência?).

Acontecendo o problema relatado no item d), deveremos orientar o profissional para manter distância profissional com os subempreiteiros. Se a situação continuar, apesar da orientação, será necessário substituir o profissional, transferindo-o para outra obra em posição hierarquicamente inferior, mas na qual possa aprender, com a prática e com colegas de maior experiência.

Acontecendo os problemas relatados nos itens e) e f), a solução será procurar novas frentes de trabalho bem remuneradas dentro da obra, para suavizar e até reverter a situação.

Acontecendo os problemas relatado no item g), deverão ser tomadas medidas corretivas, no limite do possível.

Vejamos, agora, como estimar se uma obra terá problemas de custos ou se irá para a zona verde de resultados.

Um fato inacreditável

Há alguns anos, uma famosa construtora/incorporadora de um país de fala hispânica tinha muitas obras por todo o país, mas não tinha sistema gerencial para administrar tudo e, por causa disso, as despesas corriam soltas e, às vezes, muitas vezes, dispêndios (saídas monetárias) incorretos iam para mãos ávidas por vantagens, certas ou erradas. A construtora decidiu, então, aumentar seu quadro gerencial com profissionais que entendessem de construção civil e de gerência de custos e finanças. Um profissional de nome Juan Américo, com esse perfil de construtor e com experiência de gerência de custos e finanças, foi contratado como assistente gerencial de custos. Com um mês de trabalho na construtora, esse profissional pôde ver a situação aflitiva da firma onde, agora, trabalhava. Porém, ele lutava para conseguir dados de custos de cada obra e, até nisso, a construtora era um caos. Perguntando a vários departamentos da construtora, constatou que as respostas sobre quais eram os custos para cada obra eram:

- ou conflitantes entre si;

- ou, por incrível que pareça, sempre, sempre e sempre, um departamento dizia que as informações de custos ainda não estavam disponíveis;

- alguns departamentos, ao fornecerem dados de custos, diziam que tinham origem na opinião de cada um (??????).

Como visto, havia, pois, falta de uma linguagem interna consolidada, tal que, para cada pergunta sobre custos de uma obra, a resposta de cada departamento fosse objetiva. Juan Américo então começou a criar (na sua cabeça) um sistema único e racional na construtora para definir situações de custos, sabendo que haveria, em uma firma sem disciplina como era essa construtora incorporadora, uma quase rebelião com a implantação desse sistema, pois cada departamento queria ter o seu próprio sistema, ininteligível e quase que inútil (!!!!!!) para os outros departamentos.

Eis que Juan Américo recebeu uma circular confidencial da construtora. Outro consultor de finanças e custos, também recém-contratado, propunha outro sistema e, por incrível que pareça, com esse novo sistema, as obras que tinham, naquele momento, resultado financeiro econômico com **sinal verde**, mantinham esse **sinal verde**, e as obras com resultado financeiro econômico com **sinal vermelho** passariam, como em um milagre, para o **sinal verde** (!!!!!!!). A direção da construtora adotou o novo sistema que, simplesmente, alterava documentalmente a realidade, mesmo sabendo que era uma enganação, a pior possível, ou seja, era uma enganação interna. Um ano depois, a construtora entrou em concordata[1] e nunca mais se recuperou.

Análise do estado econômico-financeiro da obra Edifício Solar dos Girassóis, a qual, acredita-se, esteja 45% pronta

Filosofando sobre as trocas, do início da historia da humanidade até hoje.

No início da história da humanidade, não havia dinheiro, e os seres humanos, em virtude dos seus interesses, faziam trocas ou o chamado "escambo". Assim, dois camponeses trocavam (e ainda, possivelmente, trocam) um pequeno porco por três sacos de milho. Essa prática continua a existir em todo o mundo e até em regiões desenvolvidas. Em feiras de automóveis usados é comum encontrar o aviso:

Troco meu carro por um carro mais novo.

Com a evolução da humanidade, surgiu o dinheiro, além das operações financeiras. Torna-se necessário, então, fazer algumas considerações.

---

[1] O nome atual de concordata é "plano de recuperação judicial", ou seja, um juiz de direito, analisando a situação da companhia e vendo que ela passa por crise momentânea, declara a sua "recuperação judicial" com o adiamento do pagamento de várias dívidas da empresa. Assim, a empresa sobrevive e talvez saia da situação de péssima pagadora. Se, no entanto, depois do alongamento do prazo das dívidas, a empresa continua a não pagar, por falta de caixa, então o juiz decreta a falência da firma, nomeando um liquidante curador. A produção da empresa para, e faz-se o leilão dos bens. Se, com a receita dos leilões, faltar algo (o que costuma acontecer), a empresa é fechada e os proprietários continuam com a obrigação de pagar a quem a empresa devia.

Se quero comprar uma camisa, vou a uma loja com dinheiro e compro uma camisa pagando, por exemplo, R$ 90,00. Na hora, pego a camisa e dou o dinheiro. O comerciante, dono da loja, deve ter pagado pela camisa, ao fabricante, algo como R$ 53,00, sendo que a diferença (R$ 90,00 – R$ 53,00 = R$ 37,00) destina-se a remunerar os empregados, o aluguel do prédio da loja, o imposto, o sagrado lucro, e tudo o mais da loja.

Se vou comprar um liquidificador, aceito o valor como R$ 120,00, já saio da loja com o liquidificador debaixo do braço e, por acordo com a loja, pago os R$ 120,00 no mês seguinte, quando receber meu salário. O fato de eu sair com o aparelho e nada pagar de imediato não significa que a loja esteja tendo prejuízo, pois há a responsabilidade (obrigação) minha de pagar a dívida. Também pode acontecer de eu pagar à vista por uma geladeira, e ela só ser entregue dali a quatro dias e, nesses quatro dias, eu não tive prejuízo em face da diferença entre o momento em que paguei e a data em que vou receber. Houve um acordo sobre o tipo de pagamento.

No passado, a partir de promoções divulgadas pela televisão, eram disponibilizados planos nos quais os clientes, nos meses iniciais do ano, compravam cestas de Natal, iam pagando a cada mês e, só no mês de dezembro, recebiam a sua cesta de Natal.

Logo, para se conhecer a lucratividade de uma operação comercial, existindo o pressuposto da honestidade, da responsabilidade e da seriedade, o desembolso financeiro, adiantado, imediato ou posterior a certo prazo combinado nada tem a ver com a obtenção de lucro ou prejuízo.

Voltemos ao caso da obra do Edifício Solar dos Girassóis

Com tudo isso exposto, vamos ao caso de nossa construtora, que alcançou a meta de 45% da execução da obra do Solar dos Girassóis. Como saber se, nesse momento, estamos indo bem com a obra (sinal verde – perspectiva de lucro igual ou maior do que o previsto na fase da proposta)?

Temos que ver quanto esses 45% executados custaram para a construtora, independentemente do fluxo financeiro. Analisaremos o emprego de mão de obra – seja direta, seja contrato com firma de cessão de mão de obra –, e o uso de material, sempre levando em conta o BDI, ou seja, benefícios e despesas indiretas, adotado na feitura da proposta dessa obra, pois podemos, em outra obra, ter adotado outro BDI.

Da análise do que custou para a construtora (com BDI) e do quanto estimamos o custo na fase da proposta para essa etapa, saberemos como estamos. Deve-se notar que, como a proposta foi de preço global, não obrigatoriamente relatamos ao cliente quanto a construtora estimava gastar etapa por etapa da obra, mas sim quanto esse cliente nos deve em cada uma dessas etapas.

Pode acontecer que tenhamos alcançado 45% da execução da obra, o nosso custo (desembolsado ou não) tenha alcançado o valor de R$ 143.500,00 (sempre lembrando que, nesse valor de R$ 143.500,00, está sempre e obrigatoriamente incluso o BDI) e, pelo contrato, o cliente irá nos pagar, em data contratual, por esse trabalho o valor de R$ 164.300,00, ou seja, estamos trabalhando com **folga (Aleluia! Aleluia!)** e com uma previsível taxa de lucro ainda maior, ou seja: 164.300/143.500 = 1,14. Então, estamos com a perspectiva de ter, com a obra nesse andamento, um sobrelucro de 14% em relação ao faturamento.

Se, na etapa de obra considerada, tivéssemos custo de R$ 143.500,00 e previsão de recebimento do cliente, pelo contrato, de R$ 143.500,00, estaríamos trabalhando com lucro igual ao valor estimado na época da feitura da proposta, lucro esse que só a construtora sabe qual é, e o cliente não sabe, nem tem de saber, pois o contrato é por preço global.

Quando compro, numa papelaria, um caderno por R$ 14,30, eu pago esse valor fixado pelo comerciante e não fico sabendo quanto ele está tendo de lucro, ou seja, qual o BDI utilizado pelo dono da papelaria.

Devemos usar conceitos filosoficamente corretos.

Na metade de uma obra, recebemos R$ 432.000,00 e gastamos R$ 371.000,00, temos aí uma margem. Lucro, só saberemos no final da obra.

Margem é folga, lucro é resultado final.

Essa era a luta (inglória) do Juan Américo (p. 205) que lutava para esclarecer e uniformizar conceitos.

Erro, erro, erro de uma jovem construtora no orçamento da sua proposta de uma obra

Nesse caso, esqueceram, ou não valorizaram, o fato de ser uma obra espalhada e popular, os famosos "retransportes de material", a " reinstalação de materiais", o fato das ruas não serem pavimentadas em um local onde chovia muito e dificuldades de acesso ao local da obra. Vejam então o que aconteceu.

Um dos colaboradores deste livro pediu que este autor, MHCB, contasse uma história de problemas em uma obra que quase levaram à falência uma jovem construtora.

A história é a seguinte.

Aconteceu uma concorrência pública para a construção, em outro estado que não o da sede dessa construtora, de uma obra com 350 casas térreas populares, cada uma com sala, quarto, banheiro e cozinha, com espaço para o futuro proprietário expandir para construir mais um quarto. O terreno de cada casa tinha 8 m × 15 m.

A casa era convencional com fundação direta, alvenaria com blocos de concreto, laje pré-moldada e instalações hidráulicas e elétricas. O local era um antigo sítio que seria urbanizado com a abertura de ruas pavimentadas. À primeira vista, entrar na concorrência da construção das 350 casas populares não parecia algo difícil e peculiar. A jovem construtora entrou na concorrência, pois tinha um bom currículo de construção de casas de classe média e alta, além de prédios comerciais. A jovem construtora tinha construído a contento, para um cliente particular e com lucro, quatro conjuntos de casas de classe média, organizadas em condomínio totalmente fechado por muros externos divisórios. Cada conjunto com cinco casas, totalizando 20 casas. E a forma de contratação foi de preço global.

Com esse currículo, a jovem construtora entrou na concorrência da construção das 350 casas populares e ganhou essa concorrência. Para quem já construiu com sucesso para ricos e classe média, deveria ser muito fácil construir para uma classe social mais simples. Parece...

Não nos esqueçamos: o demônio mora nos detalhes...

Vamos contar os erros da proposta e suas consequências em termos de custos e prazos, e maiores prazos significam outros novos custos, pois "*time is money*".

Erro nº 1: Infraestrutura da área

Todos os participantes da concorrência das 350 casas **ouviram** que a abertura da estrada de acesso à área, sua pavimentação e a urbanização das ruas internas seriam feitas por outra construtora e antecedendo-se ao início da obra das 350 casas. **Só que essa premissa não estava escrita no edital de contratação.**

Essa era a hipótese, mera hipótese, quando a jovem construtora recebeu a ordem de início de trabalho e havia um cronograma com multa para eventual atraso.

Quando a construtora entrou no terreno, nem a estrada de acesso nem as ruas internas do empreendimento estavam pavimentadas. As estradas eram de terra.

Erro nº 2: Obra sem tapumes pela sua extensão

Em todas as suas obras anteriores, uma das coisas sagradas da jovem construtora era cercar o terreno da obra com tapumes, ficando e com uma única entrada e saída de gente e material. Havia mil razões para essa ser uma regra sagrada... Porém, na área de trabalho das 350 casas, essa regra era impraticável, pois tratava-se de uma área muito grande e a remuneração por casa, por ser popular, era baixa; assim, fechar com tapumes toda a área seria economicamente inviável.

Havia um fato. Não dava para fechar a área, mas era necessária uma forma de limitar, por exemplo, o furto de materiais mais valiosos. As consequências virão, esperem...

Erro nº 3: Obra espalhada – distribuição de material e de gente...

As obras anteriores da construtora eram obras agrupadas, ou seja, não eram espalhadas. Assim, quando chegava o material, tudo era colocado em volta da obra e sua retirada para colocar nos prédios era fácil,[1] pois tudo estava próximo. Os trabalhadores, ao chegar, apresentavam-se no portão da obra, batiam o ponto e, com menos de 200 m, já estavam em seu local específico de trabalho.

Na obra das 350 casas tudo era diferente. Primeiro, os fornecedores de material começaram a cobrar um extra pois não tinham sido informados da necessidade de acesso via uma estradinha com cerca de 2 km sem pavimentação. Era uma estrada cheia de buracos e, quando chovia, tudo piorava. Chegando junto ao canteiro da obra, os fornecedores descarregavam em um único local o material (tijolos, telhas, madeiramento, material das instalações etc.) e logo iam embora, com medo de ter que atender ao pedido de distribuir o material pelas 350 casas. Se os caminhões dos fornecedores não entregavam o material em cada casa, isso teria de ser feito por alguém. Foi contratada, claro que às custas da jovem construtora, uma empresa transportadora local que, cuidadosamente, observou a situação de distribuir para

---

[1] Na tecnologia, tarefa fácil significa tarefa barata.

350 casas a construir os materiais, usando o arruamento interno à obra, sem pavimentação e chovendo bastante. O preço solicitado pela transportadora foi alto, mas foi aceito pela construtora, por falta de outra alternativa, mesmo porque os prazos já estavam correndo. Mas havia também a questão do deslocamento dos trabalhadores chegando até a entrada da obra; alguém, ou seja, um ônibus, tinha que levar esses trabalhadores até as casas em construção, ir buscá-los na hora do almoço para o refeitório, fazer seu retorno depois do almoço para os locais de trabalho e, às 17h, novamente ir buscá-los para saírem dos locais das casas. Aí, o sindicato dos trabalhadores exigiu que os trabalhadores fossem retirados da obra em ônibus específicos e fretados com esse fim, deixando-os na área urbana da cidade próxima.

Erro nº 4: O caso das instalações hidráulicas e elétricas e o famoso reloginho

Terminadas as obras de alvenaria e cobertura com lajes pré-moldadas, começou a fase de colocação das instalações hidráulicas e elétricas. Por característica do contrato da jovem construtora com o seu cliente estatal, cabia à construtora também comprar e instalar os hidrômetros, casa por casa (isso constou do orçamento da proposta). Assim, tudo foi sendo instalado quando, certo dia, explodiu uma notícia: 20% de torneiras, quadros de luz, tomadas, lâmpadas e hidrômetros já instalados haviam sido furtados à noite. O cliente, com a maior insensibilidade, exigiu rápida nova instalação de tudo o que havia sido roubado. Assim foi feito, mas o que tinha acontecido, ou seja, furtos, se repetiram. Mais compras e instalações teriam que ser feitas, mas todos perceberam que seria como enxugar gelo, ou seja, seria uma sequência de cara instalação, com novos furtos passados apenas dias depois dessa instalação. Tomou-se então uma decisão corajosa. Só se instalaria de pronto os materiais de pequeno valor e esperaria-se pelo fim de parte das obras, algo como um grupo de 50 casas, para então, de forma acelerada, se entregar a casa ao novo proprietário com a instalação rapidíssima para terminar o que faltava. Com isso, cada novo proprietário assumia a casa e assinava um documento de que a casa estava em ordem, ou seja, com tudo pronto, e a partir daí o novo ocupante proprietário era o responsável por proteger contra roubo o que já fora instalado. Houve muita fofoca, pois as obras de término das instalações não eram feitas em horas, mas sim em dias, ou até semanas. Para evitar novos furtos, foi contratada uma empresa de segurança que protegia de roubos, à noite, cada lote de 50 casas, mas essa atividade de segurança custava caro e quem pagava era, outra vez, a jovem construtora. Certo dia, apareceu na obra uma pessoa dizendo que tinha muitos reloginhos (entenda-se hidrômetros) estocados (????) e sem uso na sua casa, e essa pessoa nem sabia o que eram e para o que serviam e queria vendê-los. Por medida de segurança e ética, nenhum reloginho, ou seja, hidrômetro furtado da própria obra, foi comprado dele.

A obra chegou ao fim com outros problemas que são comuns a todas as obras. A jovem construtora perdeu dinheiro com essa obra, e quase faliu em face da ocorrência dos problemas citados...

Mais uma vez, ficou clara a norma de que era necessário ter conhecimento, e método construtivo e gerencial, para cada tipo de obra, ou como diziam os antigos:

> **"Em Roma,**
> **como os romanos."**

63 Uso do concreto magro: lastro e enchimento

Chama-se concreto magro um concreto com baixo teor de cimento por metro cúbico, ou seja, é um concreto mais barato que o concreto comum, já que o cimento é o produto de maior custo na mistura. Mas o concreto magro é concreto, ou seja, o cimento hidratado liga pedras e areia. Não se usa concreto magro para peças estruturais. Usa-se concreto magro para outras finalidades como, por exemplo, enchimento de valetas, para evitar que o concreto de uma sapata perca água para o solo.

Um exemplo de dosagem de concreto magro, volumetricamente, pode se dar na dosagem volumétrica CAP (cimento, areia e pedra) na proporção: 1:7:11.

O concreto magro é usado, em geral, como enchimento e como isolamento do solo.

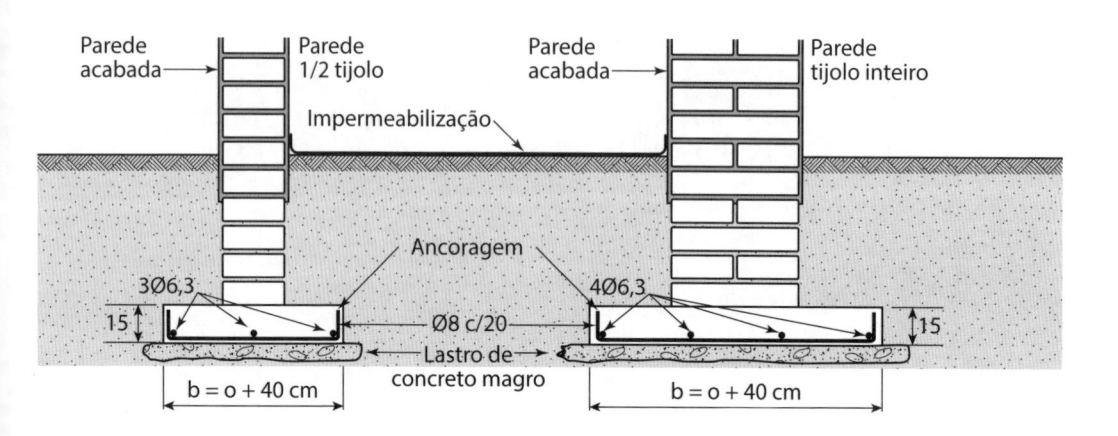

64 Chuva nos acessos externos da obra: a mais preocupante

A chuva é, indiscutivelmente, um problema em obras civis. No tocante à concretagem com chuva já apresentamos, em outro capítulo deste livro, dispositivos que possibilitam a sua não interrupção. Há outros problemas de desenvolvimento da obra que podem ocorrer quando chove, mas de alguma forma temos medidas de orientação do trabalho para ocupar de forma, se não 100% eficiente, pelo menos algo eficiente.

Um grande problema das chuvas na obra do Edifício Solar dos Girassóis era no acesso à obra da chegada de materiais. Se o acesso é pavimentado, parte dos problemas de ocorrência de chuvas se corrige com o cobrimento (feito com cuidado) com manta plástica, protegendo os materiais sensíveis que chegam. Mas no caso em que o acesso à obra não é pavimentado, ou seja, é a famosa "estrada de terra", há maneiras de se diminuir as consequências negativas. Mesmo com chuva, é possível, com restrições, circular com caminhões de produtos em estradas sem pavimento. Para isso, deveremos usar velhas técnicas muito usadas na engenharia rodoviária até os anos 1950, quando a pavimentação de todas as estradas era uma alternativa impossível, em razão de custos. Ou seja, mais de 80% das estradas do país eram de terra. Se a estrada de acesso à obra for de grande extensão, tudo se complica e inviabiliza em termos de reparos e melhoria do corpo estradal de terra pela própria construtora interessada. Mas se esse acesso tem pequena extensão, a construtora pode, no corpo estradal de terra:

- fazer e manter a seção transversal da estrada de acesso com acentuada declividade lateral, quase que expulsando a água de chuva, que escoará, então, para os lados;

- eventualmente, cobrir o corpo estradal com manta de solo argiloso, que fará diminuir a infiltração da água no solo;

- nas canaletas laterais da estrada, fazer dispositivos de contenção de velocidade das águas para evitar a erosão;

- limitar ou mesmo, se possível, impedir (até com correntes) a circulação de veículos na hora de chuva mais forte, quando essa circulação poderá danificar os cuidados tomados de melhoria da estrada.

Como sempre, temos que fazer uma análise econômica nos custos de melhoria do corpo estradal com os custos que uma parada de obra por causa de chuva pode acarretar.

E não nos esqueçamos de que temos que melhorar de alguma forma o acesso para a mão de obra chegar à obra.

Como esses custos não estavam no orçamento da proposta da obra tipo remuneração por preço global, tentar fazer com que o cliente pague os custos dessa solução, mesmo porque, depois de ser feita a estrutura de concreto armado e alvenaria, o cliente terá de contratar o restante da obra, como instalações hidráulicas, instalações elétricas e pintura interna e externa.

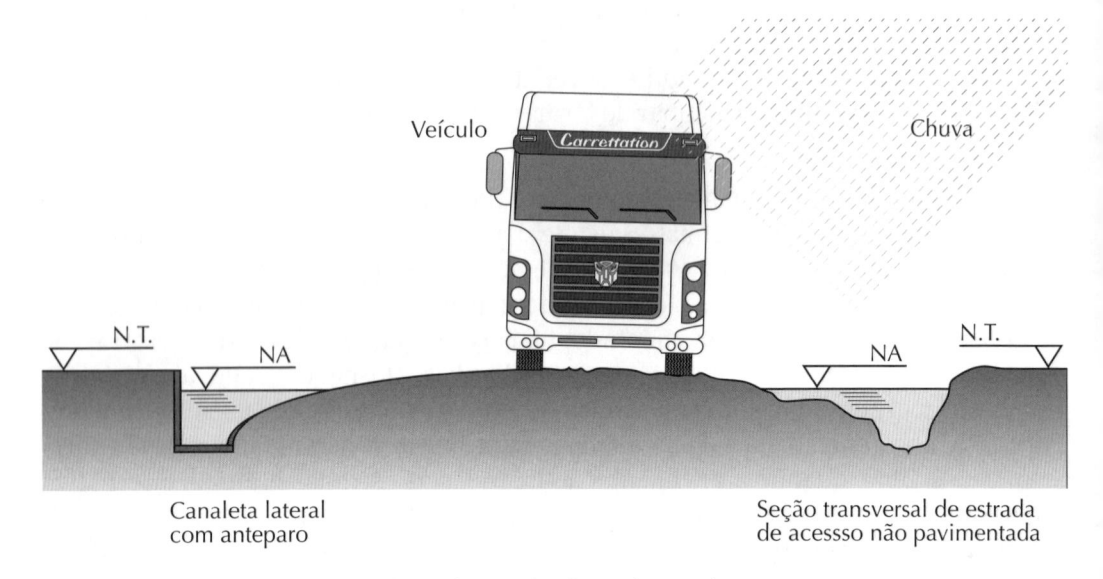

Corte de estrada não pavimentada

65 Fluxograma financeiro da vida de uma construtora explicado

Seja o fluxograma financeiro de três obras de uma construtora qualquer e dentro do nosso horizonte de interesse de uma construtora de até porte médio, vamos, usando esse fluxograma, explicar o caminho do dinheiro que entra e sai da construtora.

Admitamos que uma construtora, escolhida didaticamente, esteja executando três obras para três clientes, cada uma delas contratadas por preço global.

Se analisarmos o fluxo financeiro da Obra 1, ele será semelhante (mas não igual, pois são três obras diferentes) aos fluxos financeiros das Obras 2 e 3 e também válidos para outras obras.

A obra começa

A construtora apresentou proposta para executar em regime de preço global a Obra 1. Ela ganhou a concorrência, assinou contrato e começou a obra. As obras 2 e 3 já estão em andamento com receitas e despesas.

A obra se desenvolve

A obra tem início e, em função do contrato, a construtora começa a ter faturamento (receita) pago pelo cliente. Esse faturamento vai direto para o caixa central da construtora, onde se misturará com os recebimentos das Obras 2 e 3, e de eventuais outras obras.

Com a receita, a construtora começa a pagar suas despesas de mão de obra, leis sociais, materiais e equipamentos. Temos as chamadas despesas diretas da construtora para essa Obra 1, como as despesas de mão de obra, e temos as despesas indiretas, não da Obra 1, mas as despesas da própria construtora, como o aluguel da sede da construtora, o salário do contador e outras. Essas despesas indiretas, como não são identificáveis obra por obra (como, por exemplo, o aluguel da sede), são arbitradas pela direção da construtora segundo algum critério razoável.

Chamemos de Custo Total da Obra 1 a soma das despesas diretas dessa obra mais as despesas arbitradas das despesas da construtora. Atenção, entretanto, pois, paralelamente ao que estamos falando, na contabilidade também estão sendo feitos cálculos com as despesas da construtora, levando-se em conta:

- não mais obra por obra, mas sim de forma agrupada para todas as obras em andamento da construtora;

- critérios fixados pela legislação federal e, por vezes, pela legislação municipal do município de cada obra.

Nota

No fluxograma que se seguirá, consta a entrada de receitas não operacionais. Um exemplo dessas receitas é o lucro que a construtora tem ao deixar dinheiro na sua conta bancária.

Ao final do ano, a construtora terá um custo contábil total englobando todas as suas obras e outras receitas. O custo contábil total da construtora será diferente da soma dos custos das três obras, pois o custo das três obras segue critérios internos da construtora.

Comparando-se a receita total das três obras com o custo contábil da construtora, temos o chamado lucro contábil. Desse lucro contábil da construtora, calcula-se e paga-se o imposto de renda da construtora (pessoa jurídica) e temos agora o lucro líquido contábil da construtora.

O lucro líquido contábil da construtora será usado, por exemplo, para:

- aumento do capital social da construtora (por exemplo, com o aumento do capital financeiro em giro);

- investimento na compra de equipamentos (por exemplo, caminhões, serra de madeira, vibradores etc.);

- rendimentos, ou seja, o que os sócios (assim chamados nas empresas do tipo limitada – Ltda.) ou acionistas (assim chamados no caso de sociedades anônimas) retiram da empresa.

Cada sócio ou acionista (se for pessoa física), ao receber parte do lucro líquido contábil, terá que pagar o imposto de renda de pessoa física, além de outros penduricalhos de impostos ou taxas.

Nos anos de preparação deste livro, existem, ainda, como outros tipos de impostos federais sobre as empresas que não sejam de pequeno porte:

Cofins: Contribuição para Financiamento da Seguridade Social, instituída pela Lei Complementar nº 70 de 30/12/1991. Essa contribuição é regida atualmente pela Lei nº 9.718/98, com as alterações subsequentes.

PIS/Pasep: Programa de Integração Social (PIS) e Programa de Formação do Patrimônio do Servidor Público (Pasep), mais conhecido pela sigla PIS/Pasep, são contribuições sociais de natureza tributária devidas pelas pessoas jurídicas, com objetivo de financiar o pagamento de seguro-desemprego, abono e participação na receita dos órgãos e entidades para os trabalhadores públicos e privados.

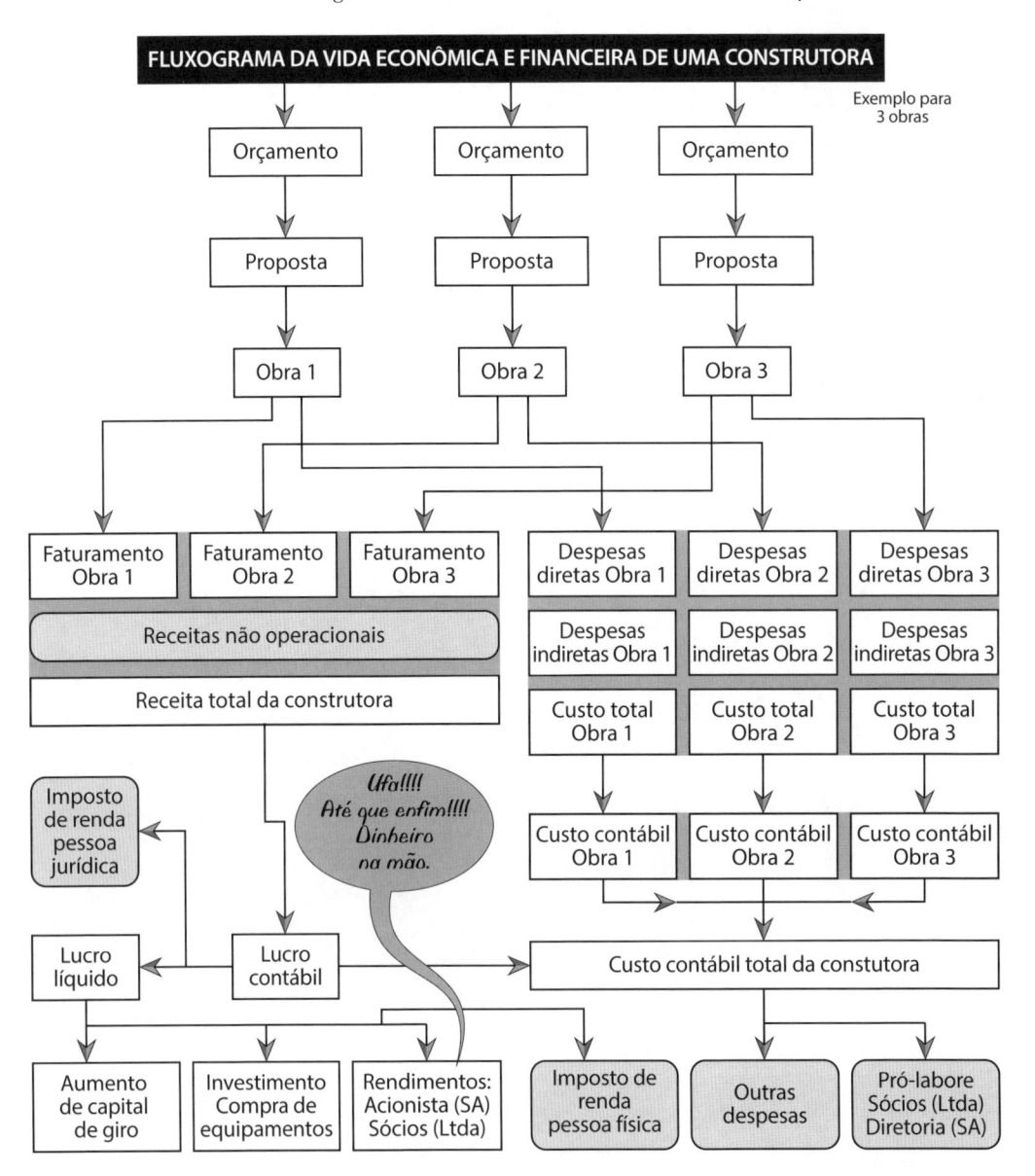

Fazendo um balanço chamado fiscal, uma construtora paga de impostos cerca de 21% do que recebe. Assim, se uma construtora executar uma pequena obra e tendo recebido dessa obra um cheque no valor de R$ 378.500,00, pagará implacavelmente 21% desse total aos governos, como impostos, diretos e indiretos. É o chamado "custo Brasil".

Enfim, pago tudo isso, o que sobra é dinheiro na mão dos donos (chamados, como já vimos, de sócios, no caso de construtora do tipo companhia limitada, e acionistas, no caso de sociedade anônima)... É uma longa jornada...

Nota

A divisão do lucro a ser retirado da construtora, depois de pagos os impostos e as despesas diretas e indiretas, depende das regras do contrato social. Em uma companhia limitada, eventualmente, pode haver:

- retirada de pró-labore, que é uma quantia em função do trabalho de cada sócio;
- lucro, que é função da participação no capital da formação da sociedade.

Se for uma sociedade anônima, o lucro é retirado em função do número de ações que cada acionista tem.

66 Segredos inéditos de um engenheiro de cabelos brancos para melhorar o rendimento

Um engenheiro de cabelos brancos, ao saber que este livro estava sendo escrito, enviou um e-mail a estes autores alertando para alguns aspectos, listados a seguir, que aceleram as obras e melhoram seu rendimento, economizando mão de obra e reduzindo prazos. Em última análise, aumentando lucros.

Independentemente de estar ou não no escopo contratual da obra, preveja um **eficiente sistema de drenagem** de toda a área, pois, com isso, ganha-se em facilidade de circulação. Se você sugerir a integração desse sistema de obra com o uso futuro da área, tente cobrar do cliente os custos dessa melhoria.

Procure sempre ter locais protegidos da chuva, pois elas virão e, por vezes, a obra, por causa disso, pode ser prejudicada. Se também tiver recintos cobertos, alguns trabalhos não serão interrompidos.

Obra boa tem que ter piso bom. Pisos corretos que facilitam a locomoção e evitam acidentes são muito importantes na obra, por dar mais segurança e facilitar a circulação dos empregados. Portanto, priorize pisos.

Se na sua obra houver a previsão de uma caixa d'água enterrada, **faça-a com prioridade**, pois, com isso, você terá um local para estocar água para a obra e terá tempo para verificar a qualidade da sua impermeabilização, algo sempre delicado.

Se o faturamento da obra for por pagamento de partes da obra já executadas, verifique as partes que poderão ser aceleradas e cuide delas com prioridade. **A construção civil é uma atividade empresarial e o assunto "entrada de dinheiro para a construtora" deve ser encarado com prioridade nas análises de alternativas. O dinheiro é ferramenta de trabalho.**

O engenheiro de obra e os elementos da direção da construtora devem participar, junto dos trabalhadores, das festas comemorativas que ocorrerem durante a realização da obra, sejam Natal, Ano Novo, São João, a sagrada festa com chope na cobertura da obra e a festa do encerramento da obra.

Antes de começar a obra, visite os moradores vizinhos e estabeleça, com eles, um canal de comunicação referente:

- à produção de barulho de obra, que será limitado;
- ao horário da obra, quando procurar-se-á não trabalhar à noite;
- aos caminhões com material, principalmente de retirada de terra, que terão cobertura para minimizar o derrame desse material nas ruas;
- às frentes do lote da obra e algumas cercanias, onde o lixo será coletado e disposto corretamente, e todos os dias essas áreas serão lavadas.

Em regra geral, os trabalhadores da construção civil chegam na obra em jejum e alguns só vão comer algo no almoço (ao redor das 11h). Por isso, é muito frequente esse pessoal faminto sofrer quedas na obra, e algumas quedas de altitudes, com mortes. Forneça, à chegada deles, um lanche com café com leite e um sanduíche farto. Sua obra terá maior eficiência e essa é uma atitude humana.

Transforme sua obra em uma central de negócios, procurando propor serviços novos e ainda não contratados. No caso de obras para uma indústria, uma construtora que atuava dessa maneira para uma obra que duraria oito meses gerou novos trabalhos e, portanto, novos faturamentos. A permanência da construtora prestando serviços novos durou cinco anos. Estar próximo do cliente, fazer boas obras e ganhar a confiança dele são ações que costumam gerar novas oportunidades de trabalho.

Como lembrete, uma famosa empresa de venda de cosméticos de porta em porta dizia que a razão do seu sucesso era:

> *"People meeting people"*, **ou seja, "gente encontrando gente".**
>
> **Não perca a oportunidade de tirar partido do contato pessoal que uma obra propicia.**

Nota

Como exemplo de uma obra tornar-se um centro de negócios, o sócio Guilherme, da construtora, propôs as seguintes atividades remuneradas:[1]

- fazer a maquete da obra para atrair as vendas dos apartamentos;

- transformar os tapumes externos da obra em painéis para pintura, anunciando o novo prédio;

- fazer uma iluminação externa da obra muito bem cuidada, para atrair interessados;

- preparar e terminar dois apartamentos do andar térreo, um para servir como modelo de uso e de decoração (foi um sucesso), e outro, ao lado, para servir de local de venda dos imóveis com os seus corretores.

Ver também o item 26 deste livro "Decisão na oportunidade – uma estratégia importante na condução de obras da construção civil".

---

[1] Ou seja, o cliente (proprietário) pagaria. A obra tem que ser uma "central de negócios".

67 Ganchos de segurança

Como elemento de segurança em obras e no uso futuro da edificação pronta, a previsão de ter que se deixar pontos de ancoragem é prevista em normas oficiais. Ver "Ancoragem", tema incluído pela Portaria SIT do Ministério do Trabalho e Emprego, nº 157, de 10 de abril de 2006, e seus subitens:

18.15.56.1 As edificações com no mínimo quatro pavimentos[1] ou altura de 12 m (doze metros), a partir do nível do térreo, devem possuir previsão para a instalação de dispositivos destinados à ancoragem de equipamentos de sustentação de andaimes e de cabos de segurança para o uso de proteção individual, a serem utilizados nos serviços de limpeza, manutenção e restauração de fachadas.

18.15.56.2 Os pontos de ancoragem devem:

• estar dispostos de modo a atender todo o perímetro da edificação;

• suportar uma carga pontual de 1.200 kgf (mil e duzentos quilogramas-força);

• constar do projeto estrutural da edificação;

• ser constituídos de material resistente às intempéries, como aço inoxidável ou material de características equivalentes.

18.15.56.3 Os pontos de ancoragem de equipamentos e dos cabos de segurança devem ser independentes.

18.15.56.4 O item 18.15.56.1 desta norma regulamentadora não se aplica às edificações que possuírem projetos específicos para instalação de equipamentos definitivos para limpeza, manutenção e restauração de fachadas.

---

[1] Entenda-se: "com quatro ou mais andares". O uso da forma positiva é sempre mais claro que o da forma negativa e a expressão "no mínimo" é uma expressão negativa.

Nota

Este autor atuou como perito (assistente técnico) de um condomínio, em um prédio de alto padrão, contra o condômino do andar mais alto (cobertura), que não queria deixar instalar cabos de sustentação para uma reforma da fachada, alegando invasão de privacidade. O condomínio ganhou a ação jurídica e, pelo prazo de três meses, o condômino teve que aceitar o uso dos ganchos instalados, ainda durante a obra de reforma da fachada.

68 Armaduras e seus cobrimentos: classificação por agressividade ambiental

A armadura (peças de aço) e o concreto compõem os dois elementos constituintes do concreto armado. Em princípio, a armadura é imprescindível onde ocorrerá esforços de tração pois, como sabemos, o concreto não resiste bem à tração. A armadura também é usada comprimida (caso de pilares e algumas vigas) ajudando no trabalho do concreto.

A armadura luta, dentro das formas de concreto, para ocupar seus espaços.

No nosso caso, fica claro que aquele que atende às recomendações que se seguem é o projetista da estrutura, cabendo à construtora apenas seguir e respeitar os desenhos e os documentos de projeto.

Vejamos as recomendações da Associação Brasileira de Engenharia e Consultoria Estrutural (Abece) sobre o projeto de detalhamento das armaduras, que deverá ainda conter:

- espaçamentos mínimos (verificar no manual) entre barras nos diversos elementos estruturais;

- observância das taxas limites de armadura, com particular atenção para os pilares;

- verificação de armaduras horizontais em pilares parede;[1]

- detalhamento das armaduras de punção, obrigatórias nos casos em que as lajes colaboram com a estabilidade global da estrutura (item 19.5.3.5 da ABNT NBR 6118, 2003);

- detalhamento adequado de emendas de barras.

---

[1] O pilar parede é um pilar com grande largura.

E ainda:

> Devem ser previstas, no detalhamento, armaduras para emendas das várias etapas de concretagem, regiões que serão concretadas posteriormente devido a presença ou entrada de equipamentos, caixas de ancoragem etc.

> Todas as regiões onde se observarem cruzamentos de armaduras, deverão ser cuidadosamente estudadas e detalhadas de forma a permitir uma perfeita montagem e concretagem.

Cobrimento da armadura

A norma NBR 6118 introduziu (ou enfatizou), com felicidade, a preocupação com a durabilidade das estruturas de concreto armado. Chaves de cuidado com a estrutura estão principalmente ligadas a:

- relação água/cimento máxima da mistura;
- cobrimento com camada de concreto da armadura de concreto armado;
- adensamento com vibradores do concreto;
- cura adequada;
- desforma e retirada de escoramento, obedecidos prazos mínimos e cuidados de retirada.

O que um engenheiro de obra pode fazer é cuidar dos assuntos cobrimento da armadura, adensamento, cura e retirada de formas e escoramento, admitindo-se que o concreto produzido na usina atenda à importantíssima relação água/cimento na sua produção, seja na usina de concreto, seja na pequena betoneira de obra... Nos casos em que o concreto é produzido na obra, como em obras de pequeno vulto, todos os cuidados citados devem ser também observados.

Voltemos ao assunto das armaduras e sua cobertura, ou seja, uma espessura de concreto deve proteger a armadura do ataque do meio ambiente. Diante da importância da cobertura da armadura por uma camada mínima de concreto, a norma inovou nesse campo, fixando **novos e maiores valores** para essa camada.

A norma NBR 6118 fixou o valor mínimo dessas coberturas, em função da agressividade do meio ambiente em volta. Os ambientes foram divididos e classificados como (ver item 6.4.2 dessa norma):

Classe de agressividade ambiental	Agressividade	Classificação geral do tipo de ambiente para efeito de projeto	Risco de deterioração da estrutura
I	Fraca	Rural ou submersa	Insignificante
II	Moderada	Urbana	Pequeno
III	Forte	Marinha, industrial	Grande
IV	Muito forte	Industrial, respingos de maré	Elevado

Essa camada de cobertura do concreto deve ser garantida por espaçadores de concreto ou de plástico e cuidados de obra (minimizar o andar de pessoas em cima da armadura). Outro exemplo de cuidado de obra é exigir que o máximo de encontros de barras seja amarrado com o famoso arame de obra, pois existe a tendência de só amarrar com o arame parte dos encontros. Isso é mais grave quando se usam barras de diâmetros menores, que tendem a ficar mais soltas que as barras de diâmetros maiores.

As exigências da norma para a cobertura mínima da armadura são, em função do ambiente (ver item 7.4.7.6, p. 19 da NBR 6118):

	I	II	III	IV
Laje	20 mm	25 mm	35 mm	45 mm
Vigas e pilares	25 mm	30 mm	40 mm	50 mm

A norma NBR 6118, que é sempre muito sofisticada, usa a unidade de cobrimento (distância) em **mm**, algo incompatível com obras correntes de concreto armado. Para obras correntes, o mais realista seria usar a unidade **cm**.

Para lajes internas, a exigência cai para 15 mm, no mínimo (Tabela 7.2, p. 15 da norma).

Nota

Enfatizamos: as exigências mínimas de cobertura das armaduras devem ser fixadas no projeto da estrutura, cabendo ao construtor apenas e tão somente seguir essas recomendações do projetista estrutural e rezar para que elas sejam corretas e suficientes, gerando estruturas duráveis.

Em visita recente a obras de concreto armado dentro da água do mar, este autor, ao verificar o projeto estrutural, observou que a cobertura recomendada da armadura por concreto era de 5 cm.

Nota

A norma 6118, em seu item 18.2.1, p. 144, alerta que devemos deixar espaço entre as armaduras para a passagem do vibrador de imersão, garantindo assim, com a vibração, o adensamento do concreto (expulsão do ar).

69 *Slump* (abatimento) do concreto

Vários fatores governam o mundo do concreto:

- o fck (média estatística da resistência do concreto à compressão), determinado por partes da obra;

- a relação água/cimento;

- o *slump* (abatimento) do concreto;

- o teor de cimento por m^3 de concreto;

- **e, nunca nos esqueçamos, os custos**.

Medida do abatimento (*slump*) do concreto. Notar que a mistura se abate, mas não perde sua coesão.

Vamos estudar o aspecto do abatimento do concreto, que, em inglês, tem o nome de *slump*.

Quando produzimos um concreto para estruturas, esse concreto terá que disputar (às vezes, ferozmente) espaço nas formas, pois a armadura já está lá, deixando pouco espaço livre para ser ocupado.

Para essa luta, o concreto tem que ter facilidade (trabalhabilidade) de ocupar espaços. Se o concreto não tiver essa trabalhabilidade, poderá gerar bicheiras (pontos falhos da concretagem) que diminuem a resistência da peça.

Quando bombeamos o concreto, este precisa ter facilidade de escoamento (trabalhabilidade) pela tubulação de alimentação que sai da bomba.

Como saber se um concreto atende a essas exigências de trabalhabilidade?

Para isso, foi produzida a norma: ABNT NBR NM 67:1998 – Concreto – Determinação da consistência pelo abatimento do tronco de cone. A adição da sigla NM significa que essa norma é aprovada no Mercosul.

Vamos entender a norma e o resultado do seu teste, que chamamos de "trabalhabilidade".

Quando o concreto é produzido na betoneira da obra ou chega via caminhão betoneira, essa característica de trabalhabilidade precisa ser medida. Para isso, o concreto em estudo será usado para preencher um cone apoiado em superfície lisa (aço, madeira ou vidro) e socado com uma haste de ferro. De forma lenta, o cone é levantado e o concreto se espalha. Um concreto correto se espalha, mas sem perder sua consistência, ou seja, ele não se separa em partes. Depois que o concreto espalhou, medimos o abatimento do concreto, ou seja, vemos quanto o topo da massa de concreto abaixou em relação à sua altura na forma cônica inicial.

Esse abaixamento, que chamamos de abatimento (em inglês, *slump*), mede a trabalhabilidade do concreto. Quanto maior o abatimento, melhor o concreto se comportará ocupando o espaço livre nas formas e melhor funcionará no seu eventual bombeamento.

Vejamos valores do *slump* e seus usos:

- *slump* de concreto para uso normal – 6 a 8 cm;

- *slump* para concreto a ser bombeado – 8 a 12 cm;

- *slump* para concreto a ser bombeado para grandes alturas – até 14 cm.

Sequências do teste do abatimento do cone:

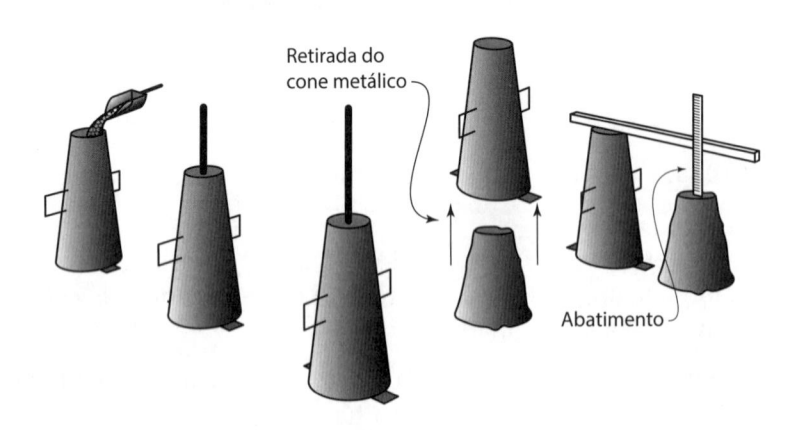

Um dos caminhos para se ter concreto com *slump* alto é colocar mais água na mistura, mas, com isso, a relação água/cimento sobe e o concreto perde resistência e aumenta sua porosidade. Uma solução corretiva seria colocar, além da água, mais cimento na mistura, mas isso encarece o concreto, pois o cimento é o item mais caro do concreto.[1]

As soluções poderão ser, então:

- usar aditivos plastificantes;
- não usar agregados graúdos tipo pedra 2 na mistura, e ficar só com a pedra 1, o que pode dar problemas de retração no concreto.

Converse sempre com a empresa de concretagem (concreto usinado) para encontrar a melhor solução.

Forma para *slump*

Nota do engenheiro Nelson

Hoje em dia (2016), há uma tendência crescente de não se usar a chamada pedra 2 no concreto, usando-se como agregado graúdo exclusivamente a pedra 1 pois isso dá maior trabalhabilidade ao concreto produzido (maior *slump*).

---

[1] Nota didática de ênfase: quando queremos aumentar a trabalhabilidade do concreto, uma solução é colocar mais água e cimento na mistura. Aumentando proporcionalmente a água e o cimento, a relação água/cimento fica constante, garantindo a resistência e a não porosidade desse concreto. E o que ganhamos com isso????? Aumentando a quantidade de água na mistura, essa mistura (cimento, água, agregados graúdo e miúdo e areia) terá maior trabalhabilidade.

70 Troca de diâmetro de barra da armadura

Às vezes, pode acontecer que faltem na obra barras de aço de determinado diâmetro. Seguramente, alguém errou. Isso pode ocorrer por:

- erro na lista de material feita pelo projetista estrutural e que orientou a compra;
- erro da empresa que forneceu as barras de aço e do conferente da construtora;
- entrega do aço já cortado e dobrado pela empresa que o forneceu;
- uso errado, em outros locais da obra, do aço que deveria ser usado em determinado local;
- dificuldade de "encaixar" a barra de aço na forma (erro de projeto).

Primeira pergunta:

Na falta de uma barra de aço de determinado diâmetro, poderemos usar uma barra com diâmetro menor?

Resposta: Claro que, se for o caso de uma e só uma barra de aço a ser usada com diâmetro menor, em princípio, nada acontecerá com a estrutura, pois esta não tem sensibilidade estrutural para ter problema com isso.

Mas, até por razões de uma eventual auditoria, não se aceita a troca de uma armadura por outra de menor diâmetro.

Segunda pergunta:

Na falta de uma barra de aço de determinado diâmetro, poderemos usar uma barra com diâmetro maior?

Resposta: Em termos de resistência estrutural, não haveria problemas se for só uma barra, mas cuidado com o espaçamento mínimo das barras. O uso de um diâmetro bem maior, mantendo a distância entre eixos sem alteração, pode gerar conflito de espaço. Verifique isso.

Terceira pergunta:

Agora, o problema não é mais a troca de uma barra, mas sim dezenas de barras. Posso usar barras com diâmetro maior?

Resposta: Usando diâmetros maiores, a sua construtora gastará mais dinheiro, pois estará usando algo mais caro e, talvez, as barras de diâmetro maior se destinariam a outro local da construção.

Verifique se o erro é ocasional (não sistêmico) ou repete-se (sistêmico). Tome medidas de correção, no caso de erros sistêmicos, pois talvez você esteja trabalhando com mão de obra sem qualificação.

E lembre-se de que, usando diâmetros maiores do que o projeto estrutural recomenda, e com a redução do número de barras, as condições de fissuração tendem a piorar.

Em muitos casos, por necessidade de trabalho, é necessário fazer uma troca de bitolas. Isso pode ser feito consultando-se o projetista da estrutura e a Tabela Mãe.

71 Demolindo e reconstruindo um trecho errado de concretagem: quem paga?

Em obras acontecem muitas coisas. E aconteceu uma dessas muitas coisas: o projeto estrutural errara na localização de uma viga e a construtora, tranquilamente e sem perceber, seguiu o erro contido nos desenhos. Depois da concretagem, descobriu-se o erro, e a construtora avisou o dono da obra sobre o erro e a necessidade de haver um acréscimo de custo ao preço global para saná-lo, acréscimo de custo pela demolição do trecho maldito e pela construção do trecho correto. O proprietário ficou uma fera, curiosamente não com o erro do projeto estrutural feito por terceiros, mas sim com o pedido pela construtora de acréscimo de custos. E veio à construtora com uma repetida "lenga-lenga", dizendo que não era engenheiro, nem arquiteto, nem tecnólogo, e que cabia à construtora (???????) ter antevisto o erro do projeto e não ter seguido algo errado.

A construtora repetiu o argumento de que havia um responsável pela produção do projeto estrutural e ele devia assumir os custos da:

- demolição do que estava errado, e
- reconstrução na forma correta.

Foi uma semana de discussão, mas como a obra ia bem, dentro dos prazos e com qualidade técnica, o proprietário, depois de receber o orçamento para a correção, concordou em pagar só 80% do pedido da construtora. Esta aceitou, e tudo foi anotado em resumo no Diário de Obra. Daí a um mês, o proprietário pagou esse acréscimo e a correção já tinha sido feita, com o respaldo do anotado no Diário de Obra.

72 Desavenças na construtora: esforços para receber e, depois, para não deixar os clientes pagarem!

Estamos no mês de outubro de certo ano e toda a gerência e a diretoria da Construtora Andorinha Azul, além do chefe da contabilidade, se reúne para um assunto crítico e urgente. O fato era, como exposto pelo chefe da contabilidade:

— Um dos maiores clientes da construtora (Cliente MNZ), que ia pagar uma grande quantia na semana entrante, avisou que, por razões outras, não poderá pagar nada até o final do ano....

Se isso acontecesse, estaria em risco o pagamento de salários e despesas de custeio como aluguel da sede, telefone, energia elétrica, impostos etc. Algo precisava ser feito e os engenheiros coordenadores de obras da construtora estavam sendo convocados para sair à rua, visitar clientes de obras em andamento e solicitar adiantamentos de pagamentos...

É claro que essa era uma missão difícil e desagradável, mas "guerra é guerra", e os chamados verdadeiros gladiadores foram para a luta. Por incrível que pareça, os resultados foram parcialmente bons em face do bom trabalho anterior realizado pela construtora. E os sonhados e solicitados recursos financeiros extras começaram a chegar, para alegria geral.

Eis que o cliente MNZ avisa, sem outro aviso:

— Houve uma entrada extra de recursos no nosso caixa e, então, ainda esta semana, pagaremos o que estamos devendo...

É claro que a área técnica da Construtora Andorinha Azul exultou com a excelente notícia, mas será que a notícia era tão boa assim???????

Foi realizada uma nova reunião entre a diretoria e convidados, os mesmos da reunião anterior, e outra vez quem falou foi o chefe da contabilidade:

— Estamos numa situação difícil com a lamentável (???!!!!) notícia de que o cliente MNZ vai nos pagar na semana que vem. Com essa entrada de dinheiro mais os pagamentos extras conseguidos neste ano que se encerra, o lucro da construtora neste corrente ano será maior do que desejamos. A solução é voltar aos clientes para os quais solicitamos adiantamento de pagamento e solicitar que não o façam mais no corrente ano que está se findando, mas que o

façam nos dez primeiros dias do mês de janeiro do ano entrante. Então, esses pagamentos serão bem-vindos...

A reunião pegou fogo e a irritação tomou conta da área técnica. Veja a opinião dessa área:

— Lutamos por conseguir dinheiro adiantado, luta difícil e ingrata, mas em face do excelente serviço da construtora, que é tudo fruto do esforço da área técnica e não da área financeira, destaque-se, conseguimos antecipar receitas. Agora temos que voltar a alguns clientes que ainda não adiantaram pagamentos e pedir que atrasem!? Isso é altamente negativo em termos de relacionamento futuro...[1]

Diante da oposição da área técnica à proposta de voltar aos clientes que ainda não haviam feito os pagamentos antecipados, o assunto morreu aí e, como alguns outros adiantamentos de pagamento chegaram, a solução da contabilidade da Construtora Andorinha Azul foi antecipar gastos com despesas que não eram urgentes, ainda dentro do ano que ia findar, os quais serviram para diminuir o lucro contábil da construtora...

E há pessoas da área técnica que pensam que não precisam se preocupar com a contabilidade. Mais uma lição aprendida...

Nota pessoal de um engenheiro de cabelos brancos, que fez a revisão dos originais deste livro

Para um jovem técnico, seja ele engenheiro, arquiteto ou tecnólogo, subir numa empresa (qualquer que seja), é necessário fazer um curso de administração de empresas e estudar com afinco:

- contabilidade,

- aspectos fiscais (impostos),

- marketing...

---

[1] Dá para perceber que havia um clima não amistoso entre a área técnica e a área financeira da Construtora Andorinha Azul. Isso costuma acontecer...

73 Vergas: instalação, produção e coxim (travesseiro)

Se quisermos saber quais são as peças estruturais mais comuns nas edificações, a resposta indiscutível será: **paredes e vergas**.

As paredes são, até ideologicamente, a parte principal de uma edificação, pois pode haver casa sem telhado, casa sem instalações hidráulicas e elétricas, mas não pode haver uma edificação sem muros, ou seja, sem paredes. Inclusive, são as paredes que protegem a casa de invasões de inimigos.

Quem faz as paredes são os pedreiros e, portanto, os pedreiros são a profissão símbolo da construção civil.

A segunda peça mais comum nas edificações é a verga. Entendamos: quando fazemos uma abertura em uma parede de uma edificação, surge a questão em relação à resistência à carga da alvenaria acima dessa abertura. Existem muitas maneiras de resolver esse problema de resistência que ocorre acima de janelas e portas. A peça, ao longo da história da civilização, recebeu o nome de **verga**. Sem verga, a pequena parte da alvenaria sobre a abertura (de janelas e portas) poderia ruir ou, no mínimo, gerar trincas.

A colocação de vergas elimina o problema.

Nas janelas e aberturas desse tipo, deve-se prever vergas em cima e em baixo da abertura. As vergas embaixo denominam-se contravergas. Em portas, em razão da existência do piso, só prever vergas em cima do espaço.

Podemos chamar as cintas de "primas pobres" das vigas, e as vergas, sendo "primas pobres" das cintas, são "primas paupérrimas" das vigas. Mas vigas e vergas têm o mesmo objetivo: suportar uma carga vertical descendente, encaminhando essa carga para outras partes da edificação.

Ao longo da história da civilização, as vergas eram de vários materiais:

- de madeira de qualidade;
- de pedra;
- de concreto armado;
- somente usando barras de aço, imersas na argamassa da alvenaria.

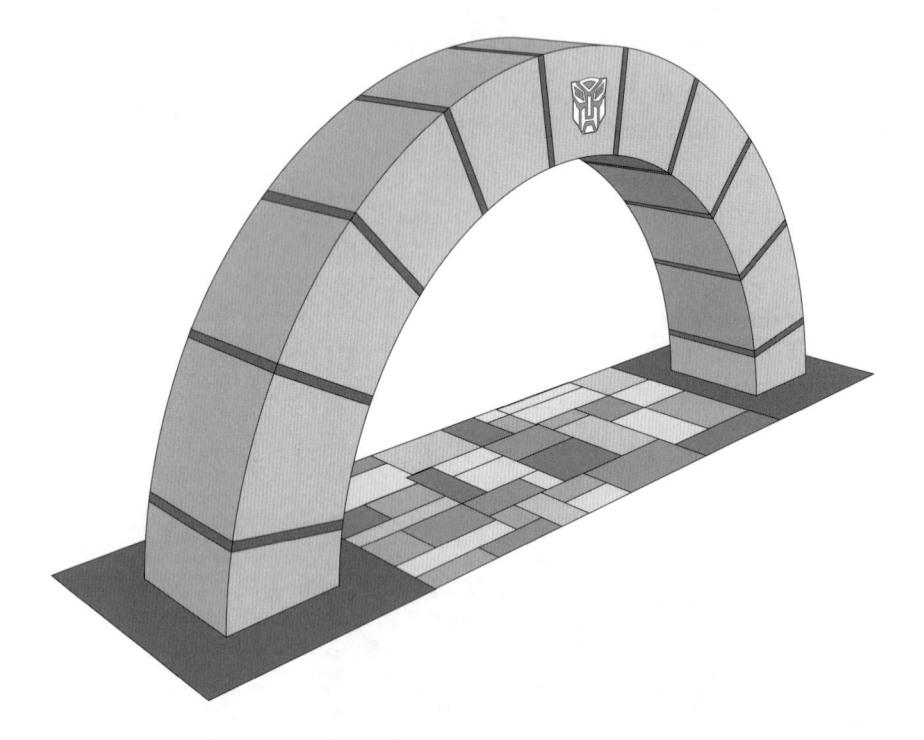

Em um passado longínquo, usavam-se arcos de alvenaria de tijolos sobre janelas, sempre com o objetivo de segurar a carga superior da parede sobre a janela.

Agora, fica a questão. Sendo a NBR 6118 a nossa norma de projetos estruturais, ela cita, de forma tímida, as vergas. Cita, mas sem dar a ela esse nome e, por falta de nome, essa peça estrutural fica algo como escondida na norma. Mas vamos mostrar os cuidados presentes na norma, a qual não cita o termo "verga".

Ver item 24.6.1, Seção "pilar parede", p. 205, em que, de forma escondida, bem escondidinha, lá está ela: "Nas aberturas das portas ou janelas devem ser previstas, pelo menos, duas barras de diâmetro 10 mm que se prolongam 50 cm a partir dos ângulos reentrantes".

Mostra a experiência que, para efetivamente prevenir trincas em cima e em baixo, deve haver, sobre janelas e embaixo delas, as vergas. Pode ser uma pequena viga ou a imersão das barras de aço na argamassa, com prolongamento de 50 cm de cada lado. Vergas para portas devem ser colocadas somente em cima dessa abertura.

Em casarões coloniais, muitas vezes, eram cortadas pedras, com cuidado, em forma estética, e eram colocadas como vergas; claro que pedras sem revestimento, ressaltando sua beleza natural.[1]

Coxim – "travesseiro"

Quando vamos, em estruturas com alvenaria estrutural, descarregar a carga de uma viga em uma parede, corre-se o risco de uma peça de alvenaria, nesse local de descarregamento, estar com defeito e, então, teremos um problema estrutural. Diante disso, criamos um "travesseiro", ou seja, uma peça de concreto que distribui a carga por várias peças da alvenaria, diminuindo a possibilidade de ocorrerem as falhas de descarregamento.

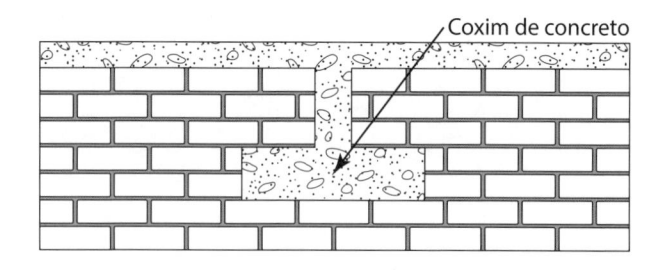

Coxim de concreto

---

[1] Nunca devem ser pintadas pedras que ficam expostas, pois elas possuem uma beleza natural que deve ser preservada. Pode-se, entretanto, usar verniz incolor valorizando seu efeito visual.

74 As perigosas marquises (lajes em balanço): cuidados de obra

Se o concreto armado é "o melhor amigo do homem", esse homem tem um "traidor". São as marquises, lajes de um só apoio engastado e que servem ou para proteger do sol alguns transeuntes, ou como local de presença de seres humanos.

As razões para que uma marquise seja perigosa são:

- é uma estrutura isostática, o que significa que tem o número de vínculos estritamente necessário e, caso esse vínculo (engastamento laje com viga da estrutura principal) se rompa, a estrutura vai a colapso total;

- se houver excesso de carga ou uso diferente e mais pesado que o previsto no projeto, o resultado poderá ser o mesmo;

- se houver erro de obra, afundando a armadura superior (negativa) e tornando-a positiva com a falta da armadura superior, a estrutura entra em colapso com mínimas cargas;

- se houver erro de drenagem fazendo acúmulo de água não previsto, idem.

Caberá ao executor da obra tomar cuidados para que, durante sua realização, não se pise na armadura alta (negativa), afundando-a e transformando-a em uma armadura sem função. Deve-se verificar a estrutura de drenagem da marquise, deixando-a sem obstruções por detritos de obra e facilitando a saída de água.

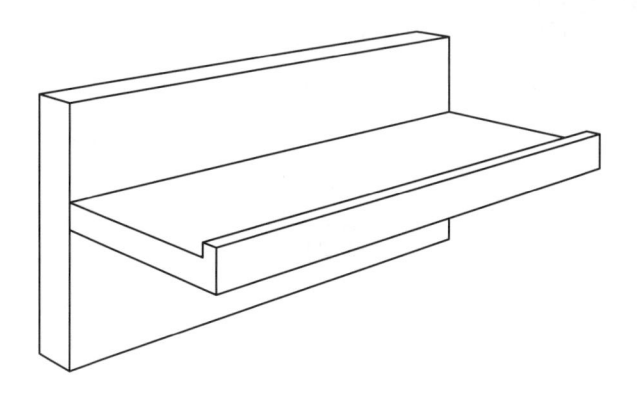

As marquises são campeãs absolutas de número de acidentes em estruturas de concreto. Chegando à ruptura, elas podem ferir ou matar pessoas que estejam sobre elas e que estejam debaixo delas. Por tudo isso, seria de se esperar que a norma de projeto NBR 6118 a citasse e indicasse critérios para o seu projeto, construção e manutenção, pois uma marquise sem drenagem poderá acumular água de chuva, oxidando a armadura superior e gerando um sobrepeso não previsto no projeto.

Mesmo que o assunto "marquise" não esteja previsto na norma de projeto e nem na norma de execução, valem as prescrições gerais da norma de projeto NBR 6118, item 20.1: "As armaduras devem ser dispostas de forma que se possa garantir o seu posicionamento durante a concretagem".

Importante: além da drenagem (ralos e tubos de descarga para saída das águas), a marquise deve ter na face superior impermeabilização e um caimento de, no mínimo, 1% (um porcento) em direção a esse(s) ralo(s). Não deve haver, em hipótese alguma, qualquer acúmulo ou empoçamento de água sobre ela.

Recomenda-se a leitura do artigo: "Marquises: por que algumas caem?" de Marcelo H. F. de Medeiros e Mauricio Grochoski, publicado na revista *Concreto* – Ibracon, ano XXXIV, n. 46, jun. 2007.

Nesse artigo, transcreve-se uma interessante nota da Prefeitura do Recife sobre o perigoso uso de marquises com muitas pessoas no desfile carnavalesco "Galo da Madrugada", além de uma notícia sobre o mesmo assunto, de fato ocorrido na cidade de Salvador – BA. Como mostra essa revista, é possível e necessário unir a tecnologia e a vida. Como outro exemplo de ligação de tecnologia e vida, alguns postes de concreto armado são atacados pela urina de seres humanos e cachorros, recomendando-se pintura na parte inferior desses postes com uma tinta protetora. Assim é a vida.

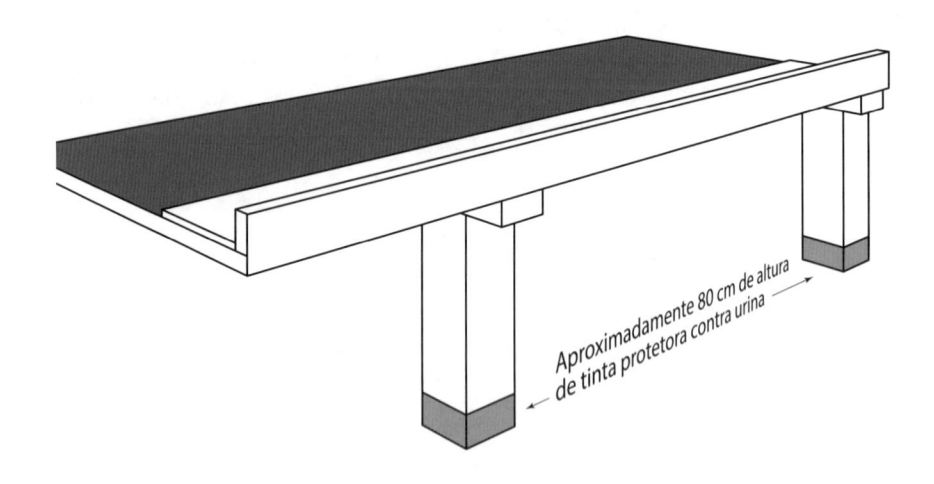

Nota

Do engenheiro Nelson Newton Ferraz, um dos revisores deste livro:

— *O colapso de lajes marquises não dá aviso prévio. É inesperado. Cuidado com elas!*

Na norma NBR 6118/ 2014, item 13.2.4, p. 74, sobre o assunto: lajes maciças é indicado que lajes em balanço (marquises) devem ter espessura mínima de 10 cm, cuidado elogiável para procurar minorar acidentes com ela.

Existe uma regra sagrada na engenharia de concreto armado que diz que, se tiver de ocorrer um erro nos documentos de projeto, prefira errar nos cálculos, mas nunca, nunca e nunca, nos desenhos. Assim, em projetos de marquises, errar no dimensionamento é menos grave do que errar nos desenhos, pois o erro de colocar a necessária armadura negativa como positiva colocará a marquise em risco de cair no dia de sua conclusão. E nunca se deve deixar que um projeto correto da armadura, prevendo-a como negativa (em cima), resulte, por qualquer razão de obra, como armadura positiva.

Juntas de dilatação e de concretagem

Juntas de dilatação

O calor dilata os materiais e pode gerar tensões não previstas no projeto estrutural se não forem adotados cuidados. Quanto maior uma dimensão da estrutura, maior a influência do calor e da dilatação decorrente.

A NBR 6118, p. 4, no seu item 3.1.10, declara:

> **Junta de dilatação.** Qualquer interrupção do concreto com a finalidade de reduzir tensões internas que possam resultar em impedimentos a qualquer tipo de movimentação da estrutura, principalmente em decorrência da retração ou abaixamento da temperatura.

Notemos que a junta de dilatação, como diz a norma, ajuda no controle de tensões internas, limitando-as no caso de retração, ou seja, diminuição de dimensão de uma peça por encurtamento.

Nessa norma, a NBR 6118, não há previsão de valor para quando uma estrutura de concreto armado precisa de junta de dilatação.

Na antiga e sempre respeitável NB-1/78, havia um texto algo confuso ou até envergonhado. Textos que usam formas negativas ao invés de forma positiva são exemplos de timidez. Vejamos:

3.1.1.4 NB-1/78 Variação de temperatura:

> Em peças permanentemente envolvidas por terra ou água e em edifícios que não tenham, em planta, dimensão não interrompida por junta de dilatação maior que 30 m, será dispensado o cálculo da influência da temperatura.

Uma forma positiva seria: o uso de juntas de dilatação em peças com mais de 30 m, no caso de a peça não estar enterrada ou imersa em água.

Admite-se que peças dentro da terra ou imersas em água não sofram consequências de dilatação por aumento da temperatura.

Um famoso metrô do Brasil utilizou em suas estações, mesmo estas estando dentro da terra (estações subterrâneas), juntas de dilatação a cada 30 m cobertas no piso por chapa metálica para evitar queda dos usuários.

Voltemos à NBR 6118. Para obras de concreto simples (sem armadura ou com pouca armadura), essa norma, no seu item 24.4, p. 200, estabelece:

> **Juntas e disposições construtivas.** As juntas de dilatação devem ser previstas pelo menos a cada 15 m. No caso de ser necessário afastamento maior, devem ser considerados no cálculo os efeitos da retração térmica do concreto (como consequência do calor de hidratação), da retração hidráulica e das variações de temperatura.
>
> Qualquer armadura eventualmente existente no concreto simples deve terminar pelo menos a 6 cm das juntas.
>
> Interrupções de concretagem só podem ser feitas nas juntas.

Para complementar a compreensão do assunto "juntas de dilatação", recomenda-se a leitura da *Revista Téchne* n. 174, set. 2011, em que é citada uma norma do DNIT na qual é previsto o uso de juntas de dilatação. As juntas de dilatação são muito importantes em pontes e viadutos, em face da grande extensão dessas obras.

Deve-se consultar também o excelente artigo publicado na *Revista Techné* n. 98, mai. 2005, sob o título "Esforços controlados", no qual, de forma extremamente feliz, o assunto juntas é muito bem esclarecido.

Ver também a norma NBR 12624, que fixa exigências técnicas do material que deve preencher o espaço da junta.

A seguir a norma DNIT – 092, que, embora seja direcionada para pontes, deve-se conhecer e, eventualmente, levar em consideração.

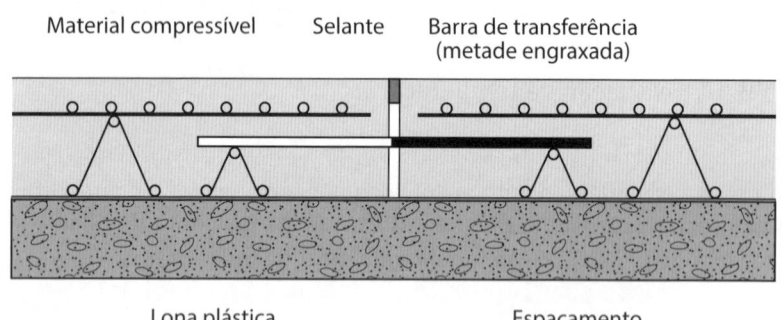

Junta de dilatação em um viaduto e
junta de dilatação em uma viga

Nota

Nas estações do Metrô de São Paulo, existem juntas de dilatação, algumas sem chapa de cobertura e outras com essa peça metálica, por exemplo, no piso de embarque da Estação São Judas, linha azul.

Ver a Norma 6118, no seu item 7.2.3, p. 18.

NORMA DNIT 092/2006 – ES

DNIT Juntas de dilatação – Especificação de serviço

Autor: Diretoria de Planejamento e Pesquisa / IPR

Processo: 50.607.000.720/2006-18

Aprovação pela Diretoria Colegiada do DNIT na reunião de 11/07/2006.

Direitos autorais exclusivos do DNIT, sendo permitida reprodução parcial ou total, desde que citada a fonte (DNIT), mantido o texto original e não acrescentado nenhum tipo de propaganda comercial.

Prefácio

A presente Norma foi preparada pela Diretoria de Planejamento e Pesquisa para servir como documento base na definição da sistemática a ser empregada na execução dos serviços de recuperação das juntas de dilatação existente nas obras-de-arte especiais. E está formatada de acordo com a Norma DNIT 001/2002 – PRO.

1. Objetivo

Esta Norma tem por objetivo estabelecer os procedimentos a serem seguidos nos serviços de recuperação de juntas de dilatação.

NORMA DNIT 092/2006 – ES 2

2. Referências normativas e bibliográficas

2.1 Referências normativas

a) ASSOCIAÇÃO BRASILEIRA DE NORMAS TÉCNICAS. NBR 6118: projeto de estruturas de concreto: procedimento. Rio de Janeiro, 2003.

b) _____. NBR 7187: projeto de pontes de concreto armado e de concreto protendido: procedimento. Rio de Janeiro, 2003.

2.2 Referências bibliográficas

a) DEPARTAMENTO NACIONAL DE ESTRADAS DE RODAGEM. Manual de construção de obras-de-arte especiais. 2. ed. Rio de Janeiro, 1995.

b) _____. Manual de projeto de obras de arte especiais. Rio de Janeiro, 1996.

c) DEPARTAMENTO NACIONAL DE INFRAESTRUTURA DE TRANSPORTES Manual de inspeção de pontes rodoviárias. 2. ed. Rio de Janeiro, 2004.

d) JEENE JUNTAS E IMPERMEABILIZAÇÕES.

Juntas de dilatação e retração. Disponível em: <http://www.jeene.com.br/junt htm>. Acesso em: 26 jul. 2006.

e) HARTLE, R. A. et al. Bridge inspector's training manual'90. Revised edition. Washington, D. C.: FHWA, 1995.

f) RAINA, V. K. Concrete bridges: inspection, repair, strenghthening, testing and load capacity evaluation. New York: McGraw-Hill, 1996.

3. Definição

A junta de dilatação é uma separação física entre duas partes de uma estrutura, para que estas partes possam se movimentar sem transmissão de esforço entre elas. A presença de material rígido ou de material de preenchimento que tenha perdido a sua elasticidade produz tensões indesejáveis na estrutura, podendo ocasionar fissuras nas lajes adjacentes à junta, com a possibilidade de se propagar às vigas e pilares próximos.

Os sistemas de vedação das juntas devem acomodar a amplitude do movimento da mesma.

4. Condições gerais

a) as juntas de dilatação devem garantir a transição suave entre os acessos e a ponte e também entre os trechos por ela divididos;

b) juntas de dilatação mal projetadas, no tipo, na abertura e na movimentação necessárias, podem ter curta duração e são perigosas e desconfortáveis para o tráfego; deve haver espaço suficiente para a expansão, mas a junta não deve ter uma abertura exagerada;

c) as juntas de dilatação não podem ser confundidas com as juntas de construção: as primeiras são permanentes e devem ter sua livre movimentação garantida, enquanto que as segundas são temporárias e marcam o fim ou o início de um trecho de concretagem;

d) as juntas de dilatação que têm vida útil muito menor que as pontes da qual fazem parte, devem ser inspecionadas regularmente e mantidas livres de detritos;

e) havendo recapeamentos, de asfalto ou de concreto, eles não devem criar degraus nem obstruir ou se sobrepor às juntas;

f) há duas categorias principais de juntas de dilatação: juntas fechadas, projetadas para serem estanques, e juntas abertas, que permitem a livre passagem de água e detritos;

g) na Inspeção final deve ser verificado se a junta está acumulando pedras ou outros detritos, se há vazamentos e se há ruídos na passagem dos veículos; embora o acesso seja difícil, a parte inferior da junta também deve ser inspecionada;

h) a recuperação completa de uma junta deteriorada é impraticável; certos tipos de NORMA DNIT 092/2006 – ES 3 juntas, porém, permitem a substituição de módulos e de alguns componentes mais vulneráveis.

5. Condições particulares: tipos, patologias e recuperação

5.1 Juntas abertas

As juntas abertas, definidas por faces verticais, podem ter suas faces em concreto armado sem proteção, ou serem protegidas por cantoneiras; além das restrições naturais às juntas abertas, que permitem a livre passagem de águas e detritos, comprometendo a durabilidade dos apoios, os constantes choques das rodas dos veículos com os cantos da junta reduzem a vida útil das juntas abertas. A recuperação dos cantos da junta aberta, sem proteção, pode ser efetuada com argamassas poliméricas de alta resistência; deve ser observado o tempo necessário de cura, com o tráfego interrompido. A recuperação da junta aberta protegida por cantoneiras de aço, quase sempre empenadas, corroídas e com parafusos de fixação soltos, passa pela demolição e reconstrução de um trecho da laje de concreto e a colocação de novas cantoneiras, fixadas por novos parafusos; para evitar o empenamento das novas cantoneiras, não devem ser utilizados comprimentos maiores que 2,00 m. As cantoneiras devem ficar completamente assentadas no novo concreto, devendo, também ser observado o tempo necessário de cura, com o tráfego interrompido.

5.2 Juntas fechadas

5.2.1 Considerações

Há inúmeros tipos de juntas de dilatação fechadas; em virtude de serem dispositivos de grande importância e de vida útil relativamente curta, por defeitos de projeto, de assentamento ou da própria junta, novos tipos de juntas surgem com freqüência. Os tipos de juntas apresentados a seguir são tipos clássicos e bastante difundidos; após uma descrição sucinta, serão citadas as principais patologias suscetíveis de ocorrer e os procedimentos de recuperação, quando esta recuperação é viável e possível.

5.2.2 Juntas de asfalto

Praticamente em desuso e somente utilizadas para movimentações da ordem de 1 cm, o que somente ocorre em tabuleiros de reduzidas dimensões; constam de uma placa de aço ou de alumínio, diretamente apoiada em dois trechos contíguos de superestrutura e coberta com material elástico com cerca de 30 cm de largura e espessura igual à da pavimentação. Com a movimentação da junta, o material elástico encurta-se ou dilata-se, provocando pequenos e suportáveis desníveis no pavimento; esta solução somente é válida enquanto o material elástico não perder sua elasticidade e nem se formarem calombos ou depressões na pista. Constatado o mau funcionamento da junta de asfalto, ela deve ser substituída por uma das juntas de neoprene citadas a seguir.

5.2.3 Juntas de compressão

A junta de compressão consiste em um bloco contínuo e alveolar de neoprene, fixado e calçado em cantoneiras de aço que protegem os cantos das juntas; as cantoneiras de aço podem ser substituídas por blocos contínuos de concreto polimérico. O perfil alveolar do bloco de neoprene, que trabalha sempre comprimido, permite que ele se recupere completamente após as distorções provocadas pela movimentação da superestrutura. Verificado o descolamento do bloco de neoprene ou a perda de sua elasticidade, ele deve ser substituído; constatado o descalçamento ou o empenamento dos perfis de sustentação dos blocos de neoprene, bem como a corrosão dos perfis ou dos parafusos de fixação, os procedimentos a adotar são idênticos aos recomendados nas juntas abertas.

5.2.4 Juntas em fitas de neoprene

Estas juntas constam de dois blocos de concreto de alta resistência, fixados nas extremidades da superestrutura, com reentrâncias adequadas para alojar as extremidades reforçadas de uma fita contínua de neoprene. As fitas de neoprene, ainda que sejam colocadas em nível um pouco inferior ao do pavimento, para não serem diretamente atingidas pelas rodas dos veículos, NORMA DNIT 092/2006 – ES 4 são de curta duração, se a manutenção não for cuidadosa e constante; a manutenção deve evitar o acúmulo de detritos que acabarão por colocar a fita de neoprene em contato direto com as rodas dos veículos. Constatada a ruptura da fita de neoprene, ela deve ser substituída por outra igual; se a manutenção continuar sendo precária deve der estudado outro tipo de junta, mais durável.

5.2.5 Juntas elásticas expansíveis nucleadas estruturais, JEENE

Este tipo de junta é constituído de três elementos básicos: a câmara elástica, o adesivo e a nucleação ou pressurização.

A câmara elástica é constituída de elastômero, com características geométricas, de dureza e elongação que podem ser dimensionadas segundo a necessidade de cada caso; a câmara elástica poderá conter uma ou mais cavidades suplementares. O adesivo é de natureza epoxídica de alto desempenho, e a pressurização é efetuada através de ar comprimido e válvulas. Os catálogos da junta JEENE, de fácil aquisição, são bastante claros e explicativos; as juntas já foram testadas em inúmeras obras e, para aberturas da ordem de 6 cm, têm comportamento e duração satisfatórios. Se os lábios poliméricos, que fixam a câmara elástica, forem confeccionados com os materiais indicados e se forem atendidas as especificações construtivas, na recuperação desta junta bastará substituir a câmara elástica.

5.2.6 Juntas em blocos de neoprene e chapas de aço. Inicialmente denominadas Juntas Transiflex, de procedência norte-americana, são hoje fabricadas por várias empresas brasileiras. Conhecidas, entre outras denominações, como Juntas Traflex ou Juntaflex, constam de um monobloco de composto de elastômero estruturado internamente por chapas de aço fretantes; são juntas de alto custo e somente utilizadas quando são necessárias grandes movimentações; as juntas podem ser simples, com apenas, basicamente, dois blocos de elastômero, e múltiplas, com vários blocos de elastômero. As movimentações destas juntas são facilitadas por reentrâncias existentes nas faces superior e inferior da junta; as reentrâncias superiores devem ser permanentemente mantidas livres de detritos, para não prejudicar a movimentação da junta. As juntas são fixadas por parafusos em berços de concreto; as dimensões dos berços e dos parafusos constam de catálogos dos fabricantes; bem dimensionadas, bem assentadas e com manutenção adequada, as juntas oferecem serviço de boa qualidade e duração. Estas juntas, pelo fato de serem fabricadas em módulos de 1,00 m de comprimento, permitem recuperações parciais. As patologias mais comuns são: trincas e fraturas nos berços, parafusos defeituosos ou desapertados, desgaste excessivo, rasgos e vazamentos. É aconselhável que a recuperação ou a substituição de juntas de maior complexidade seja efetuada pelo fabricante ou por empresa por ele indicada.

5.2.7 Juntas modulares expansíveis Utilizadas para grandes movimentações e aberturas, podem apresentar-se com várias configurações, como, por exemplo: um conjunto de várias fitas de neoprene devidamente alojadas em blocos, adequadamente suportados ou um conjunto de juntas de compressão, também devidamente alojadas e suportadas. Os cuidados, as patologias e as recuperações destas juntas são semelhantes aos das juntas em fitas de neoprene e aos das juntas de compressão, acrescidas das verificações das estruturas auxiliares, de suporte dos apoios intermediários dos módulos das juntas.

5.2.8 Juntas denteadas

Mais conhecida como "finger joint", a junta denteada é constituída por duas chapas de aço, cada uma delas soldada em uma das extremidades e livre na outra; nas extremidades livres, as chapas têm saliências e reentrâncias defasadas e de dimensões adequadas e compatíveis com a movimentação da junta, o que permite um duplo funcionamento de macho e fêmea dos dentes.

NORMA DNIT 092/2006 – ES 5

Para funcionar como junta fechada, deve haver uma calha, que recolhe as águas pluviais e as escoam adequadamente. Estas juntas devem estar perfeitamente construídas e assentadas, bem como sempre mantidas isentas de detritos; de outra forma, elas não funcionam e acabam por ter os dentes empenados, podendo provocar sérios acidentes de tráfego. A Inspeção deve verificar se as chapas de aço estão firmemente fixadas, se há trincas ou fissuras nas soldas, se os dentes estão bem encaixados, se há corrosão nas chapas e se a calha inferior está coletando e direcionando convenientemente as águas pluviais. A recuperação parcial destas juntas é possível porque elas são fornecidas em módulos; na recuperação e substituição dos módulos, deverá ser selecionada uma empresa com tradição e experiência neste tipo de serviço.

6. Manejo ambiental

As atividades de recuperação das juntas de dilatação podem variar, em número e qualidade, de acordo com o tipo de junta e a gravidade de suas patologias; em nenhuma destas atividades há qualquer agressão de monta ou permanente ao meio ambiente.

As atividades de recuperação são resumidas a seguir:

a) sinalização: instalação e manutenção;
b) desvio de tráfego;
c) plataformas suspensas de trabalho;
d) demolição e remoção de pavimento de asfalto;
e) demolição e remoção de pavimento de concreto;

f) concreto, fck = 30 MPa;

g) formas de compensado;

h) armação, aço CA 50;

i) concreto polimerizado;

j) cantoneiras de aço de 4"x 4"x 1,0 cm: remoção e colocação;

k) juntas de compressão;

l) juntas de fita de neoprene;

m) juntas tipo JEENE;

n) juntas tipo Traflex ou Juntaflex;

o) juntas modulares expansíveis;

p) juntas denteadas, "Finger Joints".

Os materiais, provenientes de tratamentos, substituições ou excedentes de qualquer natureza, imediatamente após a conclusão das obras, devem ser removidos para locais previamente determinados.

7. Inspeção

Os serviços de recuperação ou de substituição de juntas de dilatação são especializados, devendo alguns deles ser executados pelo próprio fabricante da junta. Entretanto, como todas as atividades, em maior ou menor escala, dependem de decisões e orientações de profissionais experientes, a presença e o acompanhamento constantes de um engenheiro capacitado é indispensável.

76 Juntas de concretagem, previstas e não previstas

Obras muito pequenas, como a construção de uma única laje, podem ser realizadas em um dia. Nesse caso, a concretagem não é feita em etapas. Toda a laje é concretada num só dia. Quando concretamos por etapas, cabe ligar cada etapa da concretagem com a etapa seguinte. A junção das estruturas de concreto da primeira e da segunda etapa é chamada de junta de concretagem. Essa junção exige cuidados específicos

É muito importante que projeto e obra trabalhem harmoniosamente. Trabalhar harmoniosamente significa um procurar atender ao outro, reconhecendo suas dificuldades. Um assunto que, por vezes, apesar de ser muito importante, é deixado de lado na fase de projeto são as juntas de concretagem, com a famosa e terrível argumentação: "Isso é assunto para a obra...", ou seja, muitas vezes, para o mestre da obra e não para o engenheiro da obra, como deveria ser...

Repetimos: nasce uma junta de concretagem quando se sabe que, por várias razões, haverá interrupção do lançamento do concreto, e sua continuação acontecerá horas ou dias depois. A superfície de ligação do concreto novo com o concreto anterior é **uma junta de concretagem.**

Juntas de concretagem previstas

Estamos falando das juntas de concretagem previstas e programadas, mas existem juntas de concretagem não previstas como, por exemplo, a que é formada quando, durante a concretagem de uma laje e por falta de planejamento, acaba o concreto e a concretagem tenha de continuar no dia seguinte, ou quando começa a chover forte em uma laje em concretagem e o trabalho tem que ser interrompido.

Tudo o que puder ser previsto e analisado pelo pessoal de projeto e, portanto, na fase de planejamento, deve ser feito nessa fase, reconhecendo-se, entretanto, que durante a obra surgirão problemas não previstos e que deverão, no mínimo, ser resolvidos pelos responsáveis pela obra.

Um desses assuntos que deve ser antevisto em uma obra estrutural é o assunto "juntas de concretagem". Ver a NBR 6118, item 21.6, p. 178, que nos diz:

Juntas de concretagem

O projeto de execução de uma junta de concretagem deve indicar de forma precisa o local e a configuração de sua superfície.

Sempre que não for assegurada a aderência e a rugosidade entre o concreto novo e o concreto existente devem ser previstas armaduras de costura, devidamente ancoradas em regiões capazes de resistir a esforços de tração.

Na antiga NB-1/78, antecessora da NBR 6118, era dito que: Como regra geral, preveja juntas de concretagem em peças comprimidas, como, por exemplo em pilares em concretagem.

Juntas de concretagem não previstas

Às vezes, acontecem problemas na obra, como o caminhão betoneira que se acidenta ou a falta de energia elétrica para os vibradores etc., e estamos fazendo a concretagem quando tudo pára. Se a interrupção da concretagem ocorrer em um pilar (peça em compressão), menos mal. Mas se for em lajes ou vigas, peças em flexão, cuidados especiais devem ser tomados, como os listados a seguir.

- fechar com tábuas o concreto na forma, impedindo que ele se espalhe;
- vibrar o concreto já colocado na forma e contido pelas formas;
- esperar a resolução dos problemas que geraram a parada de concretagem;
- usar água com pressão, no reinício da concretagem, para tirar a nata da superfície do concreto, o que é chamado de "corte verde", e picotar essa superfície;
- colocar barras de ferro no concreto na forma, esperando a chegada da continuação da concretagem. Esses ferros ajudarão na ligação do concreto velho com o concreto novo;
- se o concreto já endureceu, ele deve ser "apiloado" (descascado com ponteira e marreta) na superfície de contato antes do reinício da concretagem, mesmo com as barras de ferro.

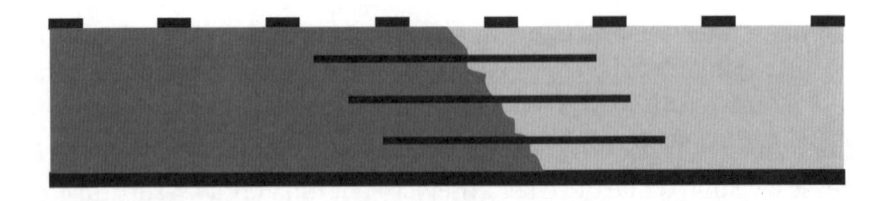

Cintas de amarração da estrutura

77

Em edificações térreas ou com dois andares, é uma prática usual colocar em cima da alvenaria, com o apoio de lajes, uma peça chamada cinta, que tem duas finalidades:

- distribuir igualmente a carga da laje em toda a extensão da alvenaria; e

- amarrar toda a estrutura de alvenaria, daí vem o nome "cinta de amarração".

Na prática, a cinta de amarração é uma viga de concreto armado de pequena altura, que cumpre essas duas funções. A existência de cinta de amarração não elimina a necessidade de vergas e contravergas.

A seguir, é apresentado um desenho com detalhes de uma cinta de amarração.

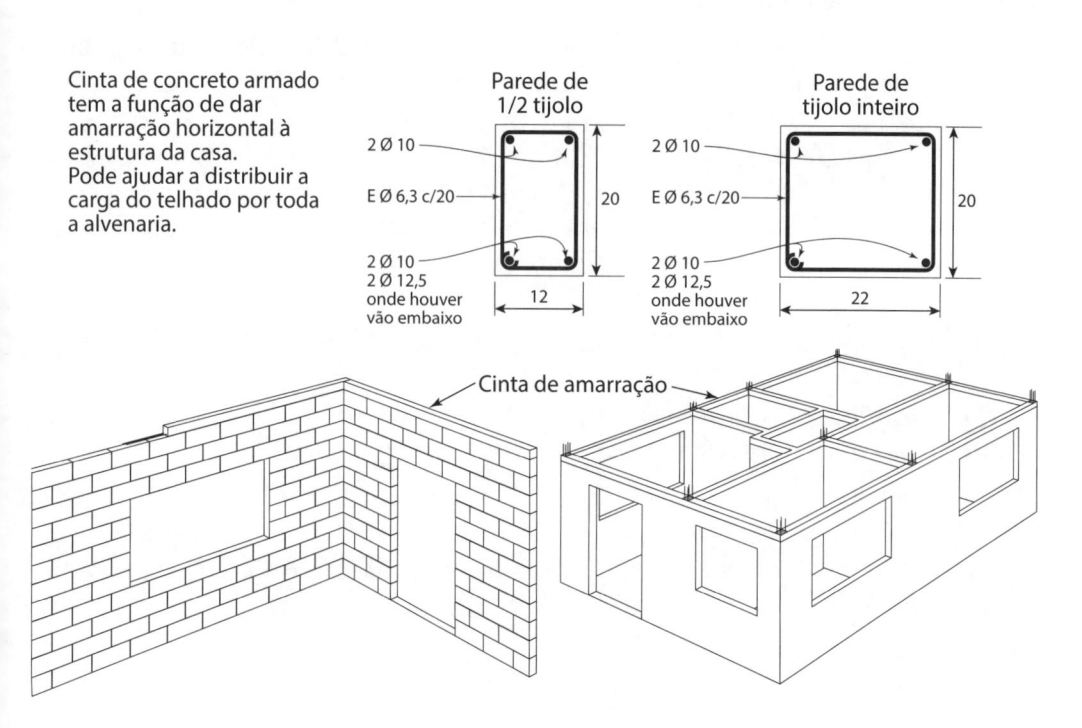

Cinta de concreto armado tem a função de dar amarração horizontal à estrutura da casa. Pode ajudar a distribuir a carga do telhado por toda a alvenaria.

Parede de 1/2 tijolo
2 Ø 10
E Ø 6,3 c/20
2 Ø 10
2 Ø 12,5 onde houver vão embaixo
12 — 20

Parede de tijolo inteiro
2 Ø 10
E Ø 6,3 c/20
2 Ø 10
2 Ø 12,5 onde houver vão embaixo
22 — 20

Cinta de amarração

Nota

O saudoso engenheiro estrutural paranaense Paulo Winters, que não era radical em nada, tinha, entretanto, uma posição radical em casos de uso de cintas em residências térreas com lajes.

Dizia esse mestre tranquilo, com a indiscutível tranquilidade dos sábios e com o absolutamente conhecido sotaque "paranaense germânico":

— *Casa térrea com laje de concreto armado, devidamente apoiada e amarrada nas paredes da edificação, essa laje já atende a todas as funções que se atribuem às cintas. Então para que fazê-las? Quando se constrói uma casa, o assunto parece menos importante. Mas se formos fazer um conjunto de 400 casas populares, já imaginou a economia de não fazer 400 cintas correndo em cima de todas as alvenarias?*

Em um curso onde isso foi exposto, um aluno perguntou, sem saber com quem estava começando a enfrentar:

— *O senhor garante então que, se eu construir 400 casas térreas com lajes de concreto armado e sem cintas, não teremos problemas?*

Paulo respondeu:

— *Quem constrói 400 unidades sempre terá problemas locais, mas será mais econômico corrigi-los um a um, onde eles acontecerem, do que adotar soluções genéricas e custosas.*

Vale a citação:

"Quando um sábio locuta, causa finita..."

Frase oriunda do latim, que diz:

"Roma locuta est, causa finita est..."

78 Compra de concreto usinado

Como sabemos, existem três maneiras de produzir concreto para obras residenciais:

- virando o concreto no braço – geralmente usada em construções de casas populares (obras populares);
- produzindo o concreto em pequenas betoneiras – geralmente usada em construções residenciais, onde é difícil comprar concreto usinado;
- comprando concreto usinado, ou seja, uma central de concreto produz esse material e o entrega via caminhão até o local da obra.

A tendência futura é só o uso da terceira opção, ou seja, comprar concreto usinado.

Para comprar concreto usinado é necessário:

- haver na região uma central de concreto;
- especificar o concreto que se deseja informando no mínimo;
  - o volume a entregar e os dias e horas da entrega;
  - o fck do concreto;
  - o abatimento (*slump*);
  - a máxima relação água/cimento;
  - se o concreto será bombeado ou transportado na obra por carrinhos;
- guardar espaços na rua para os caminhões betoneiras estacionarem;
- deixar as formas prontas e previamente umedecidas para que o concreto chegado à obra seja descarregado nelas;
- preparar o caminho dos carrinhos se não formos bombear esse concreto;
- contratar empresa de tecnologia que acompanhe a entrega do concreto e, se desejado, o teste de *slump* (abatimento) e a retirada de corpos de prova do concreto colocado em formas de aço, que deverão ficar por 24h na obra

(para ganhar alguma resistência para o posterior transporte até o laboratório);

• esperar mais 27 dias (total 28 dias), com os corpos de prova em câmara úmida, e, depois disso, fazer o chamado teste rápido de compressão, levando os corpos de prova, na prensa, até seu rompimento. A empresa de tecnologia deve fazer um relatório conclusivo sobre o fck do concreto entregue na obra, parte por parte;

• pode-se programar testes intermediários (7, 10, 14, 21 dias), mas, para isso, será necessário moldar mais corpos de prova e os (sempre custosos) custos de uso do laboratório com sua sala de espera em ambiente úmido e o uso da prensa de esmagamento desses corpos de prova adicionais;

• geralmente, moldam-se 4 corpos de prova: 2 para 7 ou 10 dias (para orientar a desforma); e 2 para 28 dias (para conferir o fck).

79 Bombeamento do concreto

Para obras muito pequenas de concreto, este, depois de produzido, é colocado em pequenos recipientes que, via transporte manual, chegam até as formas, onde é lançado. Quando a obra consome um maior volume de concreto, seja este vindo de usina de concreto ou produzido no local, é transportado em carrinhos de mão (jericos). Sua capacidade de transporte é aproximadamente 5 m^3/h. Mas a tendência crescente é bombear o concreto do local de entrega (portão da obra) até a posição final nas formas. Para isso usam-se caminhões com bombas. Sua capacidade sempre supera 40 m^3/h, ou seja, é cerca de oito vezes maior que a que se obtém com o uso de jericos.

O bombeamento do concreto é uma técnica muito mais rápida e gera menos problema, se comparado com a indesejável vibração no transporte dentro da obra. Claro que há um custo para esse bombeamento, que tem que ser comparado com o gasto de mão de obra, considerando-se o término mais rápido da concretagem.

O bombeamento do concreto pode ser feito vencendo grandes alturas, chegando até 40 m ou mais, e distâncias de até 200 m. Em todo caso, deve-se consultar o seu fornecedor de concreto e serviço de bombeamento.

Para que um concreto seja bombeável, ele precisa ter fluidez, isto é, trabalhabilidade. Como se sabe, mede-se a maleabilidade pelo teste do abatimento, o *slump*. Quanto maior o *slump*, mais bombeável é o concreto, e também mais caro, pois se usará mais cimento por m³.

Os *slump* mais recomendados são:

* *slump* 8 cm ± 2 cm, para obras comuns com concreto bombeável;

* *slump* maior que 10 cm ± 2 cm, para alturas elevadas.

Lembrando que o *slump* para concreto não bombeável costuma ser ± 6 cm.

Para alturas pequenas de bombeamento (menores que 10 m), usa-se o equipamento chamado de "lança". Para alturas elevadas, usam-se bombas estacionárias.

Outra restrição do concreto a ser bombeado é o maior diâmetro do agregado graúdo, que deve ser, no máximo, a brita 1, ou seja, uma mistura de brita 1 e brita 0. Há casos de uso de bombeamento de concreto com brita 2. Isso atende à recomendação de que o diâmetro maior da brita não deva exceder ¼ do diâmetro da tubulação de envio do concreto, que costuma ser de 125 mm.

A capacidade de transportar e girar o concreto é de cerca de 8 m³ por caminhão betoneira.

Normalmente as concreteiras exigem, para bombeamento, o lote mínimo de 30 m³.

A rapidez do uso do concreto bombeável é seu grande interesse. O descarregamento e o bombeamento do concreto de um caminhão betoneira pode levar apenas cerca de 30 minutos.

O concreto bombeável é sempre mais fluido que o concreto comum e, por isso, esse concreto bombeável força mais as aberturas das formas quando de seu lançamento. Maiores cuidados com as formas, nesse caso, são muito importantes, ou seja, elas têm que ter resistência e rigidez.

Lançamento de concreto bombeado em uma laje

Para obras pequenas, o mangote de alimentação da concretagem costuma ter 75 mm de diâmetro interno.

Observações:

- Todos os profissionais envolvidos com o bombeamento do concreto devem ter seu telefone celular. Como o local do lançamento do concreto pode estar a dezenas de metros da bomba de concreto, é fundamental que uma ordem de parada do bombeamento chegue quase que instantaneamente ao caminhão bomba. No ano de 2014, um aparelho de telefone celular pré-pago simples custava, no máximo, R\$ 100,00, ou seja, 30 dólares americanos.

- As concreteiras têm o maior interesse em fornecer o concreto bombeado. A velocidade de produção do concreto lançado nas formas é muito maior que o método de uso de jericos. Uma concreteira gasta menos com a compra de um sistema de bombeamento que na compra de um caminhão betoneira. O sistema de bombeamento diminui bastante o tempo que um caminhão betoneira serve a uma obra.

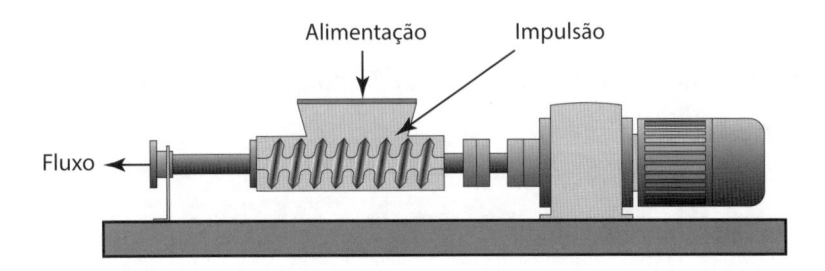

Custos

E como se recomenda em qualquer texto de tecnologia, vamos ao assunto "custos", lembrando que a abordagem do assunto neste livro tem o objetivo de apresentar uma comparação entre alternativas e, por isso, não existe a preocupação de atualizar informações. Para uma construtora fazer orçamentos, sugere-se a consulta à mais tradicional fonte de informações sobre custos, que são as publicações do grupo Editora Pini, principalmente a revista *Guia da Construção*.

Como se enfatiza em vários pontos deste livro, os custos citados são os custos que a construtora paga ao seu fornecedor, tanto pelo material de concretagem como pela atividade de bombeamento, sendo que a construtora no seu contrato com o proprietário da obra (o edifício) tem que **acrescentar** outros custos e o famoso BDI.

Nota prática muito importante

Quando se reserva vaga na rua para o caminhão que fará o bombeamento, devemos guardar duas vagas para que haja continuidade do serviço de bombeamento e, portanto, sejam evitadas interrupções imprevistas que gerem as famosas e indesejáveis juntas não programadas de concretagem.

Referência: *Revista Guia da Construção,* n. 143, p. 73, jun. 2013.

Custo:

- da atividade de bombeamento: R\$ 29,00 por m^3

- do concreto convencional dosado em central (*slump* 5 cm pedras 1 e 2) fck 25 MPa: R\$ 277,59 por m^3

- do concreto bombeável dosado em central (*slump* 8 cm pedras 1 e 2) fck 25 MPa: R\$ 278,25 por m^3

Veja, neste livro, o item 69 explicando o *slump* (abatimento) do concreto.

Referência: Solução bombeada. *Revista Techné,* n. 178, p. 66, nov. 2011.

Consultar os sites:

www.portaldoconcreto.com.br

www.bombearconcreto.com.br

Transportando e lançando o concreto nas formas

Pela importância do tema, voltemos ao assunto.

O concreto já chegou à obra e está sendo descarregado em jericos ou está sendo bombeado. Em obras pequenas, talvez o concreto esteja sendo produzido na obra. Cabe agora transportar esse concreto até as formas. As formas devem estar prontas, com desmoldantes em suas paredes internas, já feita a colocação da armadura com espaçadores para criar o espaço para cobrir as armaduras e com os dispositivos que não permitem que as formas se abram, gerando um consumo maior e desnecessário de concreto.[1] As formas apoiam-se em escoramento de madeira ou metálico. Temos que, finalmente, lançar o concreto nas formas.

Duas partes da estrutura exigem cuidados específicos:

- Lançamento do concreto nas formas de lajes, que deve ser em muitos pontos começando sempre pelos pontos mais distantes. O concreto deve ter trabalhabilidade tal que ocupe o espaço previsto nas lajes, sem que, para isso, se use a vibração, pois a vibração tem cuidados específicos com o objetivo de expulsar o ar preso, aumentando a resistência do concreto. No caso de uso do bombeamento do concreto, a facilidade de colocação desse material em vários pontos é grande. Para espalhar o concreto, principalmente nas lajes, usam-se enxadas.

- Lançamento do concreto nas formas de pilares, devendo-se limitar a altura de queda, para evitar que, com o choque proveniente da altura, o concreto separe suas partes constituintes. Um cuidado na concretagem dos pilares é jogar previamente argamassa (cimento mais areia mais água), formando um colchão de recepção ao concreto lançado, que, muitas vezes, fica preso nas formas e nas armações. É melhor usar o mesmo traço do concreto, mas sem as britas, formando uma camada de, no máximo, 5 cm, sob o risco de, sendo de maior espessura, seccionar e enfraquecer o pé do pilar.

- Lançamento do concreto em vigas, que deve ser feito com bastante cuidado para evitar o estufamento, ou seja, a abertura das formas, que, além de aumentar o volume de concreto que será usado (e que é desnecessário), pode desalinhar as vigas, dificultando o assentamento posterior da alvenaria e prejudicando a

---

[1] Nunca se esqueça de umedecer as formas antes delas receberem o concreto.

estética da obra. Acontecendo isso, talvez seja necessário aumentar a camada de revestimento para ocultar a imperfeição. Peças internas que impedem esse estufamento e amarração das formas com arame podem impedir esse estufamento.

Nota

O concreto bombeado, por normalmente ter maior trabalhabilidade que o concreto não bombeado (questão de misturas usadas), é mais fácil de espalhar nas formas, principalmente de lajes.

Alerta da experiência do engenheiro Nelson Newton Ferraz:

— *Às vezes, pior que a abertura das formas levando ao aumento inútil do consumo de concreto, é o fato de que podemos chegar a ter o colapso das formas em face do empuxo do concreto, gerando um caos que se propaga.*

Sugestão: faça boas formas.

81 Momento de perigo: concreto mole, mas pesado, lançado nas formas

Sendo este um livro para os iniciantes nas construções de estruturas de concreto armado, estes autores não podem deixar de fazer um alerta aos leitores de um assunto que na obra se fala, mas nos textos curriculares fala-se menos.

Um momento crítico da obra é o lançamento do concreto nas formas, formas essas que se apoiam no escoramento. Quando se joga o concreto, surgem:

- o peso do concreto ainda mole, quase pastoso, mas com o peso quase igual ao final;
- os efeitos de choque do concreto lançado contra as formas, gerando esforços;
- a vibração para adensar o concreto;
- o peso dos operários e seus equipamentos (vibradores, guinchos, carrinhos, jericos, ferramentas etc.) durante o lançamento.

Tudo isso tem que ser resistido pelas formas e pelo escoramento, e o sistema tem que ser rígido, com mínimas deformações e movimentos. Consegue-se isso com:

- projeto de formas e escoramento bem-feito, tanto em resistência estrutural como em rigidez da estrutura;
- peças de espaçamento e de contenção de abertura de formas.

Nos casos mais comuns, a experiência de um engenheiro ou de um mestre de obras resolve e ajuda muito se a construtora tiver projetos-padrão de formas e escoramentos. No caso de estruturas especiais, um profissional de formas e escoramento deve ser contratado para orientar essas estruturas provisórias, caras e importantes.

Cada vez mais, os custos das formas, seja em material seja na mão de obra de sua execução, crescem e, portanto, crescem percentualmente no custo total de uma estrutura de concreto armado.

82 Vibração para adensamento do concreto

O concreto é uma mistura heterogênea de pedra, areia, cimento e água. Nessa mistura, são introduzidas, contra nossa vontade, bolhas de ar. As betoneiras, sejam as pequenas, sejam as grandes, dos caminhões das usinas de concreto, procuram adensar e homogeneizar essa mistura. E um produto essencial na produção do concreto é a água, que, sabidamente, tem duas funções:

- misturar-se com o cimento, transformando-o em uma cola (reação química);

- servir como produto que confere trabalhabilidade ao concreto, que é fundamental para o lançamento do produto nas formas, ocupando espaços em uma verdadeira disputa com a armadura, que aliás foi colocada previamente à chegada do concreto.

Colocado o concreto nas formas, temos que fazer com que a mistura seja a mais compacta (densa) e homogênea possível, apesar dos efeitos negativos anteriores da trepidação, durante o transporte do concreto dentro da obra, e os choques do lançamento nas formas. Para se conseguir esse adensamento e essa homogeneização, que garante uma maior uniformidade de resistência à mistura, temos que fazer o concreto vibrar.

Essa vibração elimina, ou seja, expulsa do concreto bolhas de ar que diminuiriam sua resistência à compressão. Em passado distante, fazia-se a vibração com o uso de um martelo de extremidade de borracha. Esse martelo era acionado contra a forma com o concreto em seu interior, e acontecia uma expulsão do ar e uma razoável homogeneização, ou seja, uma vibração. Para obras muito pequenas, ainda se pode pensar em usar os velhos martelos de cabeça de borracha. Para obras maiores, usamos vibradores.

Como acionar os vibradores?

Segundo um filósofo da construção civil, a solução pneumática tem sempre muitas vantagens sobre a solução elétrica, porém a solução pneumática não é econômica, pois exige a existência de uma central pneumática com compressor. Sendo, portanto, a solução pneumática uma solução cara, em geral, para obras pequenas e de médio tamanho, opta-se pelo uso de vibradores elétricos ou, em alguns casos, vibradores acionados por motor a gasolina.

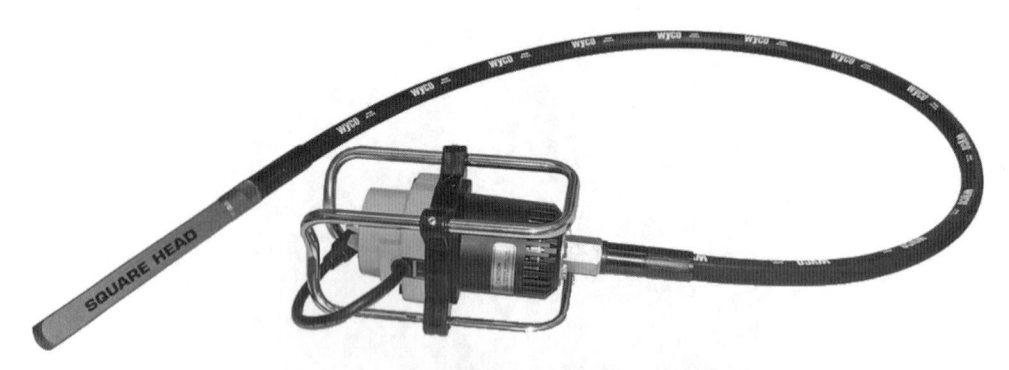

Vibrador elétrico para adensamento do concreto

Os vibradores existentes no mercado podem ser:

- elétricos, a gasolina e a diesel, nos diâmetros 25 mm, 35 mm, 60 mm ou 75 mm; ou

- pneumáticos.

Vibrador para adensamento do concreto movido a diesel/gasolina

Agora, falemos da técnica de vibração:

- a vibração tem a finalidade de adensar (expulsar ar) o concreto homogeneizando a mistura, não de distribuir a massa de concreto nas formas. A distribuição do concreto nas formas das lajes deve ser feita pelo lançamento em vários pontos e começando nos pontos mais baixos das formas, sempre usando pás e enxadas para espalhá-lo;

- deve-se começar a vibração tão logo o concreto tenha chegado às formas;

- é importante usar vibradores em vários pontos da mistura, pois a área de influência de cada vibrador é pequena. Seu raio de eficiência é da ordem de 40 cm;

- deve-se mergulhar a ponta do vibrador no concreto;

- depois de fazer vibrar uma camada de concreto, a segunda camada deve ser "costurada" com a anterior, ou seja, a agulha do vibrador da camada superior deve penetrar, em alguns pontos, na camada anterior;

- ao retirar a agulha do vibrador do concreto, no processo de adensamento, puxe-a vertical e lentamente, de forma a não deixar um buraco no local de onde o vibrador saiu;

- a agulha do vibrador deve ser puxada (e devagar) e nunca empurrada, para evitar a formação de buracos.

Notas

- Cuidado com os vibradores elétricos. São frequentes os acidentes com esses aparelhos, em razão de curtos-circuitos. Dote sua obra com segurança.

- Ainda existem, e podem ser usados, vibradores mecânicos de formas.

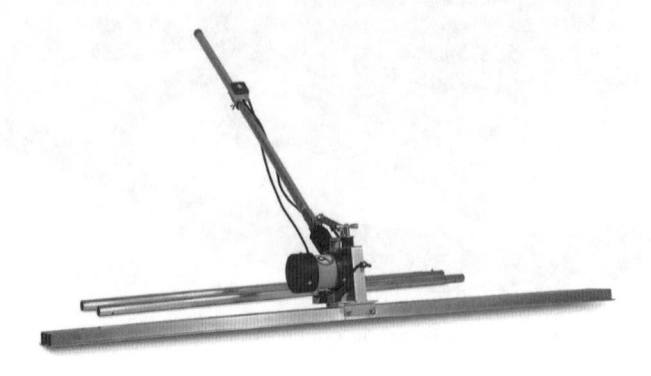

Vibrador de piso

83 A cura do concreto

Relembremos, por sua importância, que o concreto, na sua preparação, recebe certo teor de água, que é necessária para:

- as reações que farão com que o cimento se torne um colante de qualidade, e isso leva dias;
- dar trabalhabilidade à mistura, o que permite que o concreto entre e penetre no espaço dentro das formas, disputando espaço com as armaduras, que já devem ter sido colocadas;
- permitir o bombeamento do concreto.

Não devemos permitir que, nos primeiros dias após a concretagem, em razão do calor e da insolação direta, o concreto que está nas formas perca água por evaporação. O conjunto de cuidados para evitar essa evaporação chama-se **cura.**

Uma cura adequada, no mínimo:

- aumenta a resistência do concreto;
- diminui os fenômenos da retração (diminuição de volume pela perda de água);
- minimiza trincas.

A cura é uma operação de baixo custo e é lamentável que ela, por vezes, não seja feita com os cuidados de que precisa.

Lembremos que, antes de lançar o concreto nas formas, nós devemos molhá-las intensamente qualquer que seja seu material (metal, plástico), mas principalmente se o material das formas for madeira, que seca e pode roubar água do concreto. Devemos molhar intensamente as formas, mas, depois disso, devemos fazer escoar toda a água que eventualmente se acumulou em alguns pontos das formas.

Continuemos com a ação de cura do concreto. Na sua parte exposta, o concreto pode perder água para a atmosfera e, com isso, trazer problemas para o material. Assim, devemos:

- cobrir a superfície exposta da estrutura de concreto com panos úmidos, areia ou serragem;

- lançar água nessa superfície depois que ela ganhou consistência e resistência;

- cobrir com mantas, evitando a evaporação;

- ter outros cuidados alternativos.

Alguns dos cuidados com a cura devem começar imediatamente após o concreto ter sido lançado nas formas (caso da cobertura com lonas), e outros quando a superfície superior do concreto já ganhou alguma resistência (fazer um teste rudimentar de campo, usando algo que se pode tentar introduzir na massa do concreto).

Vejamos o tempo mínimo para essas providências de cura do concreto. A norma NBR 14931 nada diz quanto ao tempo mínimo de cura, mas mandam os bons livros, quanto ao prazo de cura do concreto:

- o tempo mínimo (começo da cura tão logo a superfície exposta do concreto tenha ganho resistência): 10 dias;

- o tempo limite (a partir daí a cura já está praticamente terminada): 21 dias.

No jargão de obra, temos:

- cura úmida: é a apresentada neste livro e usa apenas água. Para lajes, e como a região que mais precisa de cura é a superfície exposta superior, podemos criar pequenas "piscinas" com cerca de 3 cm de água durante três dias. Melhor ainda, usar areia ou serragem encharcada, pois retardam a evaporação dessa água;

- cura química: usa aditivos;

- cura a vapor: ocorre quando o concreto é submetido a um ambiente rico em vapor com temperaturas variando de 50 °C a 150 °C. Esse processo oferece a vantagem de acelerar a cura do concreto de edifícios, podendo, com isso, acelerar as obras. Sua desvantagem é exigir a instalação de equipamentos mais complexos. Por isso, a cura a vapor é muito usada em produção de pré-moldados, para liberar as formas de aço para novas produções. A cura a vapor também é usada em placas para evitar que o concreto recém lançado seja aquecido (o endurecimento do concreto resulta de uma reação química exotérmica, ou seja, uma reação química que libera calor). Então, o concreto começa a esfriar rapidamente provocando retração (diminuição de volume) com consequentes trincas e fissuras.

Cura de uma laje

É válida a recomendação a seguir:

ATENÇÃO!

Evite concretar nos horários mais quentes do dia. Em locais muito quentes, prefira o início da manhã – até 10h – ou, de preferência, o final da tarde, após as 15h. Nesses horários, a água evapora menos com o calor, e o risco de fissuras é menor.

E faça a cura.

Retração do concreto

O material concreto, como sabemos, é feito da mistura de cimento, areia, pedra, água e gesso, e, às vezes (modernamente), alguns aditivos. A quantidade de água para produzir um bom concreto terá dois usos **adicionais e independentes**.

São eles:

- água para hidratar o cimento, que é ávido por água, transformando o cimento, agora hidratado, em uma excelente "cola";

- água para dar plasticidade (também chamada de trabalhabilidade) à mistura fresca, permitindo, com isso, que o concreto, ainda quase fluido, ocupe os espaços nas formas, lutando contra as armaduras que também ocupam um espaço bem limitado.

Pronta a concretagem, há a tendência de a água, que proporcionou plasticidade à mistura, evaporar e, com isso, gerar muitos poros, espaços e fissuras. O concreto diminui de volume e surgem trincas, o que o enfraquece. Chamaremos essa retração de "retração hidráulica". Procuramos evitar essa geração indesejada de vazios com:

- limitação do uso de água na mistura inicial do concreto;

- realização de uma excelente cura, pois a evaporação da água de plastificação do concreto só acontece, com maior intensidade, nos primeiros dias após a concretagem.

Existe outro tipo de retração, chamada de **retração térmica**, que é a retração (diminuição de volume) por causa do intenso calor que a produção do concreto gera. O calor gerando diminuição de volume provoca trincas no concreto. O endurecimento do concreto é uma atividade chamada de exotérmica, ou seja, libera calor. A cura adequada diminui esses efeitos.

Em barragens de concreto armado, em razão do enorme volume de concreto, é comum adicionar-se gelo como parte da água de amassamento, e, com isso, a geração de calor proporciona menos problemas, pois o calor é utilizado (dissipado) no contato com a água gelada.

O concreto é lançado a temperatura de 5 °C e a reação começa, chega a aumentar a temperatura em 20 °C atingindo 25 °C, que é próxima da temperatura ambiente. Então, o concreto não esfria mais e, portanto, não mais se contrai. Acabou a retração.

Consultar a norma NBR 6118, em seus itens 8.2, p. 22, e 11.3.3.1, p. 57.

A tabela a seguir, do livro *Ao pé do muro*,[1] mostra como altas umidades do ambiente protegem de alguma forma de trincas de retração.

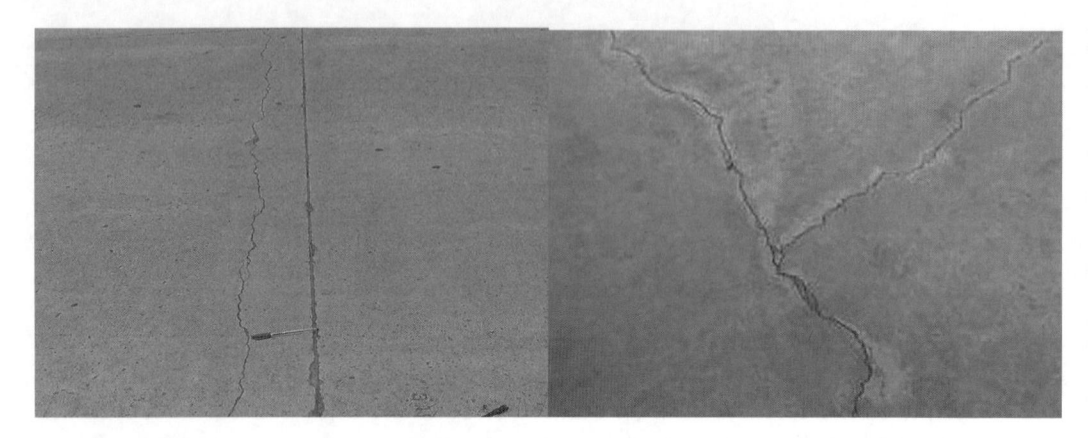

Trincas provocadas pela retração do concreto

Retração (largura das trincas) medidas em mm/m de corpos de prova				
Umidade do ambiente	Depois de 7 dias	Depois de 90 dias	Depois de 2 anos	Depois de 5 anos
95%	0	0	0	0
75%	0,10	0,25	0,35	0,40
50%	0,15	0,35	0,40	0,55
35%	0,16	0,40	0,55	0,65

[1] L'HERMITE, R. *Ao pé do muro*. Tradução de L. A. Falcão Bauer. São Paulo: Concrebrás AS, 1977.

Retirada de formas

O assunto prazos de retirada de formas (e do escoramento) é algo polêmico, pois os prazos, indicados a seguir, podem ser muito reduzidos em razão do tipo de cimento usado na produção do concreto. Se tirarmos as formas e o escoramento muito cedo, poderá haver flechas (deformação por flexão) muito acentuadas e inaceitáveis. Os prazos clássicos (numa análise inicial) são:

3 dias — Já pode ser feita a desforma de faces laterais do concreto nas formas da obra. Já se podem fazer testes de avaliação de resistência à compressão.

7 dias — Prazo mínimo de cura para concreto de cimento Portland. Realização de eventuais testes de avaliação de resistência.

14 dias — Desforma de faces inferiores, mas mantendo-se os pontaletes.

21 dias — Desforma de faces inferiores sem escoramento.

28 dias — Idade convencional de referência para se testar a resistência do concreto, correspondente a quatro semanas, e como a concretagem normalmente é em um dia útil, o teste de rompimento do corpo de prova na prensa será também em um dia útil.

Os prazos indicados são os recomendados pela velha, mas sempre respeitável, versão de 1978 da NBR 6118, antigamente chamada de NB-1/78 (item 14.2.1). Com o surgimento de novos tipos de cimento e a evolução da tecnologia do concreto, tornou-se difícil para as normas atuais preverem e recomendarem prazos de desforma e retirada de escoramento. As normas de projeto e execução não indicam esses prazos. Como nosso livro é voltado a obras pequenas até médias e convencionais, repetimos as regras da norma de 1978. Para obras mais sofisticadas e usando outros tipos de cimento, recomenda-se um estudo tecnológico para fixar esses prazos. Nesses casos mais sofisticados, uma retirada com tempo inadequado pode gerar flechas inaceitáveis pelo seu grande valor.

Alertas:

- Nunca é demais repetir: uma adequada cura do concreto é fator decisivo para melhorar as condições de retirada de formas e de escoramento, evitar a retração e aumentar o fck. **Conclusão: faça a cura.**

- A alvenaria deve ser assentada, no mínimo, duas semanas após a concretagem e sua cuidadosa cura para evitar trincas nessa alvenaria em razão da redução de volume das peças de concreto.

- Podemos reduzir os prazos indicados no caso do uso de cimento de alta resistência inicial (ARI). É o que fazem as fábricas de pré-moldados para liberar as formas metálicas de produção desses produtos.

- A norma de execução NBR 14931 item 10.1, fixa características mínimas para parar a cura e uma dessas exigências é estar o concreto com resistência de 15 MPa ou mais. Este autor entende que em obras pequenas e médias essa determinação só é possível usando-se a técnica de esclerometria (ver item 93 deste livro)

Nota pessoal do autor

Seguramente, o Brasil precisaria de uma norma da ABNT específica para obras de pequeno ou médio porte, maioria esmagadora das obras a se fazer no país.

Nota

Nos dias atuais, o concreto se modificou em relação ao concreto usado nos anos da antiga norma. Essa modificação gerou estruturas mais deformáveis e o próprio projeto estrutural usa agora menos alvenaria e maiores vãos. Isso exige maiores prazos de desforma e de retirada de escoramento. Na *Revista Téchne*, n. 87, abr. 2005, um construtor enfatiza a importância da cura e explica que usa a chamada cura úmida. Veja sua declaração:

Hoje nossa construtora conseguiu diminuir os efeitos da deformação imediata (do concreto) e da lenta. Cuidamos melhor da estrutura, fazemos uma cura cuidadosa e deixamos as lajes e as vigas escoradas por muito mais tempo, em torno de 30 a 40 dias. Para o escoramento de cada laje a empresa adota 100% de escoramento durante três semanas e mais duas de escoramento residual com 50% das escoras mantidas.

Cuidados na retirada do escoramento (cimbramento)

Chegou a hora da retirada do escoramento, permitindo que a obra avance sem a presença dos pontaletes desse escoramento. Claro está que a construtora tem todo o interesse em fazer a retirada do escoramento tão cedo quanto possível, liberando o espaço para circulação, mas precisamos verificar o quanto o concreto endureceu e ganhou em termos de resistência e, dessa forma, respeitados esses cuidados, a retirada cuidadosa do escoramento não deverá permitir flechas acentuadas ou até deformações visíveis.

Há dois critérios para se saber se podemos tirar o escoramento:

- pelo decurso de prazo, ou seja, pela idade do concreto. Normalmente aceitamos 21 dias, mas se o concreto usou cimento de Alta Resistência Inicial (ARI) esse prazo poderá ser diminuído;

- por uso de esclerometria, ou seja, de um equipamento de choque que dá orientação quanto à resistência do concreto e sua deformabilidade.

- retirada de mais corpos de prova para testar sua deformabilidade em poucos dias.

A retirada do escoramento deve ser feita sem choques. No caso de escoramento feito com peças de madeira, os pontaletes devem estar apoiados (calçados) em cunhas. No caso de escoramento metálico, as peças têm dispositivos para que seja feita a retirada sem que ocorra quase nenhum golpe no restante da estrutura.

Se tiver sido usado escoramento convencional, com peças de madeira apoiadas no chão com o auxílio de cunhas de ajuste, deve-se retirar as cunhas, assim, o escoramento cairá.

Na *Revista Téchne*, n. 97, p. 51, abr. 2005, temos a recomendação de um profissional construtor quanto aos prazos de retirada de escoramento:

> Hoje a Sinco conseguiu diminuir os efeitos da deformação imediata e da lenta. Cuidamos melhor da estrutura, fazemos uma cura cuidadosa e deixamos as lajes e vigas escoradas por muito mais tempo, em torno de 30 a 40 dias, explica Sanchez (profissional da Sinco). Para o escoramento de cada laje a empresa adota 100% de

escoramento durante três semanas e mais duas de escoramento residual com 50% das escoras mantidas, conta Sanchez. "No total são cinco semanas de escoramento e ciclos de cinco andares". Portanto deixamos cinco andares escorados.

A cura, segundo ele, é um ponto fundamental. Para o concreto atingir as características contratadas e para que o cimento consiga ter tempo para desenvolver todas as suas propriedades, a Sinco realiza cura úmida.[1]

Nota

O engenheiro Nelson Newton Ferraz aconselha:

O escoramento deve ser retirado a partir do meio do vão em direção às laterais (bordas), pois, caso haja uma deformação (flecha), por pequena que seja (1 a 2 mm), ela vai abaixar lentamente, na medida da evolução do trabalho. Note-se que essa deformação quase sempre existe.

Caso curioso e criativo: nos anos 1960, o saudoso engenheiro T. tinha acabado de construir uma ponte rodoviária sobre um canal braço de mar com o vão de uns 600 m. A estrutura da ponte era de concreto armado. Terminada a estrutura, era agora necessária a retirada do escoramento de madeira, boa parte dele dentro da água do canal... O valor previsto no orçamento para essa retirada era alto, obra a preço global, ou seja, o método para fazer a retirada do escoramento era de livre opção da construtora, desde que não gerasse fortes golpes na estrutura e não criasse problemas a terceiros. Ou seja, se houvesse uma solução criativa com custo menor, a diferença ficaria com a construtora. Quando se começou a organizar a retirada do escoramento, um pescador que morava ao lado da ponte, recém-construída, avisou que, usando o seu barquinho (motor central) para puxar o escoramento, tudo ficaria fácil. O engenheiro T. perguntou quanto ele cobraria para fazer toda a retirada do escoramento usando a tração do barquinho de motor central. O valor pedido foi irrisório, ou seja, muito baixo, mas o engenheiro T. sabia que era um risco de segurança

---

[1] Cura com água, entende este autor.

deixar o barqueiro fazer tudo sozinho e, então, impôs regras de segurança para quem trabalhasse e para não se transmitirem esforços na ponte. O engenheiro T., ao falar sobre o assunto segurança, sabia que o barqueiro iria aumentar seu preço e, então, veio o "pulo do gato". O preço reduzido seria mantido, mantidos os cuidados de segurança e o barqueiro poderia ficar com todo o madeiramento retirado. Tudo foi aceito e era realmente interessante para os dois lados. Com os cuidados de segurança, foi feita a retirada do escoramento a barco. Final feliz. O engenheiro T., que foi chefe do autor MHCB deste livro, que com ele aprendeu muito, a cada um ou dois anos visitava a "sua ponte". Nada de problemas. Esse é um exemplo de transformar cada obra em uma central de negócios.

O escoramento foi destruído por uma enchente na ponte que fica sobre o rio Custódio e ligaria Paranã à região de Custódio, no Tocantins

Escoramento versátil em área complicada, Viaduto El Salto, Santiago, Chile

87 Uma boa notícia: pela mais recente verificação de custos, a obra vai dar lucro

Estamos a cerca de 60% da execução da obra e razoavelmente dentro do cronograma.

Como rotina, a Construtora Andorinha Azul fez uma avaliação da situação econômica da obra do Solar dos Girassóis. Utilizando os critérios, por exemplo, deste livro, concluiu-se que a obra iria dar lucro para a construtora.

A subcontratada recebeu adiantadamente e sumiu. De quem é a responsabilidade?

A Construtora Andorinha Azul pagou antecipadamente 60% do total a uma empresa de mão de obra para executar as formas da estrutura do prédio. As formas foram executadas só 30%, e essa empresa não pagou os empregados da obra e ainda desapareceu. A construtora tem alguma responsabilidade com esses empregados?

Lamento dizer que a responsabilidade pelos salários e direitos sociais (13º salário, férias, fundo de garantia etc.) é na seguinte ordem:

1) **da empresa de mão de obra**. Se ela não pagou os trabalhadores e desapareceu, a responsabilidade trabalhista passa para a construtora da obra, no nosso caso, a Construtora Andorinha Azul;

2) **da Construtora Andorinha Azul**. Se a empresa de mão de obra não pagar o indicado acima, em uma ação trabalhista dos empregados no Tribunal do Trabalho, o juiz poderá penhorar os bens da construtora e fazer um desconto online (via internet) da conta bancária dessa construtora e/ou de seus proprietários;

3) **da incorporadora (proprietário)**. Se, apesar disso, os recursos financeiros e patrimoniais da Construtora Andorinha Azul e pessoais dos seus sócios não cobrirem as dívidas trabalhistas, então o juiz trabalhista poderá ir atrás da conta bancária da incorporadora[1] e de seus bens, fazendo penhora ou desconto online da conta bancária dessa incorporadora e/ou dos seus proprietários.

Diante de tudo isso, uma construtora, quando subcontrata uma empresa de mão de obra, precisa acompanhar se essa empresa está pagando os direitos trabalhistas. Trabalhar com empresas que, no passado, não criaram problemas, criando até laços de amizade e responsabilidade com a construtora, é um bom caminho para novas obras.

Este autor conhece, em uma enorme cidade, dois grandes hospitais que estão vazios e, portanto, não funcionando, que foram, no passado, unidades médicas de

---

[1] O proprietário.

referência. Hoje, esses dois hospitais de referência – há mais de cinco anos – estão fechados pelo fato de existirem dívidas trabalhistas e dívidas fiscais impagáveis.

Cuidado... E nessa cidade, como em quase todas as cidades do Brasil, há déficit de leitos hospitalares...

Fiscalização na obra: multas e paradas de obra

Coisas desagradáveis, às vezes evitáveis, também acontecem nas obras. No caso da obra do Edifício Solar dos Girassóis, aconteceram três situações:

Situação 1 – Veio a fiscalização trabalhista, que descobriu que os capacetes e os óculos de segurança – equipamento de proteção individual (EPI) – dos trabalhadores da empresa terceirizada de mão de obra, não eram aprovados com o Certificado de Aprovação (CA). Se o EPI não tiver e não ostentar essa indicação visual, é como se não existisse. Foi estabelecida uma multa à Construtora Andorinha Azul e foi dado o prazo de sete dias para a correção do problema, sendo avisado que essa fiscalização voltaria. A empresa terceirizada trocou os capacetes e os óculos de segurança pelos tipos aprovados.

Situação 2 – Veio a fiscalização do sindicato dos trabalhadores, que descobriu, na empresa terceirizada de mão de obra, um empregado sem registro trabalhista. A razão do "não registro trabalhista" fora um azar. O trabalhador, um servente, não tinha um documento e, sem ele, o registro trabalhista tinha sido impossível. Foi aplicada uma multa a ser paga para o sindicato e dado o prazo de 72 horas para realização do registro. O início do trabalho desse ser humano sem registro foi decorrente da pressa em terminar a obra. Foi um erro. O empregado foi, então, assessorado pelo RH da construtora, obteve certidão de nascimento do cartório de registro civil de sua cidade de origem; obteve sua sagrada carteira de identidade e a também sagrada carteira de trabalho, sendo então registrado.

Esse empregado, ao conseguir toda a sua documentação pessoal, descobriu, pela certidão de nascimento, duas coisas: seu nome não era Adinor, e sim Aldinor, e não tinha 19 anos, como imaginava, mas sim 20 anos. Coisas das regiões mais pobres do Brasil. E é tão complicado mudar essas coisas que Aldinor usou esse nome nos seus documentos daí por diante, mas continuou como Adinor informalmente, sendo chamado de Juca pelos íntimos. Talvez a única coisa que não se alterou em toda a pesquisa foi a data do nascimento, 12 de junho, a do seu padroeiro, Santo Onofre.

Situação 3 – Veio a fiscalização municipal. Tinha havido a denúncia de que, no dia anterior, havia ocorrido trabalho na obra e tinha sido feriado municipal, pois era o dia de comemoração da elevação do antigo distrito para município. Houve a multa que foi paga. Mais uma vez, vale a regra: **consulte o saber local.** Confessamos: ninguém da construtora sabia desse feriado municipal.

Um conflito na obra: chuva e concretagem

90

Ouvia-se no passado nas obras: "quando chove não se concreta".

Isso precisa ser explicado e ponderado.

Realmente, a entrada de água não prevista no concreto em lançamento nas formas pode ser bastante prejudicial à resistência desse concreto, pois aumenta a relação água/cimento e, com isso, diminui sua resistência à compressão, bem como sua resistência a ambientes agressivos.

Mas vejamos algumas situações:

- Começou a garoar, portanto, está acontecendo uma chuva muito fraca. Consultando vários construtores, a resposta obtida foi que, sendo uma garoa, ou seja, uma chuva muito, mas muito fraca, a concretagem não precisa parar, então, continua-se a concretagem.

- Se, agora, a chuva aumentou sua intensidade, devemos considerar a possibilidade de fazer uma de duas coisas:

  - parar a concretagem, gerando ociosidade da mão de obra, que estava preparada para o lançamento do concreto, e problemas com a usina de concreto, que já mandou sair o caminhão para atender à sua obra;

  - instalar uma cobertura no caminho do concreto do portão até o local da concretagem, e, no local da concretagem, instalar uma cobertura móvel, pois os locais a cobrir variarão, tendo-se, portanto, a concretagem devidamente protegida da chuva. Não se esqueça de fornecer aos empregados capa e bota protetores contra a umidade.

Em uma obra de um metrô brasileiro havia uma regra: sem chuva ou com chuva (e a devida cobertura), a concretagem não pode parar.

Depois que o concreto já lançado adquire alguma resistência superficial, a chuva é uma benção, pois ajuda na cura do concreto.

Como já relatado, em obras grandes é comum haver um pluviômetro (medidor de quantidade de chuva) para documentar parada de concretagem e levar isso em consideração nos prazos da obra.

Comentários de dois engenheiros construtores revisores deste livro

1) E-mail recebido do engenheiro Jarbas Prado de Francischi Jr. sobre obras públicas, chuvas e concretagem.

> Botelho, bom dia!
>
> A chuva hoje em dia é previsível, a logística da obra se previne o melhor possível, com capas de chuva para os funcionários, rádios de comunicação, equipamentos para rebocar os caminhões de concreto etc.
>
> Hoje em dia, a chuva não atrapalha a execução, a obra não para, pode-se diminuir o volume de concretagem por algum momento, por atraso do transporte do concreto. O programado tem de ser executado. Pode-se, inclusive, lançar um concreto mais seco para absorver a água da chuva.
>
> Obra que para por motivo de chuva é a obra de canalização de córrego. Nesse caso, não se planeja a execução em dias de chuva.
>
> O serviço do engenheiro da obra é este, não deixar parar todo o sistema com o maior bom-senso possível, esperando o melhor e planejando.
>
> Jarbas.

2) E-mail do coautor engenheiro Nelson Newton Ferraz.

> Quando chove, a parte da estrutura mais complicada é a laje. Vigas e pilares convivem mais facilmente com chuvas. Outra situação é a de obras enterradas, tipo execução de blocos e baldrames. Será necessário escoar água da escavação por drenos ou bombas. Depois de concretado, a chuva é algo que só faz bem... Que chova, e chova muito...
>
> Nelson.

91 A umidade e o concreto e a umidade e o concreto armado: são coisas diferentes

O concreto (portanto, sem aço) adora a umidade, e quanto mais umidade tiver o ambiente melhor será o concreto, que ganhará resistência com o aumento do tempo e com o aumento da umidade. Tanto isso é verdade que na prática do rompimento de corpos de prova, os 28 dias do seu prazo o corpo de prova deve ser mantido no laboratório em ambiente rico em umidade (com vapor de água).

Se o concreto adora a umidade, o mesmo não vale para a estrutura de concreto armado, pois a umidade pode oxidar a armadura e, com isso, ocorrer expansão na armadura, criando fissuras, e aí o processo será acelerativo. Logo, a umidade do ambiente é indesejável para a estrutura de concreto armado.

Como combater o ataque da umidade ambiente às peças de concreto armado? Eis as respostas possíveis.

a) com uma limitação da relação água/cimento na preparação do concreto;

b) produzindo-se um concreto com excelente mistura de componentes, o que dá maior resistência à penetração da umidade;

c) usando-se aditivos impermeabilizantes para tornar o concreto mais imune à entrada da umidade ambiental;

d) dando à estrutura de concreto uma adequada cobertura à armadura, recobrimento, ou seja, fixando-se valores mínimos de cobertura da armadura;

e) adotando-se outros cuidados de preparação de um bom concreto, como, por exemplo, usar espaçadores com concreto de baixa relação água/cimento para evitar produzir um excelente concreto com espaçadores que deixarão entrar a umidade. Considerar o uso de pastilha de plástico, uma tendência crescente...

De todos esses cuidados, os dos itens a e d são os mais importantes.

Deve-se notar que, no sistema de compra de concreto usinado, temos pouco controle sobre a produção do concreto na usina. Quanto à cobertura adequada (valor mínimo de cobertura), isso é um cuidado que se deve tomar na fase de projeto e na fase de obra.

Consulte a norma NBR 10787 "Determinação da penetração de água sob pressão". E, como complemento, veja o texto escrito pelo engenheiro civil Luiz T. Hamassaki: Permeabilidade do concreto, *Revista Techné*, p. 6, 2011.

92 A prova de carga da estrutura de concreto armado

Este é um assunto polêmico. Quando a norma NBR 6118/2004 entrou em vigência, havia a previsão, nessa norma, do ensaio de prova de carga da estrutura.

Se a prova de carga detectasse situações de não conformidade final (imagina-se comparada com o projeto estrutural), então, se adotavam as seguintes providências:

- determinar as restrições de uso da estrutura;
- providenciar o projeto de reforço;
- decidir pela demolição parcial ou total.

Mas, acontece um problema filosófico-tecnológico. O que é uma não conformidade? Como defini-la e medi-la? Normalmente, em prédios, os indícios de não conformidade podem ser:

- mau aspecto do concreto;
- deformações exageradas;
- fissuras exageradas.

Este autor acredita que poucos prédios são submetidos ao teste da prova de carga, e uma das razões para isso é a extrema (e põe extrema nisso) dificuldade em se fazer uma prova de carga, colocando-se cargas crescentes em todo o prédio e seguindo-se medindo deformações e fissuras.

Recomenda-se a leitura do livro deste autor *Quatro edifícios, cinco locais de implantação, vinte soluções de fundações*, publicado pela Editora Blucher, no qual é relatada a rocambolesca história de uma prova de carga em estaca pré-molda-da de concreto armado que deu mau resultado (!!!!!!!!!!!!!!), ou seja, na prova de carga recalcou mais do que seria aceitável.

Acontece que existe na ABNT uma norma para prova de carga, e na lista de normas de referência da norma (item 2/6118/2004 – Referências normativas). O nome dessa norma de prova de carga é ABNT NBR 9607.

A norma atual NBR 6118/2014 também não cita essa norma de prova de carga e não a inclui na listagem de normas de referência.

Mas, consultando o site da ABNT (listagem de normas da ABNT em vigor em 2016), a norma lá está. Portanto, a menos que seja retirada, está em vigor, devendo ser usada em casos de suspeitas de não conformidade.

Vejamos a lista de normas de prova de carga para empreendimentos de engenharia civil.

Norma	Status
ABNT NBR 9607:2012 Prova de carga em estruturas de concreto armado e protendido – Procedimento	Em vigor
ABNT NBR 12131:2006 Estacas - Prova de carga estática – Método de ensaio	Em vigor
ABNT NBR 15307:2005 Ensaios não destrutivos – Provas de cargas dinâmicas em grandes estruturas – Procedimento	Em vigor
ABNT NBR 6489:1984 Prova de carga direta sobre terreno de fundação	Em vigor

Nota

O Instituto Brasileiro de Avaliações e Perícias na Engenharia (Ibape) estabeleceu em uma publicação sua uma nomenclatura voltada para identificar alguns problemas que, quando ocorrem, temos de estudar.

Glossário de terminologia básica aplicável à Engenharia de Avaliações e Perícias do Ibape

Fissura capilar – fissura menor que 0,2 mm.

Fissura – fissura de 0,2 mm a 0,5 mm.

Trinca – fissura de 0,5 mm a 1,5 mm.

Rachadura – fissura de 1,5 mm a 5 mm.

Fenda, greta – fissura de 5 mm a 10 mm.

Brecha – fissura maior que 10 mm.

93 A polêmica, mas sempre útil, esclerometria

Esclerometria é a técnica de, com um equipamento de impulsão de pino metálico, se produzir um impacto, a partir de batida e retorno (ricocheteio), sobre a superfície de concreto para a avaliação de sua resistência.

O aparelho consta de uma mola armada para produzir o impacto. É como um revólver, sem pólvora e sem bala. Quanto maior o retorno, estima-se que mais resistente seja o concreto.

É um teste simples, rápido e não destrutivo. A ABNT, pela Norma NBR 7584, padronizou o procedimento. Cautelosa, a ABNT, define o método como avaliação de dureza superficial do concreto endurecido e não como um método direto de determinação da resistência do concreto.

A norma é bem detalhada e fornece um roteiro de como executar uma esclerometria. No anexo dessa norma citam-se:

A – 1 Os ensaios em concreto por método esclerométrico não são considerados substitutos de outros métodos, mas sim um método adicional ou um ensaio suplementar.

A – 4 – 3 (Uso para) Estimativa de resistência à compressão do concreto.

Esta avaliação depende sempre de um número elevado de variáveis. Não se recomenda utilizar este método na avaliação direta da resistência a compressão do concreto, a não ser que se disponha de uma correção confiável efetuada com os materiais em questão.

Deveria se considerar o valor comparativo dos resultados de ensaios esclerométricos.

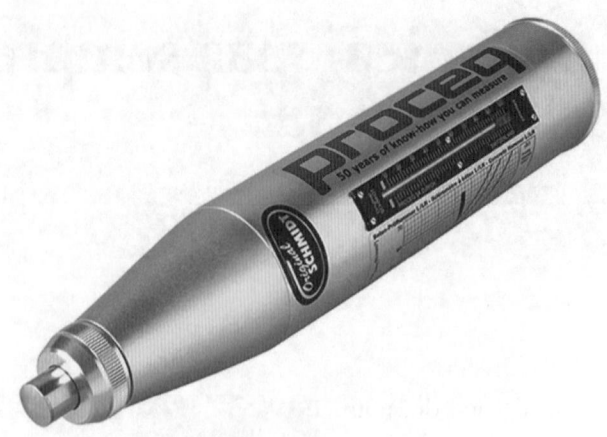

Esclerômetro de Schmidt

O autor MHCB é admirador da esclerometria como um dos processos de procura pela verdade estrutural.

Dados de um fabricante:

- Esclerômetro tipo Schmidt, escala de 100 kgf/cm² a 600 kgf/cm², ou seja, 10 MPa a 60 MPa

- Energia de impacto: 0,225 mkg

- Norma ASTM: C 805

- Referência: www.contenco.com.br

Embora a esclerometria seja encarada por alguns com reservas, parece-nos que essa desconfiança quanto ao uso do esclerômetro é indevida. Vejamos um texto de um famoso, laboratório de tecnologia de materiais.

No artigo "Substituição de andares intermediários, num prédio em execução", publicado na *Revista Construção*, n. 2194, p. 15, fev. 1996, lê-se:

> Considerando-se os valores dos ensaios de compressão dos corpos de prova e as informações relativas às anormalidades surgidas durante a concretagem foram realizados ensaios esclerométricos nos pilares e vigas do oitavo piso a fim de avaliar a resistência do concreto aplicado e definir as possíveis regiões com fck inferior ao especificado. O concreto aplicado no oitavo piso apresentou resultados inferiores ao fck, 18 MPa, em quase todos os pilares ensaiados além de uma das lajes e algumas vigas.

Obs.: deve-se ressaltar que o esclerômetro vale como um método comparativo; os valores obtidos devem ser comparados com outros na mesma estrutura e **não tomados isoladamente**.

> Uma coisa é indiscutível: se os resultados da esclerometria forem bons, podem ainda existir dúvidas, mas se os resultados da esclerometria forem ruins, então, com enorme probabilidade, a estrutura estará mal, muito mal.

O professor Dirceu Franco de Almeida, em artigo para a revista *Qualidade*, publicada pelo Sindicato da Construção Civil de São Paulo, dá excelentes exemplos de como bem usar a esclerometria.

Uso da esclerometria em ensaios rápidos

O teste do fck é feito após 28 dias da moldagem de corpos de prova de concreto, procurando-se medir a resistência do concreto colocado nas formas. Esse prazo de 28 dias é muito dilatado e só foi adotado tão grande pois os resultados com menos idade apresentam uma maior dispersão do resultado em relação à resistência final. Mesmo levando isso em conta, há o interesse de, com curto espaço de tempo, ter uma noção da qualidade da nossa concretagem, medida em termos de resistência pelo fck. Foram então desenvolvidos, para isso, ensaios rápidos que nos dão, após 1 ou 3 ou 7 dias, uma estimativa da resistência a 28 dias. Claro está que, sendo a dispersão de resultados muito grande, há um cuidado maior para interpretar os resultados desses ensaios rápidos. A esclerometria está indicada como um teste rápido de medida da resistência do concreto.

A esclerometria pode ser usada também para acompanhar a evolução do módulo de deformabilidade do concreto, ou seja, sua característica de deformar mais ou menos e, com isso, orientar desformas e/ou retirada de escoramento.

Ver NBR 14931, item 10.1, que orienta a cura e a retirada do escoramento do concreto, fixando o valor 15 MPa como resistência mínima para a retirada do escoramento. A única técnica de pequenas e médias obras para conhecer a resistência do concreto, sem gastar dias e dias, é a esclerometria.

Atenção, portanto:

> Este autor conversou com vários colegas, **construtores de mão--cheia**, sobre a esclerometria como instrumento de análise da resistência do concreto, e todos eles declararam usar a esclerometria.

Divergências e concordâncias absolutas sobre a esclerometria

Há competentes colegas que não acreditam e por isso não usam a esclerometria.

Há competentes colegas que acreditam, usam e recomendam a esclerometria.

Os colegas que não acreditam na esclerometria dizem que seus resultados não são 100% confiáveis.

Palavras filosóficas:

Há entretanto uma concordância absoluta e unânime. Se os resultados da esclerometria forem péssimos, **a qualidade da estrutura é péssima...**

Há um consenso de que o concreto, com o tempo, sofre a ação do gás carbônico da atmosfera (fenômeno chamado de carbonatação) e, com isso, tem aumentada a resistência de sua superfície e não do seu corpo. Portanto, os resultados da esclerometria são mais confiáveis em estruturas mais jovens do que em estruturas velhas, **mas, mesmo assim, a esclerometria é um instrumento útil para avaliar a resistência do concreto de uma estrutura**.

M. H. C. Botelho

94 Higiene e segurança no trabalho

Por uma questão de solidariedade humana (mas também como incentivo aos funcionários e benefício à imagem da empresa) e atendimento à legislação trabalhista, os canteiros de obra devem ter:

- instalações hidráulicas sanitárias;
- recolhimento e disposição de lixo;
- fornecimento de água potável;
- local de proteção contra a chuva;
- local de descanso após as refeições;
- e o que mais a legislação indicar, como material de segurança individual (EPI – equipamento de proteção individual), como capas, botas, luvas, óculos de segurança, cintos antiqueda, porta-ferramentas. Deve haver instruções e estímulos para o uso desses equipamentos, pois infelizmente os trabalhadores rejeitam as medidas de segurança que os protegem.

Isso tudo vale tanto para os empregados registrados como para os autônomos e terceirizados.

Há, pela legislação ou acordo coletivo, a exigência de fornecimento de lanche no início dos trabalhos e de outra refeição (almoço). Na cidade de São Paulo, antes da exigência do lanche matinal, em muitas obras, havia um grande número de quedas de trabalhadores. Era o estado famélico de alguns trabalhadores.

Devem-se seguir as determinações do Acordo Coletivo de Trabalho da região.

Notas

- Não importa o local da sede da construtora para se considerar qual é o Acordo Coletivo de Trabalho aplicável. O que vale para assuntos trabalhistas é o local da obra.

- Entre outros cuidados, deve-se usar um dispositivo de plástico (pequeno capacete) na extremidade exposta de barras de aço, evitando-se danos aos corpos dos trabalhadores no caso de queda sobre essas extremidades.

- Outro cuidado, nem sempre observado, é a exigência de transporte de ferramentas manuais em cinto de couro abdominal e nunca, mas nunca mesmo, nos bolsos da roupa. No caso de uma eventual queda, sem o cinto de couro, as ferramentas manuais poderão machucar o corpo do trabalhador.

Bolsa e cinto para transporte de ferramentas

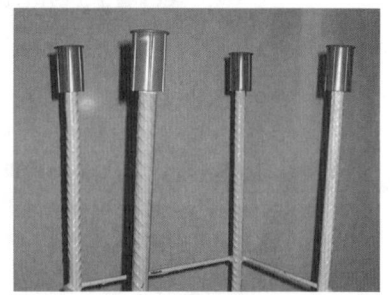

Cápsulas plásticas colocadas nas extremidades das barras de aço para evitar acidentes graves

Cinto de segurança, proteção contra quedas

Dados, índices e estratégias contábeis de uma construtora

Ao desejar entrar em uma concorrência pública de obra municipal, a Construtora Andorinha Azul encontrou no edital a necessidade de apresentar várias informações e índices contábeis.

Vamos mostrar e explicar tudo o que o edital exigia:

1) Somente poderão participar da licitação as empresas com objeto social compatível com o objetivo licitado.

   Situação: pelo contrato social da construtora,[1] constava o item "execução de obras civis públicas e particulares". Resolvido o caso. A exigência estava atendida.

2) Comprovação de capital social mínimo integralizado e registrado na Junta Comercial correspondendo a, no mínimo, 10% do valor da contratação.

   Situação: a construtora tinha um capital social de R$ 660.000,00, bastante superior, portanto, aos 10% do valor da contratação, que seria de R$ 2.850.000,00. Resolvido o caso. Existem regras oficiais para demonstrar, com honestidade, o valor do capital social. Em regra geral, solicitam-se os pareceres de três contadores registrados na Junta Comercial, concordando que os bens monetários e imobiliários de uma empresa têm determinado valor.

3) Coeficientes contábeis.

   LG = (ativo circulante + realizável a longo prazo) ÷ passivo circulante + passivo não circulante ≥ **1**

   SG = (ativo total) ÷ passivo circulante + passivo não circulante ≥ **1**

   LC = (ativo circulante) ÷ passivo circulante ≥ **1**

Expliquemos os conceitos contábeis expostos, que parecem complicados, mas são de uma simplicidade franciscana:

---

[1] O contrato social de uma firma e suas modificações, como aumento do capital social, entrada e saída de novos sócios, mudança de endereço da sede etc. ficam registradas em um órgão oficial chamado de "Junta Comercial". Esse órgão faz o mesmo que o cartório de registro civil, com anotações da vida das pessoas, como nascimento, casamento, divórcio, até a morte.

Liquidez corrente (*LC*) – compara os ativos de curto prazo com as dívidas (passivo) de curto prazo de uma empresa. A liquidez corrente mostra se no curto prazo, geralmente um ano, os ativos são suficientes para cobrir as obrigações de curto prazo.

Quando a liquidez corrente é maior que a unidade, significa que o capital de giro líquido é positivo.

Ativo circulante – também denominado de ativo corrente, engloba o caixa e equivalentes, aplicações de curto prazo (títulos e valores mobiliários), contas a receber, estoques, adiantamentos a terceiros, despesas antecipadas, entre outros.

Ativo total – soma de todos os ativos de uma empresa, que, em geral, são subdivididos em três categorias, de acordo com a sua liquidez e duração (ativo circulante, realizável a longo prazo e permanente).

Passivo circulante – soma de todos os passivos de uma empresa cujo vencimento é inferior a um ano. Em geral, inclui contas, como fornecedores, dívida de curto prazo, imposto a pagar etc.

Felizmente, os índices contábeis da construtora atendiam ao solicitado no edital e o contador da construtora, com base no último balanço, demonstrou isso, anexando-o na proposta da construtora.

A construtora pôde então concorrer.

Estratégia contábil na compra de esquadrilhas de alumínio

Um dos engenheiros construtores revisores deste livro propôs, e foi aceita, a apresentação de uma estratégia contábil altamente vantajosa para uma construtora. A construtora participou de concorrência de preço global para fazer uma reforma geral de um hospital, com a previsão de troca de todas as esquadrias metálicas de ferro desse hospital por esquadrias de alumínio. Eram muitas as esquadrias de alumínio. A razão da troca era que as esquadrias de ferro estavam totalmente enferrujadas, pois a região era altamente úmida. A construtora solicitou uma proposta de uma fábrica de esquadrias de alumínio e, com essa proposta, seu preço foi incorporado (acrescido do BDI) no preço final da proposta da construtora. E a construtora ganhou a concorrência, pois tinha solicitado o menor preço para a totalidade da obra que os outros concorrentes. Assinado o contrato de execução, o contador da construtora foi até o diretor de obras e ponderou:

— *O preço da fábrica de esquadrias incorpora, como tem de incorporar, os impostos ICMS e IPI. Esses são os impostos-chave de uma fábrica qualquer e especificamente de uma fábrica de esquadrias de alumínio. Mas há uma maneira legal e honesta de a construtora gastar menos com esse item de esquadrias de alumínio. Bastará fazer um acordo com o fabricante e, assim, a construtora compra alumínio a ser usado nas esquadrias, contrata com a fábrica, não a fabricação das esquadrias, mas sua montagem na obra.*

Adotado esse critério contábil: não pagaremos IPI, mas pagaremos ISS, pois agora a fábrica passa a ser uma prestadora de serviços.

Ganharemos dinheiro trocando o IPI,[2] que não será pago, pelo menor valor do ISS, que é municipal.

A construtora desta história assim procedeu, e ganhou dinheiro nesse item, mostrando que toda a obra deve ser encarada como um ponto de negócios.

Contabilidade fiscal é assunto importantíssimo, e quem não cuida dela acaba gastando mais.

---

[2] Não se pagará IPI no relacionamento com a fabricante de esquadrias mas ao comprar diretamente o alumínio do seu fabricante terá de pagar o IPI do produto.

96 Deformação lenta do concreto: fluência

O material concreto e suas estruturas têm dois tipos de deformações:

- deformação imediata, que ocorre quando esse concreto é esforçado, de qualquer maneira;

- deformação lenta, que acontece ao longo do tempo, se persistir a existência de cargas, sejam as cargas externas (cargas acidentais) ou as cargas oriundas do próprio peso.

Não há como evitar a deformação lenta. A única solução para que ela não crie problemas é considerando sua existência no projeto da estrutura.

Ver item 11.3.3.2 da Norma 6118 (Fluência do concreto).

Diário de obra

Toda obra deve ter um diário, que deve ser preenchido diariamente pelo responsável técnico da obra relatando, de forma extremamente resumida, o acontecido no dia. Isso, às vezes, vale ouro.

Em obras grandes, acontece de se instalar um pluviômetro com o qual a intensidade das chuvas é anotada diariamente, gerando razões quando ocorrem chuvas para dilatação de prazos de obra sem multas.

O diário de obra é algo que tem que ser desenvolvido e usado, adaptado para cada construtora e para cada tipo de obra, ou seja, é algo "pessoal".

O ideal é que o diário de obra seja produzido/preenchido todos os dias ou, no máximo, uma vez por semana, e enviado, via internet, ao proprietário, documentando o seu conhecimento pelo andamento da obra, causas de problemas e solicitações técnicas da construtora quanto a dúvidas técnicas e questões de custos.

Hoje em dia, o diário de obra deve ser feito em computador usando-se os programas mais adequados.

Atenção, atenção, atenção:

> Recomendação de um engenheiro construtor de cabelos brancos.
>
> O diário de obra é ótimo escravo e péssimo patrão. Sua função é ajudar e não ser uma fonte de polêmicas e discussões. O que interessa é a obra.
>
> O diário de obra é feito para a obra e a obra não deve ser feita para o diário.

A seguir, é apresentado um modelo de diário de obra. Faça sua adaptação e gere dois ou três modelos para cada tipo de obra, a escolher. Também são apresentados modelos de diários de obra de autoria do engenheiro Nelson N. Ferraz.

Nota

Há obras dentro da água do mar em que é importante registrar níveis de maré local. Nas obras em locais longe do mar, mas próximas de rios que inundam, é interessante instalar réguas chamadas limnimétricas para acompanhar a evolução do aumento de cota de água do rio no caso de chuvas na região.

Podemos e, às vezes, pode ser importante em grandes obras:

- medir precipitação;
- medir temperaturas;
- medir umidade relativa do ar;[1]
- medir insolação;
- medir evaporação;
- e outras medidas do meio ambiente.

Diário de obra	**folha 1**

Dia_____ /_____ /_____

Cliente_____

OBRA_____

Contrato n._____

Diário n._____

Enviado para:

Proprietário ☐   Direção da construtora ☐   Terceiro ☐

Participantes:

Proprietário_____

Construtora_____

Terceiros_____

Assuntos

1_____

2_____

3_____

4_____

5_____

Solicitações de providências

A_____

B_____

C_____

---

[1] Uma grande firma estatal exige que a pintura periódica de seus enormes tanques metálicos de reserva de produtos químicos já processados só pudesse ser feita quando a umidade relativa do ar fosse inferior à determinada grau de umidade fixada em norma. E a firma de pintura era obrigada a colocar em letras garrafais o seu próprio nome e a data da pintura para que todos soubessem da qualidade do trabalho.

DIÁRIO DE OBRA

Data: _____ /_____ /_____   Tempo: _____

Obra: _____ Nº:_____   Local: _____

Engenheiro: _____Administrativo:_____

Efetivo Gerenciadora: _____Administrativo:_____

Efetivo Empreiteiras:

    Nome: _____

    _____ Encarregado   _____ Administrativo

    _____ Pedreiro   _____ Carpinteiro

    _____ Servente   _____

    Nome:_____

    _____ Encarregado   _____ Administrativo

    _____ Encanador   _____ Eletricista

    _____ Ajudante   _____

    Nome:_____

    _____ Encarregado   _____ Administrativo

    _____ Pedreiro   _____ Carpinteiro

    _____ Servente   _____

Visitas à obra: _____

_____

_____

Serviços executados: _____

_____

_____

Eventos extraordinários e observações: _____

Assinatura do Administrativo   Visto Engenheiro

_____   _____

Data _____ /_____ /_____   Data _____ /_____ /_____

DIÁRIO DE OBRA (D.O.)
ROTEIRO PARA PREENCHIMENTO

Data:___feira, _____ /_____ /_____   **Tempo:** [bom/encoberto/chuvoso]
[quente/médio/frio]

Número de pessoas na obra: _____ da categoria x (pedreiro por ex.)
_____ da categoria y (carpinteiro por ex.)
_____ da categoria z
_____ da categoria v
_____ da categoria w
_____ etc.

Total: _____ funcionários

[Atenção: Devem ser discriminados os funcionários próprios e os de subempreiteiras, separadamente]

Visitas à obra:

[Nomear e qualificar todas as pessoas que estiveram na obra e não trabalhem lá regularmente; não se incluem nessa categoria qualquer funcionário da gerenciadora ou de subempreiteiras que já estejam trabalhando na obra; o cliente e seus funcionários devem ser incluídos nessa relação, eles são visitas.]

Serviços executados:

[Descrever minuciosamente todos os serviços executados, informando quem os executou (se empreiteira ou subempreiteira), duração do serviço (se possível) e eventuais problemas encontrados na execução.]

Eventos extraordinários:

[Descrever todo e qualquer evento que ocorra e que possa estar fora do normal; em caso de dúvida, escreva; não esquecer de informar o(s) responsável(eis) pelo evento e/ou as providências tomadas.]

Observações:

[Descrever tudo o que ocorreu na obra e que, eventualmente, não se enquadre nos itens acima; observar que os responsáveis devem ser claramente indicados.]

Nome e assinatura do administrativo:

Assinatura do engenheiro responsável:

[É a da direita e deve ser colhida antes de se encaminhar o D.O. para ser assinado pelo cliente; nada mais pode ser acrescentado ao D.O. após esta assinatura.]

Assinatura do cliente:

[Só deve ser colhida após a aprovação e a assinatura do engenheiro responsável; caso o cliente queira fazer alguma observação, poderá fazê-lo de próprio punho ou por seu preposto; o administrativo da obra não poderá escrever mais nada no D.O. após a assinatura do engenheiro responsável.]

_____   _____
Engenheiro responsável da construtora   Administrativo de obra do cliente

O concreto e a alvenaria ao longo do tempo

Uma obra de estrutura e alvenaria está pronta e não indica defeitos. Não falemos do assunto fundações, que merece um texto fora dos limites deste livro. Se tudo está em ordem com a estrutura e a alvenaria, ao longo do tempo esses elementos resistem muito bem e sem problemas, a não ser que:

- estejam em ambiente ultra-agressivo, como, por exemplo, junto ao mar;

- fizerem uma obra próxima com danos ao vizinho;

- tenha ocorrido uso com cargas maiores que as de projeto, como o caso de estocagem de produtos pesados;

- tenha ocorrido uso diferente do previsto, como salões de ginástica/danças, com suas vibrações.

Como peritos em construção civil, os autores já visitaram dezenas de casas e prédios e nunca encontraram problemas com a estrutura e a alvenaria causados pelo tempo. No máximo, encontraram os famosos pontos marrons da estrutura de concreto armado que significam pontos onde a armadura ficou muito próxima da superfície, sem cobertura contra a oxidação, e, com o tempo, estouraram e a cor marrom é decorrente do aço oxidado. Se o número de pontos marrons é pequeno, essa situação de forma alguma preocupa, pois seus microdanos não geram problemas estruturais. Mas, se quisermos consertar esses pontos, basta limpar o local e colocar, como revestimento, um tipo de concreto de melhor qualidade.

Tirando esses casos, as estruturas de concreto armado duram dezenas e dezenas de anos.

Os primeiros prédios de concreto armado do Brasil são da década de 1930,[1] ou seja, têm mais de 80 anos, e suas estruturas estão totalmente íntegras.

Alguns casos de colapso progressivo em prédios não tiveram suas causas descobertas.

---

[1] Edifício A Noite na Praça Mauá, no Rio de Janeiro, e o edifício Martinelli, em São Paulo, ambos construídos no período de 1928 a 1930.

As seguintes condições têm gerado situações de agravamento da relação concreto/alvenaria, gerando trincas:

- falta de adequada cura;

- os atuais concretos bombeados geram mais problemas pelo fato de serem mais deformáveis, em razão da supressão de uso de tamanho de brita maior;

- prédios com mais altura e maiores vãos, eliminando pilares, geram maior deformabilidade das estruturas de concreto.

Deve-se notar que, com o surgimento de trincas nas alvenarias logo após a contrução, o construtor será chamado para fazer os reparos.

Veja o artigo: "Alerta! – Deformações excessivas" – *Revista Téchne*, n. 97, abr. 2005.

99 Usos do concreto auto-adensável (CAA) e do concreto de alto desempenho (CAD)

O mercado do concreto ganhou, há algum tempo, dois novos tipos de concreto: concreto auto-adensável (CAA) e concreto de alto desempenho (CAD). Vamos entender de forma simplificada esses relativamente novos tipos de concreto:

1. O **concreto auto-adensável** (CAA): é um concreto que, graças à seleção dos componentes miúdo e graúdo, com adição de superplastificantes e outros aditivos, tem grande fluidez e alta trabalhabilidade, sem o sacrifício do fck. Disso resulta que o concreto não precisa sofrer vibração dentro das formas.

   Tem como vantagens, além de outras:

   - eliminação de nichos e falhas de concretagem;
   - redução do custo de aplicação por m^3 de concreto;
   - garantia de excelente acabamento em concreto aparente;
   - permitir bombeamento em grandes distâncias horizontais e verticais;
   - uso em fôrmas com grande concentração de ferragens.

   Na sua obra, caro leitor, veja os custos desse concreto e considere as vantagens no seu uso.

2. O **concreto de alto desempenho** (CAD) é um concreto de maior fck, graças a sua tecnologia avançada, que emprega aditivos especiais. Tem como desvantagens:

   - Possuir maior custo. Em um prédio, ele só foi empregado na concretagem de pilares, pois na concretagem de lajes e vigas foi usado concreto convencional. Lembrando que, em uma estrutura de concreto armado, o maior consumo de concreto ocorre preponderantemente nas lajes. O uso do concreto de alto desempenho nos pilares teve a finalidade de diminuir o espaço ocupado pela estrutura, principalmente nas garagens, aumentando os espaços livres.

   Obs.: acredita-se que na próxima revisão da norma 6118, esses concretos sejam incluídos.

No nosso caso em referência (prédio de apartamentos Solar dos Girassóis), esses dois novos tipos de concreto não foram usados. Será usado o concreto convencional usinado com fck = 20 MPa e exigência de vibração para adensamento do concreto fresco.

100 Próximo ao fim da obra: providências

Há um sábio ditado na área técnica que diz algo como:

- é algo difícil começar um empreendimento (obra);
- é rotineiro desenvolver um empreendimento (obra);
- e é dificílimo – eu disse dificílimo – concluir um empreendimento (obra).

Vamos, então, abordar, neste item, esse aspecto dificílimo que é o conjunto de cuidados para, e quando acontece, o fim de uma obra.

Quando a estrutura está pronta e a alvenaria também, cabe tirar fotos técnicas da obra e de seus detalhes. A obtenção de fotos durante a obra também é muito importante. Quando falamos de fotografia técnica é a fotografia tirada com cuidados extras em relação à chamada "fotografia de aniversário". Entre os cuidados de fotografias técnicas, temos um muito importante que é sempre colocar como referência de tamanho algo de tamanho bem conhecido, como um calçado, um automóvel etc. Toda foto precisa ter data. Os outros cuidados são os comuns para quem tira fotos em geral.

Obtidas e guardadas as fotos do fim da obra, devemos fazer um *checklist* de providências tais como:

a) Documentar, para o proprietário, o fim da obra, com todo o contratado cumprido

b) Devolver formalmente os equipamentos alugados.

c) Mandar para almoxarifado central equipamentos da própria construtora, agora sem uso imediato, e que estão no almoxarifado da obra. Documentar a transferência.

d) Visitar os vizinhos da obra para se despedir deles, deixando o recado que a obra contratada (estrutura e alvenaria) terminou e novos contatos terão que ser feitos com o proprietário da obra e não mais com a construtora.

e) Demitir os empregados da obra, mas procurando registrar seus endereços e e-mails para futuros contatos.

f) Verificar junto à sua seção de recursos humanos e ao seu advogado trabalhista os cuidados da operação das demissões.

g) É muito comum, na desmontagem das coisas, haver displicências e, com isso, a ocorrência de acidentes na obra. Verificar com o seu assessor de segurança do trabalho os cuidados nessa hora.

h) Retirar as placas de obra.

i) Retirar do local da obra materiais inservíveis, mas de uso potencial por terceiros. Alguns materiais são inservíveis para qualquer outro uso (por exemplo, restos de formas de madeira, restos de escoramento de madeira, elementos da alvenaria quebrados) e, então, deve-se verificar na prefeitura da cidade como dispô-los.

j) Se durante os pagamentos do proprietário à construtora aconteceram retenções financeiras, previstas no contrato, é hora de cobrar e receber essas retenções que estão com o proprietário.

k) Informar ao CREA do estado ou CAU e à prefeitura municipal local sobre o fim da obra.

l) Se há seguro de obra, contatar formalmente a seguradora informando quanto ao fim da obra.

m) Solicitar junto ao proprietário uma declaração de realização a contento da obra, especificando com detalhes as características dessa obra. Para entrar em concorrências públicas de pequenas prefeituras, mesmo sendo essa declaração oriunda de um cliente particular (o investidor no prédio), ela costuma ser aceita. Essa declaração, após a realização de obras públicas para as menores prefeituras do Brasil, tem fé pública e abre portas para obras de porte médio, e, por sua vez, com declarações de fim de obras a contento de porte médio, a construtora poderá ter acesso ou a obras maiores ou a obras de prefeituras de maior porte, que fazem exigências formais administrativas de grande fôlego.

Na conclusão da obra, cada construtora costuma ter outros cuidados, inclusive em função do tipo de obra executada, das características da cidade e do bairro onde a obra se localizou, além das experiências vividas e sofridas em outras obras. Por vezes, até cuidados de segurança contra invasão da obra pronta, fato muito comum nas periferias das cidades.

Crie na sua construtora um documento-padrão (*checklist*) para os dados da obra e para esses cuidados. Após alguns anos, essas informações registradas podem ser muito úteis.

101 Responsabilidade sobre a qualidade da obra

Este é um assunto difícil. Por um raciocínio simples, no caso de falta de qualidade de uma obra pronta, como, por exemplo, no caso do Edifício Solar dos Girassóis, caberia saber se o responsável seria:

- o projeto ou qualquer atividade realizada por terceiros (no caso de sondagem, topografia etc.), fora da contratação da construtora;

- ou a construtora, e inclua-se aí na sua responsabilidade a qualidade do concreto colocado na obra, a qualidade da armadura e, em um caso geral, as instalações hidráulicas, elétricas etc.

Mostra, entretanto, a experiência que, quando há problemas e estes vão para a justiça, mesmo com o parecer de um perito, escolhido livremente pelo juiz, dizendo que o responsável não foi a construtora, sempre respingam problemas para a construtora. Considere esse custo quando for compor o BDI de sua proposta de execução.

O assunto é amplo e complexo.

Vejamos o que diz o Código Civil Brasileiro, Lei nº 10.406, chamado de Código do Cidadão, pois regula as principais relações dos cidadãos, como: casamento, filiação, compra de propriedade, direitos de vizinhanças, heranças etc., assuntos nos quais todo cidadão tem interesse.

CAPÍTULO VIII

Da Empreitada

Art. 610. O empreiteiro de uma obra pode contribuir para ela só com seu trabalho ou com ele e os materiais.

§ 1º A obrigação de fornecer os materiais não se presume; resulta da lei ou da vontade das partes.

§ 2º O contrato para elaboração de um projeto não implica a obrigação de executá-lo, ou de fiscalizar-lhe a execução.

Art. 611. Quando o empreiteiro fornece os materiais, correm por sua conta os riscos até o momento da entrega da obra, a contento de quem a encomendou, se este não estiver em mora de receber. Mas se estiver, por sua conta correrão os riscos.

Art. 612. Se o empreiteiro só forneceu mão-de-obra, todos os riscos em que não tiver culpa correrão por conta do dono.

Art. 613. Sendo a empreitada unicamente de lavor (art. 610), se a coisa perecer antes de entregue, sem mora do dono nem culpa do empreiteiro, este perderá a retribuição, se não provar que a perda resultou de defeito dos materiais e que em tempo reclamara contra a sua quantidade ou qualidade.

Art. 614. Se a obra constar de partes distintas, ou for de natureza das que se determinam por medida, o empreiteiro terá direito a que também se verifique por medida, ou segundo as partes em que se dividir, podendo exigir o pagamento na proporção da obra executada.

§ 1 º Tudo o que se pagou presume-se verificado.

§ 2 º O que se mediu presume-se verificado se, em trinta dias, a contar da medição, não forem denunciados os vícios ou defeitos pelo dono da obra ou por quem estiver incumbido da sua fiscalização.

Art. 615. Concluída a obra de acordo com o ajuste, ou o costume do lugar, o dono é obrigado a recebê-la. Poderá, porém, rejeitá-la, se o empreiteiro se afastou das instruções recebidas e dos planos dados, ou das regras técnicas em trabalhos de tal natureza.

Art. 616. No caso da segunda parte do artigo antecedente, pode quem encomendou a obra, em vez de enjeitá-la, recebê-la com abatimento no preço.

Art. 617. O empreiteiro é obrigado a pagar os materiais que recebeu, se por imperícia ou negligência os inutilizar.

Art. 618. Nos contratos de empreitada de edifícios ou outras construções consideráveis, o empreiteiro de materiais e execução responderá, durante o prazo irredutível de cinco anos, pela solidez e segurança do trabalho, assim em razão dos materiais, como do solo.

Parágrafo único. Decairá do direito assegurado neste artigo o dono da obra que não propuser a ação contra o empreiteiro, nos cento e oitenta dias seguintes ao aparecimento do vício ou defeito.

Art. 619. Salvo estipulação em contrário, o empreiteiro que se incumbir de executar uma obra, segundo plano aceito por quem a encomendou, não terá direito a exigir acréscimo no preço, ainda que sejam introduzidas modificações no projeto, a não ser que estas resultem de instruções escritas do dono da obra.

Parágrafo único. Ainda que não tenha havido autorização escrita, o dono da obra é obrigado a pagar ao empreiteiro os aumentos e acréscimos, segundo o que for arbitrado, se, sempre presente à obra, por continuadas visitas, não podia ignorar o que se estava passando, e nunca protestou.

Art. 620. Se ocorrer diminuição no preço do material ou da mão-de-obra superior a um décimo do preço global convencionado, poderá este ser revisto, a pedido do dono da obra, para que se lhe assegure a diferença apurada.

Art. 621. Sem anuência de seu autor, não pode o proprietário da obra introduzir modificações no projeto por ele aprovado, ainda que a execução seja confiada a terceiros, a não ser que, por motivos supervenientes ou razões de ordem técnica, fique comprovada a inconveniência ou a excessiva onerosidade de execução do projeto em sua forma originária.

Parágrafo único. A proibição deste artigo não abrange alterações de pouca monta, ressalvada sempre a unidade estética da obra projetada.

Art. 622. Se a execução da obra for confiada a terceiros, a responsabilidade do autor do projeto respectivo, desde que não assuma a direção ou fiscalização daquela, ficará limitada aos danos resultantes de defeitos previstos no art. 618 e seu parágrafo único.

Art. 623. Mesmo após iniciada a construção, pode o dono da obra suspendê-la, desde que pague ao empreiteiro as despesas e lucros relativos aos serviços já feitos, mais indenização razoável, calculada em função do que ele teria ganho, se concluída a obra.

Art. 624. Suspensa a execução da empreitada sem justa causa, responde o empreiteiro por perdas e danos.

Art. 625. Poderá o empreiteiro suspender a obra:

I - por culpa do dono, ou por motivo de força maior;

II - quando, no decorrer dos serviços, se manifestarem dificuldades imprevisíveis de execução, resultantes de causas geológicas ou hídricas, ou outras semelhantes, de modo que torne a empreitada excessivamente onerosa, e o dono da obra se opuser ao reajuste do preço inerente ao projeto por ele elaborado, observados os preços;

III - se as modificações exigidas pelo dono da obra, por seu vulto e natureza, forem desproporcionais ao projeto aprovado, ainda que o dono se disponha a arcar com o acréscimo de preço.

Art. 626. Não se extingue o contrato de empreitada pela morte de qualquer das partes, salvo se ajustado em consideração às qualidades pessoais do empreiteiro.

[...]

Art. 937. O dono de edifício ou construção responde pelos danos que resultarem de sua ruína, se esta provier de falta de reparos, cuja necessidade fosse manifesta.

Art. 938. Aquele que habitar prédio, ou parte dele, responde pelo dano proveniente das coisas que dele caírem ou forem lançadas em lugar indevido.

Nota

O Código Civil não reconhece a divisão moderna de incorporador e construtor, cabendo, em uma briga jurídica, ao advogado da construtora mostrar esse aspecto e suas consequências.

Sugestão de leitura:

MEIRELLES, H. L. Jurisprudência sobre prazos de garantia, decadência e prescrição aplicáveis à construção civil. In: _____. *Direito de construir.* São Paulo: Editora Malheiros, 2013.

DEL MAR, C. P. *Falhas, responsabilidades e garantias na construção civil.* São Paulo: Editora Pini, 2007.

102 Reclamação trabalhista de última hora: a fórmula 5 ÷ 2

Contemos um caso trabalhista envolvendo a Construtora Andorinha Azul. A construtora foi informada que um ex-empregado (pedreiro) iniciara uma ação trabalhista contra ela solicitando quatro anos de horas extras exercidas e não pagas. A indenização poderia chegar a um valor alto. Foi chamado o advogado trabalhista, sempre contratado da construtora, e ele explicou:

— *Qualquer empregado pode solicitar direitos de um período de trabalho de até cinco anos atrás, mas com extensão de cobertura de até dois anos após o fim da contratação. Logo, o máximo que ele poderia receber como horas extras não pagas seria de dois anos.*

O pedido do ex-empregado de quatro anos de direitos era para dar medo à construtora e a efetividade das horas extras era verdadeira, mas foram pagas "por fora" sem recibo e, portanto, não contabilizadas (um perigo). E o advogado ainda explicou:

— *Trabalhador pede, em geral, muito e injustamente, mas faz acordo por muito menos. Mas esse acordo tem de ser feito no Tribunal do Trabalho, pois, fora do formalismo do tribunal, sempre o empregado poderá reclamar, depois, algo mais.*

O pedido trabalhista foi feito via Tribunal do Trabalho com audiência marcada para dali a quatro meses. No dia da audiência, os advogados das partes fizeram acordo na base de 40% do pedido inicial, foi calculado apenas o período de dois anos, a ser pago em cinco parcelas mensais sucessivas, e tudo foi acertado.

Vale sempre a regra trabalhista sagrada 5:2, ou seja, o prazo de carência (fim de direito) termina em cinco anos e dentro desse período só se pode pedir dois anos de cobertura. Ou seja, alguém que pede direitos de até seis anos atrás só poderá pedir um ano pois um ano prescreveu e como os períodos protegidos pela lei correspondem a dois anos, só sobra um ano de direito do empregado, se é que o pedido tem justificativa real.

Guilherme, um dos sócios, ponderou:

— *Pelo menos, estamos livres desse indivíduo. Nunca mais ele poderá nos processar.*

O advogado trabalhista tossiu um pouco e falou:

— *Esse empregado, se entrar com uma nova ação ligada ao assunto dessa ação em que fizemos um acordo, perderá "de cara", pois esse assunto específico ficou morto e enterrado juridicamente. Mas ele pode entrar, dentro do limite de cinco anos, com uma reivindicação sobre qualquer outro assunto trabalhista... Toda construtora tem que estar preparada para isso e quando se fizer, na fase de proposta, o estudo dos custos, considerar isso nos custos implacáveis e pouco previsíveis.*

103 Manutenção da estrutura de concreto e da alvenaria

Em estruturas não expostas a condições agressivas e se forem tomadas providências de escolha do fck e da relação água/cimento, cobertura da armadura, eventual uso de aditivos, adensamento e cura, em princípio, nada haverá para se preocupar. Podemos até garantir que a estrutura e a alvenaria durarão, sem maiores problemas, até 50 anos. Mas a norma NBR 6118 indica condições possivelmente críticas que atingem algumas estruturas de concreto armado, principalmente se os cuidados indicados não foram seguidos.

Para conhecer as condições adversas a estruturas de concreto armado, temos:

Classes de agressividade ambiental			
Classe de agressividade ambiental	Agressividade	Classificação geral do tipo de ambiente para efeito de projeto	Risco de deterioração da estrutura
I	Fraca	Rural	Insignificante
I	Fraca	Submersa	Insignificante
II	Moderada	Urbana [1,2]	Pequeno
II	Moderada	Urbana	Pequeno
III	Forte	Marinha [1]	Grande
III	Forte	Industrial [1,2]	Grande
IV	Muito forte	Industrial [1,3]	Elevado
IV	Muito forte	Respingos de maré	Elevado

[1] Pode-se admitir um microclima com uma classe de agressividade mais branda (um nível acima) para ambientes internos secos (salas, dormitórios, banheiros, cozinhas e áreas de serviço de apartamentos residenciais e conjuntos comerciais ou ambientes com concreto revestido com argamassa e pintura).

[2] Pode-se admitir uma classe de agressividade mais branda (um nível acima) em: obras em regiões de clima seco, com umidade relativa do ar menor ou igual a 65%, partes da estrutura protegidas de chuva em ambientes predominantemente secos, ou regiões onde chove raramente.

[3] Ambientes quimicamente agressivos, tanques industriais, galvanoplastia, branqueamento em indústrias de celulose e papel, armazéns de fertilizantes, indústrias químicas.

Essa norma, no seu item 25.4, p. 188, preceitua:

Manual de utilização, inspeção e manutenção

Dependendo do porte da construção e da agressividade do meio e de posse das informações dos projetos dos materiais e produtos utilizados e da execução da obra, deve ser produzido por profissional habilitado, devidamente contratado pelo contratante, um manual de utilização, inspeção e manutenção. Esse manual deve especificar de forma clara e sucinta os requisitos básicos para utilização e manutenção preventiva necessárias para garantir a vida útil prevista para a estrutura, conforme indicado na NBR 5674.

Deve-se consultar:

* NBR 5674 – Manutenção de edificações – Requisitos para o sistema de gestão de manutenção.

* NBR 14037 – Manual de operação, uso e manutenção das edificações – Conteúdo e recomendações para elaboração e apresentação.

Em qualquer caso:

a) alertar o proprietário quanto à importância de vistoriar anualmente marquises quanto a armaduras expostas, fissuras e saída de águas de chuva, além de verificar uso abusivo de marquises em caso de cargas não previstas;

b) proibir, **chamando a polícia ou os bombeiros militares,**[1] se ocorrer a intenção de remoção de paredes de prédios sem vigas e sem pilares (alvenaria estrutural colaborante). É melhor chamar a polícia do que chamar a ambulância...;

c) mesmo em casos de prédios com lajes, vigas e pilares, a remoção de paredes deve ser feita com a assistência de um especialista estrutural.

---

[1] Em alguns estados do Brasil, os bombeiros, chamados de bombeiros militares, formam uma corporação independente da polícia militar e especializada especificamente a cuidar de infortúnios, não cuidando, portanto, de assuntos ligados a crimes.

104 A estrutura depois de anos de uso: a relação estrutura e alvenaria

Atenção para obras próximas ao mar – o ataque da maresia

No passado, obras de concreto armado duravam mais de 80 anos. Em São Paulo e no Rio de Janeiro, temos prédios de estrutura de concreto armado com essa idade e suas estruturas estão sem problemas. Com o avançar da tecnologia do cimento, foram geradas condições novas e em várias obras públicas a estrutura de concreto armado começou a apresentar problemas com apenas dez ou menos anos de vida. Diante disso, a norma NBR 6118 introduziu, já no ano de 2003, várias prescrições de proteção a novas obras de concreto armado, no tocante a sua estrutura, seja recomendando limitações para a relação água/cimento, seja para aumentar a cobertura de concreto às armaduras e o adensamento, enfatizando os cuidados com a cura do concreto.

> Acredita-se que, com esses cuidados, as obras de concreto armado possam ter vida útil de 50 anos ou mais. Este autor já morou em prédios de apartamentos com 30 e 40 anos de vida e eles não tinham nenhuma agressão ao concreto armado.

A agressividade do meio ambiente em razão da poluição industrial agrava o fenômeno da oxidação da armadura. Obras de concreto armado próximas ao mar sofrem com ventos e com a ação de cloretos e sulfatos transportados por esses ventos.

O local do Brasil considerado por muitos, e também por este autor e perito, como mais agressivo às estruturas de concreto armado é a Praia do Futuro em Fortaleza. No local, em frente ao mar, venta muito, e o vento carrega partículas de sal que podem entrar no corpo da estrutura e danificá-la.

Recomendações de leitura:

- "NBR 6118: a busca da durabilidade". *Revista Téchne*, n. 86, p. 24, mai. 2004.

- "Concreto: cuidados para resistir à maresia". *Revista Téchne*, n. 88, p. 36, jul. 2004.

As perigosas marquises

Como apresentado no item 74 deste livro, em uma estrutura de concreto armado, as marquises podem se tornar peças que podem causar problemas, principalmente por:

- armaduras que deveriam ficar em posições altas e, por falha de obra e um andar incorreto do pessoal sobre elas, ficam em posições baixas, e, portanto, sem função resistente;

- falta de manutenção da drenagem, podendo deixar acumular água que aumentará o peso e facilitará a oxidação da armadura.

Queda de ladrilhos

Este autor foi o primeiro morador e proprietário de um recém-construído apartamento sem problemas. Eis que, dez anos depois, os ladrilhos da cozinha começaram a inchar e, depois, cair naturalmente da parede para o chão. Esse é um exemplo da ação do tempo em uma obra. Uma razão possível para esse fenômeno pode ter sido a deformação lenta do concreto. No início da vida do prédio e no início da deformação lenta, a ligação ladrilho-argamassa – estrutura de concreto funcionou e resistiu. Com o tempo e o avanço da deformação lenta, houve a ruptura.

Pontos marrons-avermelhados nas paredes externas de um prédio

Um prédio de estrutura de concreto armado, com cerca de dez anos de vida, começou a apresentar em uma de suas paredes externas pontos marrons-avermelhados. Seguramente, eram pontos da armadura que não tiveram cobertura de concreto suficiente e, então, o ar e a umidade entraram e oxidaram a armadura, que inchou e revelou seu problema. Como eram muito poucos pontos, deixou-se, por decisão da assembleia do condomínio, para reparar na época que se aproximava da pintura externa do prédio, por razões estéticas.

Deve- se consultar as normas:

- NBR 5674 – Manutenção de edificações – Requisitos para o sistema de gestão de manutenção.

- NBR 14037 – Diretrizes para elaboração de manuais de uso, operação e manutenção das edificações – Requisitos para elaboração e apresentação dos conteúdos.

- DNIT 090/2006 – ES (a seguir), que pode ser útil nesse assunto. Mesmo sendo uma norma para o mundo das estradas, apresenta informações muito úteis.

NORMA DNIT 090/2006 – ES

Patologias do concreto – Especificações de Serviço

Resumo

Este documento define a sistemática a ser observada na recuperação do concreto de obras-de-arte especiais, atacado por patologias de origem física ou química. Descreve e classifica as causas dessas patologias e a maneira de como recuperá-las. Trata também, do manejo ambiental, da inspeção e dos critérios de medição.

Sumário

Prefácio

1. Objetivo

2. Referências normativas e bibliográficas

3. Classificação das causas das patologias

4. Deterioração do concreto por ações físicas

5. Deterioração do concreto por ações químicas

6. Recuperação de elementos deteriorados por reações físicas

7. Recuperação de elementos deteriorados por reações químicas

8. Manejo ambiental

9. Inspeção

10. Condições de conformidade e não conformidade

11. Critérios de medição

Prefácio

A presente Norma foi preparada pela Diretoria de Planejamento e Pesquisa para servir como documento base na definição da sistemática para ser empregada na execução de serviços de recuperação do concreto de obras de arte especiais, deteriorado por patologias de origem física ou química e está formatada de acordo com a Norma DNIT 001/2002 – PRO.

1. Objetivo

Esta Norma tem por objetivo listas as patologias do concreto, de origem física e química, e estabelecer os procedimentos a serem seguidos sempre que seja necessário recuperar as peças afetadas pelas patologias, de origem física ou de origem química.

Como a identificação e a recuperação de patologias dependem, essencialmente, do conhecimento de suas causas e de sua evolução, esta Norma, resumidamente, tratará também, destes aspectos.

2. Referências normativas e bibliográficas

    2.1 Referências normativas

    a) Associação Brasileira de Normas Técnicas. NBR 6118: projeto de estruturas de concreto: procedimento. Rio de Janeiro, 2003.

    b) _____. NBR 7188: projeto de pontes de concreto armado e de concreto protendido: procedimento. Rio de Janeiro, 2003.

    c) _____. NBR 7188: carga móvel em ponte rodoviária e passarela de pedestre. Rio de Janeiro, 1984.

    2.2 Referências bibliográficas

    a) AMERICAN CONCRETE INSTITUTE Concrete repair manual. 2nd. ed. Farmington Hills, MI, 2003.

    b) ANDRIOLO, Francisco Rodrigues. Construção de concreto. São Paulo: PINI, 1984.

    c) DEPARTAMENTO NACIONAL DE ESTRADAS DE RODAGEM. Manual de construção de obras de arte especiais. 2. ed. Rio de Janeiro, 1995.

    d) _____. Manual de projeto de obras de arte especiais. Rio de Janeiro, 1996.

    e) DEPARTAMENTO NACIONAL DE INFRAESTRUTURA DE TRANSPORTES. Manual de inspeção de pontes rodoviárias. 2. ed. Rio de Janeiro, 2004.

    f) HARTLE, R. A. ET AL. Bridge inspector's training manual '90. Revised edition. Washington, D. C.: FAWA, 1995.

    g) FERNÁNDES CÁNOVAS, Manuel. Patologia e terapia doconcreto armado. São Paulo: PINI, 1988

    h) MALLET, G. P. Repair of concrete bridges: state of the review. London: Thomas Telford; New York: ASCE, 1994.

    j) MEHTA, P. K,; MONTEIRO, P. J. M. Concreto: estrutura, propriedades e materiais. São Paulo: PINI, 1994.

    k) SOUZA, Vicente Custódio Moreira de; RIPER, Thomaz. Patologia, recuperação e reforço de estruturas de concreto. São Paulo: PINI, 2001.

3. Classificação das causas das patologias

    As causas físicas da deterioração do concreto podem ser agrupadas em duas categorias:

    a) desgaste superficial, ou perda de massa devida à abrasão, à erosão e à cavitação;

    b) fissuração, devidas a gradientes normais de temperatura e umidade, a pressões de cristalização de sais nos poros, a carregamento estrutural e à exposição a extremos de temperaturas, tais como congelamento ou fogo.

As causas químicas da deterioração do concreto podem ser agrupadas em três categorias:

a) hidrólise dos componentes da pasta de cimento por água pura;

b) trocas iônicas entre fluidos agressivos e a pasta de cimento;

c) reações causadoras de produtos expansíveis, tais como expansão por sulfatos, reação álcali-agregado e corrosão da armadura no concreto.

4. Deterioração do concreto por ações físicas

4.1 Definições e condições gerais dos desgastes superficiais

4.1.1 Desgaste superficial devido à abrasão

A abrasão refere-se a atrito seco e é a perda gradual e continuada da argamassa superficial e de agregados em uma área limitada; bastante comum nos pavimentos, pode ser classificada, conforma a profundidade do desgaste, em:

a) desgaste leve: perda da argamassa superficial em até 6 mm de profundidade, já com exposição do agregado graúdo;

b) desgaste médio: perda da argamassa superficial de 7 mm a 12 mm de profundidade, com perda também da argamassa entre o agregado graúdo;

c) desgaste pesado: perda de argamassa superficial de 13 mm a 25 mm de profundidade, com clara exposição do agregado graúdo;

d) desgaste severo: perda da argamassa superficial, de partículas do agregado graúdo e também da argamassa de envolvimento do agregado graúdo em profundidades maiores que 25 mm, com possível exposição de armaduras.

Para obtenção de uma boa resistência à abrasão em superfícies de concreto, a resistência à compressão do concreto não deve ser menor que 28 MPa, sendo recomendáveis também, uma baixa relação água/cimento, com granulometria, lançamento e adensamento adequados.

4.1.2 Desgaste superficial devido à erosão

Quando um fluido em movimento, ar ou água, esta principalmente em pontes, contendo partículas em suspensão, atua sobre superfícies de concreto, as ações de colisão, escorregamento ou rolagem das partículas podem provocar um desgaste superficial do concreto.

A intensidade da erosão que, em ambiente aquífero, que é também conhecida como lixiviação, depende da porosidade e resistência do concreto e da quantidade, tamanho, forma, massa específica, dureza e velocidade das partículas em movimento.

Para obtenção de uma boa resistência à erosão em superfícies de concreto, deve ser usado agregado com alta dureza e concreto com resistência à compressão, aos vinte e oito dias, de 40 MPa, curado adequadamente antes da exposição ao ambiente agressivo.

4.1.3 Desgaste superficial devido à cavitação

Os concretos de boa qualidade têm excelente resistência a fluxos de alta velocidade de água pura, mas fluxos não lineares, a velocidade acima de 12 m/s, em ambientes abertos, podem causar uma erosão severa do concreto, devida à cavitação.

Em águas correntes, formam-se bolhas de vapor quando a pressão absoluta local, em dado ponto na água, é reduzida de vapor ambiente da água, para dada temperatura ambiente. Á medida que as bolhas de vapor que fluem na água entram em uma região de pressão mais elevada, elas implodem com grande impacto, pela entrada de água a alta velocidade nos espaços antes ocupados pelo vapor, causando severas erosões localizadas.

A cavitação provoca um desgaste irregular da superfície do concreto, dando-lhe uma aparência irregular e corroída, muito diferente das superfícies desgastadas de forma regular pela erosão de sólidos em suspensão.

4.2   Definições e condições gerais da fissuração

4.2.1 Fissuração devida a gradientes normais de temperatura e umidade

Sempre que as mudanças de volumes nos elementos de concreto, causadas por gradientes de temperatura e umidade, provocarem tensões de tração superiores às tensões de tração admissíveis, poderá haver o aparecimento de fissuras de origem física.

4.2.2 Fissuração devida à pressão de cristalização de sais nos poros

Segundo a ACI, há evidências de que a ação, puramente física, da cristalização de sulfatos nos poros do concreto pode ser responsável por danos consideráveis, sem envolver o ataque químico ao cimento.

Como exemplo, pode ser citado o caso de um muro de arrimo ou laje de um concreto permeável que, de um lado está em contato com uma solução salina e, do outro lado está sujeito à evaporação: o concreto pode deteriorar-se por tensões resultantes da pressão de sais que cristalizam nos poros.

4.2.3 Fissuração devida à carga estrutural

Sobrecargas excessivas, impactos não previstos e cargas cíclicas pode provocar solicitações que ultrapassam as solicitações de fissuração, provocando o aparecimento destas patologias.

4.2.4 Fissuração devida à ação de temperaturas extremas

a)   Deterioração por ação do congelamento

A deterioração por congelamento no concreto pode ter várias formas, sendo a mais comum a fissuração e destacamento do concreto superficial; lajes de concreto expostas a congelamento e degelo, na presença de umidade e produtos químicos para degelo, são suscetíveis a descascamento, isto é, a superfície acabada do concreto escama ou descasca.

As causas da deterioração do concreto endurecido pela ação do congelamento podem ser relacionadas à complexa microestrutura do material e às condições específicas do meio ambiente.

A incorporação de ar tem demonstrado ser uma maneira efetiva de reduzir o risco de danos ao concreto pela ação do congelamento.

b) O comportamento real de um concreto exposto à alta temperatura resulta de muitos fatores que interagem simultaneamente e que são de grande complexidade para uma análise exata.

Basicamente, o concreto é considerado um material de boa resistência ao fogo: é incombustível e não emite gases tóxicos quando exposto a altas temperaturas; ao contrário do aço, é capaz de manter resistência suficiente por períodos longos quando sujeito a temperatura da ordem de 700 a 800 °C.

Há estudos específicos sobre a ação de altas temperaturas na pasta de cimento, no agregado e no concreto; nestes estudos, o conhecimento da temperatura atingida pelo fogo, permitem avaliar o grau de comprometimento da estrutura.

5. Deterioração do concreto por reações químicas

5.1 Considerações gerais

As reações químicas que provocam a degradação do concreto podem ser resultantes de interações químicas entre agentes agressivos presentes no meio ambiente externo e os constituintes da pasta de cimento ou podem resultar de reações internas, tipo reação álcali-agregado, ou da reação da hidratação retardada CaO e MgO cristalinos, se presentes em quantidades excessivas no cimento Portland, ou ainda, da corrosão eletroquímica da armadura do concreto.

Convém ressaltar que as reações químicas se manifestam através de deficiências físicas do concreto, tais como aumento da porosidade e da permeabilidade, diminuição da resistência, fissuração e lascamento.

5.2 Considerações particulares

5.2.1 Reações por troca de cátions

Os três tipos de reações, baseadas na troca de cátions e que degradam o concreto são as relacionadas a seguir:

a) Formação de sais solúveis de cálcio

Soluções ácidas contendo ânions que formam sais solúveis de cálcio são encontradas com frequência nos processos industriais; ácido hidroclórico, ácido sulfúrico e ácido nítrico são alguns deles.

As reações por troca de cátions entre as soluções ácidas e constituintes da pasta de cimento geram sais solúveis de cálcio que podem ser removidos pela lixiviação, degradando o concreto.

b) Formação de sais de cálcio insolúveis e não expansivos

Os sais insolúveis de cálcio, resultantes de reações de águas agressivas que contêm certos ânions, com a pasta de cimento, se não forem expansivos e nem removidos por infiltrações, não degradam o concreto.

A exposição do concreto a restos de animais em decomposição ou a materiais vegetais, causa a degradação química do concreto através da ação do ácido húmico.

c) Ataques químicos por soluções contendo sais de magnésio

A água do mar, as águas subterrâneas e alguns efluentes industriais podem conter cloretos, sulfatos e bicarbonatos de magnésio em concentrações danosas ao concreto.

As soluções de magnésio reagem com o hidróxido de cálcio presente na pasta de cimento Portland, para formar sais solúveis de cálcio que podem ser lixiviados.

O ataque prolongado de soluções de magnésio pode evoluir até provocar a perda de algumas características cimentícias, com grande degradação do concreto.

5.2.2 Reações envolvendo hidrólise e lixiviação dos componentes da pasta de cimento endurecido: Eflorescência

Provocada quando águas puras com poucos ou nenhum íon de cálcio entram em contato com a pasta de cimento Portland; elas podem hidrolisar ou dissolver os produtos contendo cálcio.

A lixiviação do hidróxido de cálcio do concreto, além da perda de resistência, provoca agressões estéticas, já que o produto lixiviado interage com o CO_2 presente no ar, daí resultando a precipitação de crostas brancas de carbonato de cálcio na superfície.

5.2.3 Reações envolvendo a formação de produtos expansivos

Reações químicas envolvendo a formação de produtos expansivos no concreto endurecido podem provocar sua degradação; inicialmente a expansão pode não provocar danos ao concreto, mas o aumento das tensões internas pode causar o fechamento das juntas de expansão, deformações, fissuração, lascamento e pipocamento do concreto.

Os quatro fenômenos associados com reações químicas expansivas são: ataque por sulfato, ataque álcali-agregado, hidratação retardada de óxido de cálcio (CaO) e óxido de magnésio (MgO) livres e corrosão da armadura de concreto.

a) Ataque por sulfato

A degradação do concreto em consequência de reações químicas entre o concreto de cimento Portland e íons de sulfato de uma fonte externa, pode se manifestar de duas formas distintas: pela expansão do concreto ou pela perda progressiva de resistência e perda de massa.

A expansão do concreto provoca sua fissuração e o consequente aumento da permeabilidade e da fragilidade para a penetração de águas agressivas.

Os sulfatos podem ser encontrados nos solos, na água do mar, em águas subterrâneas e em solos e em águas com adubos e defensivos agrícolas.

b) Reação álcali-agregado ou reação álcali-sílica

As reações denominadas álcali-agregado ou álcali-sílica são reações químicas envolvendo íon alcalinos do cimento Portland, íons hidroxila e certos constituintes silicosos que podem estar presentes no agregado; resulta daí a importância da escolha do cimento, dos agregados e da compatibilidade destes materiais.

Manifesta-se pela expansão e fissuração do concreto, com perda de resistência, elasticidade e durabilidade.

c) Hidratação do MgO e CaO cristalinos

A hidratação do MgO e CaO cristalinos quando presentes em grandes quantidades no cimento, podem causar expansão e fissuração no concreto.

O efeito expansivo e altamente nocivo da grande quantidade de MgO no cimento foi reconhecida na França, quando o colapso de várias pontes de viadutos de concreto foi atribuído a este fator, e na Alemanha, que foi forçada a reconstruir um edifício, pelos mesmos motivos. O percentual de MgO que, nos exemplos citados, chegava a 30%, hoje é da ordem de 6%.

O CaO, que também pode ser nocivo, tem da mesma forma, seu percentual limitado.

Manifesta-se pela expansão e fissuração do concreto.

d) Corrosão da armadura do concreto

Manifesta-se pela expansão, fissuração, lascamento do cobrimento, perda de aderência entre o aço e o concreto e redução da seção transversal da armadura.

As corrosões, do concreto e do aço, são objeto de Especificação Particular própria.

6. Recuperação de elementos deteriorados por ações físicas

6.1 Desgaste superficial devido à abrasão

Na recuperação desta patologia, duas situações podem se apresentar: ou as áreas a recuperar são percentualmente pequenas, da ordem de 20% a 30% da área total, ou percentualmente consideráveis; no primeiro caso, a recuperação é localizada e artesanal e, no segundo caso, é geral e mecanizada.

Em virtude das pequenas espessuras das camadas desgastadas, a preparação superficial do concreto deve aumentar um pouco esta espessura, com auxílio de escarificadores e alargar a área afetada; o material de reposição, deve ser, no mínimo, uma argamassa de cimento Portland enriquecida por microsílica, acrílico, látex ou epóxi.

6.2   Desgaste superficial devido à erosão

A recuperação de elementos desgastados pela erosão, não havendo contaminação do concreto, pode, após uma limpeza com jatos de areia e água, ser efetuada com concreto projetado de boa resistência à erosão: alta dureza, baixa relação água/cimento e resistência à compressão, aos vinte e oito dias, de 40 MPa.

6.3   Desgaste superficial devido a cavitação

Devem ser eliminadas as causas da cavitação, tais como desalinhamentos na superfície do concreto e mudanças bruscas de declividade; um concreto resistente, satisfatório para desgastes por abrasão e erosão, pode não ser satisfatório para desgastes por cavitação.

6.4   Fissuração provocada por ações físicas

O tratamento de trincas e fissuras é objeto de uma Especificação Particular própria.

6.5   Deterioração do concreto por ação do fogo

A recuperação de uma estrutura deteriorada pela ação do fogo inicia-se pela verificação de sua estabilidade e da necessidade de escoramentos parciais ou escoramento total.

O conhecimento da temperatura atingida pelo fogo, sua duração, a análise dos corpos de prova retirados dos elementos afetados pelo fogo, aliados a estudos específicos sobre a ação de altas temperaturas na pasta de cimento, no agregado e no concreto permitem decidir sobre a demolição ou o aproveitamento parcial ou total dos elementos.

A recuperação implica em descascamentos de concreto, reforços de armaduras e encamisamentos de concreto.

7   Recuperação de elementos deteriorados por reações químicas

7.1   Reações com formação de sais solúveis de cálcio

Os sais solúveis de cálcio, quando lixiviados, não podem ser recuperados; entretanto, o prosseguimento da lixiviação pode ser atalhado com o tratamento das trincas e fissuras e, se for o caso, com pinturas impermeabilizantes e revestimentos.

7.2   Reações com formação de sais de cálcio insolúveis e não expansivos

Os sais insolúveis de cálcio, quando lixiviados, não podem ser recuperados; entretanto, o prosseguimento da lixiviação pode ser atalhado com o tratamento das trincas e fissuras e, se for o caso, com pinturas impermeabilizantes e revestimentos.

A ação do ácido húmico pode ser evitada com simples operações de manutenção

7.3 Ataques químicos por soluções contendo sais de magnésio

Não tendo sido usados cimento e concreto adequados e tratando-se de ataques por agentes externos, estes somente serão atalhados com o tratamento de trincas e fissuras e o revestimento dos elementos afetados com concreto de alta resistência, pouca porosidade e aditivado por microsílica; a análise da gravidade dos ataques é que determinará a necessidade ou não de reforço estrutural.

7.4 Reações envolvendo hidrólise e lixiviação dos componentes da pasta de cimento endurecido: Eflorescência

A grande maioria das eflorescências pode ser removida por processo simples, tais como: escovação com escova dura e seca, escovação com escova e água, leve jateamento d'água e leve jateamento de areia.

Entretanto, alguns sais tornam-se insolúveis na água logo após entrarem em contato com a atmosfera; eflorescências com estes sais podem ser removidas com soluções diluídas em ácido, desde que adotados os cuidados e procedimentos indicador a seguir.

As soluções sugeridas, que devem ser testadas em pequenas áreas não contaminadas, são:

a) 1 parte de ácido muriático diluído em 9 a 19 partes de água;

b) 1 parte de ácido fosfórico diluído em 9 partes de água;

c) 1 parte de ácido fosfórico mais uma parte de ácido acético diluídos em 19 partes de água.

A aplicação da solução diluída de "ácido envolve quatro etapas:

a) saturar a superfície de concreto com água pura, para evitar a absorção da solução ácida;

b) aplicar a solução ácida em pequenas áreas, não maiores que 0,5 m^2;

c) aguardar 5 minutos e remover a eflorescência com uma escova dura;

d) lavar a superfície tratada com água pura, imediatamente após a remoção da eflorescência.

A prevenção da recorrência de novas eflorescências implica na necessidade de reduzir a absorção de água, o que pode ser realizado com o tratamento de trincas e fissuras e pinturas hidrofugantes.

7.5 Reações envolvendo a formação de produtos expansivos

7.5.1 Ataque por sulfato

Os fatores que influenciam o ataque por sulfato são: a quantidade e natureza do sulfato presente, o nível da água e sua variação sazonal, o fluxo da água subterrânea e a porosidade do solo, a forma de construção e a quantidade de concreto; são fatores externos e fatores que dependem de especificações construtivas.

A bibliografia registra inúmeros acidentes causados pelo ataque de sulfatos e a literatura técnica recomenda que, para um concreto com peso normal, uma relação água/cimento mais baixa deva ser usada para estanqueidade ou para proteção contra corrosão; para condições de ataque muito severas, exige-se o uso de cimento Portland resistente a sulfato, uma relação água/cimento máxima de 0,45, um consumo mínimo de cimento de 370 kg/m^3 e uma camada protetora de concreto.

A literatura existente indica medidas preventivas, qualidade construtiva e camadas protetoras, não tendo sido localizadas diretrizes para recuperação.

7.5.2 Reação álcali-agregado ou reação álcali-sílica

Os fatores mais importantes que influenciam as reações álcali-agregado são:

a) o conteúdo de álcalis do cimento e o consumo de cimento do concreto;

b) a contribuição de nos alcalinos de outras fontes tais como aditivos, agregados contaminados com sais e penetração de água do mar ou de soluções salinas;

c) a quantidade, o tamanho e a reatividade do constituinte reativo aos álcali presentes no agregado;

d) a disponibilidade de umidade junto á estrutura de concreto;

e) a temperatura ambiente.

A reação álcali-agregado só é verdadeiramente identificada após testes laboratoriais.

Não se conhece, até a presente data, um método definitivo de recuperação de estruturas afetadas por reações álcali-agregado: grandes estruturas, barragens principalmente, estão irremediavelmente condenadas ao colapso, apesar e extensas e intermitentes intervenções.

A título de recuperação de pequenas estrutura afetadas, pode-se, após três a cinco anos, quando muitas trincas poderão estar estabilizadas, tratá-las com injeções de epóxi; até lá, convém tratar as trincas com argamassa mais fraca, para evita a entrada de materiais agressivos; este tratamento poderá ter que ser repetido, decorridos mais três anos.

7.5.3 Hidratação de MgO e CaO cristalinos

Atualmente, com as limitações dos percentuais destes dois elementos, as degradações por eles provocadas são, praticamente desconhecidas; entretanto, se identificadas por testes laboratoriais, há que se limitar as expansões e tratar as trincas e fissuras.

8   Manejo ambiental

As atividades diferenciadas para recuperação das Patologias do Concreto podem variar, em número, de acordo com a patologia a ser tratada, a gravidade da mesma e o tipo e dimensão da obra; nenhuma delas, entretanto causa qualquer agressão permanente ao meio ambiente. As atividades de recuperação são resumidas a seguir:

a)   sinalização: instalação e manutenção;

b)   desvio de tráfego;

c)   plataformas suspensas de trabalho;

d)   tratamento de trincas e fissuras;

e)   descascamento do pavimento com escarificadores;

f)   recomposição parcial do pavimento com argamassa enriquecida por microsílica, acrílico, látex ou epóxi;

g)   demolição e remoção de pavimento de concreto;

h)   recomposição do pavimento com concreto fck = 30 MPa;

i)   jateamento de areia;

j)   jateamento de água;

k)   corte de concreto;

l)   concreto fck = 30 MPa;

m)   concreto projetado, fck = 30 MPa;

n)   pintura hidrofugante;

o)   limpeza de superfícies: escovação e aplicação de solução diluída de ácido;

p)   infeção de epóxi;

q)   os materiais, provenientes de tratamentos ou excedentes de qualquer natureza, imediatamente após a conclusão das obras, devem ser removidos para locais previamente determinados.

9.   Inspeção

O serviços de recuperação de patologias são, em geral, artezanais, mas com necessidade de utilização de equipamentos leves.

Entretanto, como todas as atividades, em maior ou menor escala, dependem de decisões e orientações de profissionais experientes, a presença e o acompanhamento constantes de um engenheiro capacitado é indispensável.

10.   Condições de conformidade e não conformidade

A presença e o acompanhamento constantes de um engenheiro experiente, praticamente eliminam a possibilidade de servis não conformes; detectada sua existência, eles devem ser refeitos antes do prosseguimento dos serviços.

11. Critérios de medição

Os serviços, diferenciados e nem sempre concomitantes em uma mesma obra, previamente avaliados por um Projeto, resultante de uma inspeção, devem ser medidos por etapas, conforme indicado a seguir.

a)   sinalização: instalação e manutenção: por preço global;

b)   desvio de tráfego: por preço global;

c)   plataforma suspensas de trabalho: por m^2;

d)   tratamento de trincas e fissuras: por m;

e)   destacamento do pavimento em escarificadores, inclusive remoção: por m^2;

f)   recomposição parcial do pavimento com argamassa enriquecida por microsílica, acrílico, látex ou epóxi: por m^2;

g)   demolição e remoção de pavimento de concreto: por m^2;

h)   recomposição do pavimento com concreto fsck = 30 MPa: por m^2;

i)   jateamento de areia: por m^2;

j)   jateamento de água: por m^2;

k)   corte de concreto: por m^3;

l)   concreto fck = 30 MPa: por m^3;

m)   concreto projetado, fck = 30 MPa: por m^3;

n)   pintura hidrofugante: por m^2;

o)   limpeza de superfícies: escovação e aplicação de solução diluída de ácido: por m^2.

105 Furtos e roubos nas obras: como limitar?

Entendamos a diferença entre furto e roubo. Roubo é o que ocorre quando há violência, como uso de revólver ou faca, para intimidar, antecedendo a retirada de um bem. Furto é quando se subtrai de outro, em razão da não vigilância e por falta de atenção. Nas obras, o que pode acontecer mais comumente é o furto de material. A vantagem da construção civil é que seus materiais passíveis de furto têm pequeno valor agregado (R\$/m^3). O oposto extremo são as joalherias, com produtos de altíssimo valor agregado.

Devemos tomar atitudes de limitação e não de tentativa de total eliminação de furtos nas obras, pois querer eliminar tudo custa muito caro e talvez não se consiga.

Em uma obra de construção civil (e em outras atividades humanas), temos dois problemas:

1) furto pelo que sai; e

2) furto pelo que não entra.

Furto pelo que sai é a retirada, sem consentimento, de produtos algo mais valiosos, como maquitas, furadeiras e metais sanitários de maior qualidade.

Furto pelo que não entra é a tentativa de enganar quem recebe mercadorias. A melhor tática para evitar isso é fazer com que a mercadoria que chega não se misture com a mercadoria que já está no canteiro/almoxarifado. Deve-se fazer, portanto, a diferenciação.

Uma das maneiras de diminuir o que sai incorretamente é pela inspeção de bolsas e maletas na hora de saída dos trabalhadores.

Um sistema antifurto nos dois casos (**1** e **2**) deve ser implantado, desde o início da obra, evitando, assim, fofocas que aconteceriam se, de uma hora para outra, começasse a funcionar o sistema antifurto.

"Furtos formiguinhas" e furtos institucionais

Falemos agora dos "furtos formiguinhas" e dos furtos institucionais

Os "furtos formiguinhas" são os pequenos furtos que acontecem e que devemos combater, inclusive para que não prosperem, ou seja, para dar moral à obra.

Os furtos institucionais são furtos enormes que podem acontecer comandados por pessoal de muito mais alto nível e que contam com a desorganização da construtora.

Vamos contar dois casos de furtos institucionais.

Caso 1 – Concreto pago e não entregue

Certa construtora, em uma obra em outro país, assumiu a realização de uma boa obra em um estado distante. A previsão de duração da obra era de 18 meses. O grande item da obra era a estrutura de concreto armado. Para essa obra, foi enviado um profissional de pouco tempo de casa e a obra teve prosseguimento, sem fiscalização ou supervisão. Parecia que tudo ia bem. Como apareceu a chance de uma possível obra nova nas imediações, outro profissional foi enviado e esse outro profissional era especialista em orçamentos. De visita, sem responsabilidade com a obra em andamento, o profissional verificou visualmente a porcentagem de estrutura de concreto já feita e, como havia sido ele o responsável pelo orçamento da proposta, visualmente constatou que a concretagem estava em algo como 30% feita. No seu retorno, tendo comentado isso na sede da empresa com o gerente de engenharia, este declarou que não. A concretagem na opinião (opinião?????) do gerente de engenharia já deveria estar 70% ou 80% feita. Analisando os custos da obra, verificou-se que a construtora contratara e já pagara cerca de 78% do concreto fornecido. Aí estourou o escândalo. Como pode ter sido comprada e paga 78% da estrutura de concreto e só ter sido feito algo como 30% dessa obra? Foi enviada uma equipe de auditoria, que confirmou o problema. O caso foi descoberto e o profissional responsável foi demitido. Tudo se resumia em um conluio, ou seja, um acordo, entre esse profissional e alguém da concreteira que enviava menos concreto, mas recebia por um volume muito maior, e a diferença era embolsada, criminosamente, pelo profissional da obra.

A construtora começou então a implantar, tardiamente, uma auditoria (fiscalização) interna, providência cara, destaque-se, e exigir do responsável de cada obra um relatório mensal com fotos mostrando o avançar da obra nos seus múltiplos aspectos. A existência desse relatório mensal talvez tivesse evitado o prejuízo do roubo do concreto.

Caso 2 – Roubo nas obras de dois canais de irrigação

Uma construtora tinha um erro organizacional na sua administração de custos. Para cada cliente, ela adotava um centro de custos de apuração de resultados, digamos **CC 43**. Se acontece uma obra desse cliente por vez, o defeito não aparece, mas se surge mais de uma obra para o mesmo cliente e com um único centro de custos, tudo se confunde. O certo é ter, para cada obra, um centro de custos de apuração de resultados específico, pois uma obra pode dar grande lucro e outra muito pouco lucro e, como tudo se mistura, perdemos a chance de saber qual a obra de maior lucro e qual foi a falha que fez com que a segunda obra estivesse dando pouca expectativa de lucro.

No caso, o certo seria a adoção dos centros de custos (**CC**), por exemplo, **CC 43** e **CC 44**. Mas isso não resolve tudo. Um problema surgiu na contratação independente e sucessiva da construção de dois canais de irrigação, material concreto armado, chamados, digamos, de Canal A e Canal B para um mesmo cliente. No caso, tinham sido implantados os centros de custos **CC 59** (para o canal A) e **CC 60** (para o canal B), um para cada canal, com o objetivo de apurar o custo para a construtora de cada canal. Até aí, tudo perfeito. Acontece que o encarregado da obra do Canal A era algo perigoso e enganando o outro encarregado, o do Canal B, que era novo de firma, pedia a esse seu colega que solicitasse o envio de concreto no centro de custo **CC 60**. O encarregado do Canal B, sabendo que tudo era pago pela construtora, fosse o Canal A ou o Canal B, aceitava, sem malícia (ou falta de treinamento e orientação), esse procedimento errado. Depois de algum tempo, o controle de custos do Canal A mostrava um enorme lucro, dando fama ao seu encarregado. E esse encarregado, lançando o concreto no centro de custo **CC 60**, desviava concreto que não era entregue para seu bolso. O controle de custos do Canal B, como era de esperar, mostrava péssimos resultados em face do enorme consumo de cimento. Mas, certo dia, o gerente de engenharia da construtora foi até a obra e, em uma conversa informal com o encarregado do Canal B, descobriu tudo. O encarregado do Canal A foi demitido e o encarregado do Canal B foi treinado para saber como funcionava nessa construtora a apuração de custos, sagradamente obra por obra e respeitando o código de custo correto.

Nota

Toda construtora ou mesmo toda e qualquer empresa que não tem sistema de custos pode sobreviver por certo tempo, mas poderá estar vivendo em ilusões. Um correto e realista sistema de custos é fundamental e, no caso de construtoras, deve-se sempre criar centros de custos, que são instrumentos fundamentais para saber se uma obra e cada obra está dando lucro ou prejuízo.

Como um exemplo simplório, mas realista e altamente didático, uma pessoa que ficou desempregada decidiu tornar-se motorista de taxi. Com um dinheirinho guardado pela mulher, comprou um carro novo e foi para a praça trabalhar. Nos primeiros meses, o lucro foi enorme (será que foi mesmo ???????), pois ele não tinha de gastar na manutenção do veículo, que era novo, e nem comprar pneus, que também eram novos. O motorista só gastava com gasolina e óleo. Como entrava mais dinheiro do que saía (aparentemente), o padrão de vida de sua família melhorou um pouco. Passaram-se dois anos e o carro começou a pedir manutenção e os pneus precisaram ser trocados. Não havia reserva financeira, pois tudo o que sobrara no passado era considerado como lucro e era gasto, nada era economizado. A conclusão do motorista, então, foi que existiam custos que ocorriam, mas que não eram perceptíveis de imediato. Fez, então, um minicurso no seu sindicato e descobriu que tinha que guardar, no mínimo, 20% do seu faturamento mensal (ou diário) para cobrir gastos com:

- manutenção;

- desvalorização do carro;

- seguro contra batidas e roubos;

- dias que não trabalharia por problemas de doença consigo e com familiares.

O seu conceito de lucro mudou...

Nota filosófica

Dizem que as menores construtoras têm menos custos administrativos (internos) que as construtoras grandes. A razão pode ser o fato de que pequenas construtoras não sabem anotar corretamente todos os seus custos indiretos, custos que às vezes só acontecem ao longo do tempo.

106 Descobertos furtos em dois almoxarifados da construtora

Contaram a este autor estas duas histórias sobre furtos em almoxarifados de uma construtora. Vamos a eles:

Furto – Esvaziando o almoxarifado

A Construtora ABCD era muito bem organizada e tinha norma para tudo. Essa construtora tinha dois almoxarifados: o Almoxarifado 1 era o almoxarifado girante, onde chegavam materiais que, em pouco tempo, eram mandados ou para o escritório central ou para as obras. O Almoxarifado 2 era o chamado almoxarifado de sobras e ficava em outro município, distante uns 30 quilômetros da sede da construtora. Quando uma obra terminava, havia a norma 3845/87/3457 que dizia: "todo o material, ainda com valor, que sobrar de uma obra terminada deve ir para o Almoxarifado 2".

Como normas são normas, essa regra era seguida. O que sobrava com valor nas obras ia para o Almoxarifado 2. Um jovem engenheiro recém-contratado e sendo daqueles que gosta de ir fundo em cada assunto, decidiu, por conta própria, ir ver o que havia no Almoxarifado 2 que já existia fazia uns 20 anos. O Almoxarifado 2 era enorme e, para surpresa do jovem engenheiro, ao chegar lá verificou que estava literalmente vazio. Chamado o almoxarife, de nome João, e tendo perguntado a razão de o almoxarifado de coisas usadas estar vazio, após 20 anos de envios e depósito, a resposta foi:

— *Quem esvazia sou eu para não encher demais. E olhe que em 20 anos que estou aqui nunca ninguém veio saber o que tinha de equipamento já usado e que poderia usar em novas obras. Se ninguém liga para esses equipamentos, eu ligo e com muita responsabilidade. Eu os vendo ou faço doação, aliás, em geral, é doação, doação minha... Assim eu faço a minha função de manter o Almoxarifado 2 vazio (????????), mas em ordem.*

Conclusão: os equipamentos que chegavam eram desviados.

A construtora foi avisada e, atônita, emitiu a norma 4562/91/4460 que dizia: "no início de cada obra, o engenheiro coordenador deve visitar o Almoxarifado 2, ver o que tem e requisitar o que vai precisar para a nova obra".

Além disso, a construtora demitiu o almoxarife João, por razões desnecessárias de serem explicadas. Como é rotina nas relações trabalhistas, a demissão do João foi feita com a característica de "demissão sem justa causa".

Furto – Balanço final

O jovem engenheiro envolvido no caso do Almoxarifado 2 foi também visitar o Almoxarifado 1, e perguntou ao almoxarife, Benedito, como era administrar um almoxarifado e como atender à sagrada verificação anual, sempre no dia 10 de dezembro, para verificar a correção do estoque. Benedito respondeu:

— *Nos meus 19 anos de almoxarife do Almoxarifado 1 nunca faltou uma única peça, pois tenho um método que inventei para conseguir isso. No dia 2 de dezembro de cada ano, e, portanto, antes do fatídico dia 10 de dezembro, faço um levantamento de estoque e sempre faltam coisas, de menor ou maior valor. Então eu requisito a compra do que falta e, no dia da verificação, sempre no dia 10 de dezembro de cada ano, o estoque, com o que tinha mais o que chegou na nova requisição de compra, atende à fiscalização...*

A construtora foi avisada do absurdo lógico da situação e do procedimento. A auditoria interna da construtora esquecera do Almoxarifado 2, gerando a possibilidade de ocorrer esse procedimento e, por isso, demitiu o almoxarife Benedito, por razões desnecessárias de serem explicadas. Como é rotina nas relações trabalhistas, a demissão do Benedito foi feita com a característica de "demissão sem justa causa".

Conclusão: os almoxarifados devem ter acompanhamento de funcionamento.

107 Ordem e limpeza de obra

O canteiro de obras deve, desde o início até o final de suas obras, estar em ordem e muito limpo.

Obra limpa e em ordem proporciona vários frutos significativos. Alguns deles são:

- dar estímulo a quem trabalha;

- evitar desperdícios;

- diminuir o risco de acidentes com o conflito entre pessoas, equipamentos e entulho.

Em obras médias e maiores, mostra a experiência que o ideal é contratar uma equipe autônoma de trabalho de ordem e limpeza.

Em uma obra de barragem fora do Brasil, a legislação trabalhista local permitia que, na hora do almoço, os trabalhadores jogassem suas luvas fora, luvas de segurança em estado perfeito, e a construtora era obrigada, na retomada do trabalho, a fornecer outras luvas. As luvas jogadas fora ficavam espalhadas pelo terreno em uma área enorme. Em face disso, uma das funções da equipe de limpeza era recolher centenas de luvas de segurança e formar os pares.

Uma das regras de ordem e limpeza de obra é diminuir racionalmente os restos e os entulhos

Outra regra é chamada de "regra dos restaurantes", que diz que o que sobra e vai ser descartado não deve ser dado a quem gerou o produto sem valor.

Nota

Uma enorme indústria automobilística gerava um enorme volume diário de lixo industrial que, por vezes, continha peças em perfeito estado e que "por engano" eram lançadas ao lixo. Várias empresas de sucata compravam avidamente esse lixo industrial.

Para diminuir os abusos (peças boas descartadas no lixo), esse lixo industrial era dividido em lotes e, sempre, um terço dele era incinerado, esmagado ou enterrado.

Em uma pequena obra, o problema acontecia com latas de tinta que eram dispostas, dadas a empregados e que, na verdade, tinham ainda tintas por usar. Quem conhece Buenos Aires, Argentina, sempre vai visitar e conhecer o famoso bairro "Caminito", onde as casas, todas populares, são pintadas em cores fortes e dos mais variados tons. As tintas vinham da sobra do setor de pintura e manutenção de navios (será que sobravam ou eram desencaminhadas?).

108 Alguns cuidados trabalhistas

Se a sua construtora tomar muitos e conhecidos cuidados, terá, podemos garantir, poucas reclamações trabalhistas, mas as terá.

Os cuidados são, no mínimo:

- registrar os empregados;
- pagar as contribuições previdenciárias;
- exigir que as empresas fornecedoras de mão de obra registrem e paguem corretamente a mão de obra empregada;
- seguir as instruções da NR 18 e da NR 35 do Ministério do Trabalho e Emprego;
- seguir as instruções de higiene e segurança do trabalho;
- seguir os termos do Acordo Coletivo de Trabalho;
- ter um eficiente departamento de relações trabalhistas;
- ter a assessoria de um profissional de segurança do trabalho.

Apesar desses cuidados, demandas trabalhistas podem ir (e irão) para a justiça do trabalho, lembrando que:

- o livro de registro de empregados, por razões previdenciárias, deve ser **guardado por 30 anos**;
- o empregado pode reivindicar direitos trabalhistas até cinco anos depois de sair da empresa e referentes aos últimos dois anos.

> **Atenção:** deve-se seguir, com cuidado e detalhadamente, o Acordo Coletivo de Trabalho.

A reivindicação mais comum em demandas trabalhistas é o não pagamento de horas extras; sendo, em geral, uma reivindicação injusta, mas de difícil produção de contraprovas pela construtora.

Notas

- Para destacar a importância do profissional de segurança do trabalho e do advogado trabalhista, destacam-se três casos acompanhados por este autor:

    - Os equipamentos de proteção individual (EPI) para os empregados foram comprados pela construtora fora de norma, podendo não fornecer a proteção adequada nos acidentes e reclamações trabalhistas.

    - Apesar de fornecidos os EPI, os trabalhadores não os usavam, obrigando a construtora a dar aulas periódicas sobre a importância da segurança do trabalho. Aconteceu um acidente de trabalho e o empregado, apesar de ter recebido o seu EPI, não o usava. Tanto o advogado trabalhista como o profissional de segurança do trabalho alertaram a construtora quanto ao fato de que, mesmo tendo fornecido o EPI, a empresa tinha a obrigação adicional de exigir do empregado o seu uso.

    - Para incentivar a evolução profissional dos seus encarregados, uma construtora os enviou, em horário de trabalho, para um curso no Senai e avisou que, se eles fizessem o curso por completo, teriam um aumento de 15%. Dois encarregados, por sua opção, fizeram o curso e tiveram o aumento prometido. Um ano depois, três encarregados que não fizeram o curso e, portanto, não tiveram o aumento, recorreram à justiça e ganharam uma ação trabalhista contra a construtora pelo fato da construtora não estar seguindo a rotina sagrada de: "para serviços iguais, pagar salários iguais...".

- Em dias muito quentes, além de fornecer água potável aos empregados, como eles suam muito perdendo sais minerais, certas construtoras disponibilizam refrigerantes naturais, como limonada, mas com a adição de sais minerais e açúcar para contrabalançar a perda de sais pelo suor excessivo.

109 Relatório mensal interno à construtora

Em obras grandes, às vezes, o cliente, principalmente da área pública, exige um relatório mensal do andamento do trabalho. Em obras menores e particulares, esse relatório não costuma ser exigido da construtora. Mas, em qualquer caso, a produção desse relatório é muito útil para a vida da construtora e, principalmente, para o seu futuro, pois haverá um relatório mensal interno (só e exclusivamente para a construtora) sumarizando, obra por obra, o acontecido no mês, com fotos e indicando o consumo de materiais. Para facilitar a produção desse relatório, deve haver um modelo-padrão, pois normalmente os profissionais da construção civil detestam escrever. A importância desse relatório surge quando vamos buscar informações ou vamos preparar novas propostas.

E vale a importância da necessidade do relatório fotográfico, etapa por etapa.

Não acredite que só no final da obra é necessária a preparação desse relatório. Se deixar para o final, você não o fará. Esse relatório tem de ser mensal, e o relatório do final da obra será uma consolidação dos relatórios mensais.

Atenção, atenção:

Pelo amor de Deus, não perguntem se esse relatório mensal tem que relatar custos e recebimentos. Se houver essa pergunta, que é inadmissível, segundo Guilherme, um dos três sócios[1] da Construtora Andorinha Azul, ele responderá:

— SIM, CADA RELATÓRIO MENSAL TEM QUE FALAR DE CUSTOS E DE RECEBIMENTOS, E QUEM FEZ ESSA PERGUNTA DEVE SER DEMITIDO IMEDIATAMENTE POR DESCONHECER QUE O MAIOR OBJETIVO DA CONSTRUTORA ANDORINHA AZUL É O LUCRO !!!!!!!!

---

[1] Exatamente o que não era engenheiro...

110 O que fazer com os restos dos materiais de formas, embalagens e escoramento?

Em regra geral, o material que sobra de uma construção civil tem difíceis condições de reaproveitamento ou descarte com valor. Madeiras, azulejos e ladrilhos quebrados, latas com poucos restos de tinta, pedaços de barras de aço e outros têm o chamado "valor negativo", ou seja, para se desfazer deles, a construtora terá de pagar, normalmente, contratando caçambas que disporão esse entulho em uma área correta, **assim esperamos**.

Lembre-se de que, pela legislação ambiental, o gerador do resíduo é responsável direto por seu correto descarte, mesmo que contrate alguém para fazê-lo. Se o contratado fizer um descarte irregular, o gerador do resíduo (no caso a construtora), com certeza, será penalizado. Alguns restos de alvenaria podem ser triturados e misturados com outros produtos a fim de serem usados para tarefas menos nobres.

Às vezes, surgem surpresas no assunto reutilização. Em um bairro que estava se verticalizando, com muitos prédios em construção, um senhor com sua perua Kombi percorria as obras uma vez por mês, recolhendo as embalagens de alumínio descartáveis do almoço que tinham sido guardadas e acumuladas por um dos serventes da obra. Como sabemos, o alumínio é o material mais reutilizado, sendo recuperado em mais de 90% do que for reciclado.

Nota

Uma colocação não feliz declarou que as obras jogam para o entulho 30% do total de material. Essa pretensa verdade se espalhou em certos meios da construção civil sem maior juízo crítico. Mas pensemos:

- Alguém acredita que, em uma obra de três elevadores, um seja jogado no entulho?
- Alguém acredita que, em uma obra, 30% das torneiras sejam jogadas no entulho?
- Alguém acredita que, em uma obra, 30% da fiação elétrica e 30% das canalizações sejam jogadas no entulho?

E por aí vai...

Que se perde material na obra e se desperdiça mão de obra, isso é verdade, e esforços devem ser tomados para diminuir os desperdícios. Todavia, com os pés no chão, devemos lembrar que o custo da economia não deve ser maior que o valor do benefício.

Em uma discussão sobre perdas de água em uma cidade onde se dizia, no passado, que se perdia 30% da água produzida, o saudoso professor José Martiniano de Azevedo Netto declarou para uma plateia que estava acreditando nessa balela:

- temos que diferenciar perda de água do uso não faturado e não cobrado. Em toda a estação de tratamento de água, temos de lavar filtros e decantadores. Essa perda é necessária e não é cobrada, por lógica, do próprio serviço de água;

- em uma cidade, existem vários serviços que não pagam água e, por isso, não têm medido o seu consumo por hidrômetros, como penitenciárias, hospitais públicos, sedes de governo, repartições públicas, escolas, orfanatos e o serviço de combate a incêndios;

- em um lava a jato de carro e em uma fábrica de gelo, haviam sido instalados, nos hidrômetros, dispositivos que limitavam (uma vez com a cravação de um prego no hidrômetro) a indicação do consumo. Isso é crime!;

- temos, pois, que ter juízo crítico para saber o que deve ser combatido e o que não deve ser combatido. Como vimos, no roubo de água há o consumo e o uso e o que deve ser combatido é o não pagamento pelo uso.

Relações da construtora com os sindicatos

Toda empresa está vinculada e representada em aspectos institucionais por um sindicato patronal. No caso da construção civil, o nome genérico dos sindicatos patronais é Sindicato da Indústria da Construção Civil (Sinduscon).

O relacionamento com o sindicato dos trabalhadores é pautado pela Convenção Coletiva de Trabalho.

Para manter os sindicatos dos dois tipos, temos as chamadas **contribuições sindicais**, cujo trecho de texto oficial está a seguir.

Em princípio, para cada tipo de atividade econômica, temos um sindicato patronal e um sindicato dos trabalhadores, e são esses dois sindicatos que aprovam a Convenção Coletiva de Trabalho que onera os dois lados.

Anualmente ou a cada dois anos, ocorrem eleições para definir o comando de cada sindicato.

Vejamos um trecho do texto oficial sobre a contribuição sindical para os empresários.

Guia de Recolhimento da Contribuição Sindical

A Contribuição Sindical é devida por todos aqueles que participarem de uma determinada categoria econômica ou profissional, ou de uma profissão liberal, em favor do sindicato representativo da mesma categoria ou profissão ou, inexistindo este, na conformidade do disposto no artigo 591.

As repartições federais, estaduais ou municipais não concederão registro ou licenças para funcionamento ou renovação das atividades dos estabelecimentos de empregadores, nem alvarás de licença ou localização, sem que sejam exibidas as provas de quitação da Contribuição Sindical. Do mesmo modo, é considerado como documento essencial ao comparecimento às concorrências públicas ou administrativas, para o fornecimento às repartições paraestatais ou autárquicas, a prova da aludida quitação da contribuição.

112 Seguro de qualidade da obra

O Código Civil Brasileiro (item 618) determina que o empreiteiro (incorporador/construtor, em uma linguagem mais moderna) é responsável, por cinco anos, quanto ao que diz respeito a solidez, segurança e condições de habitabilidade da obra da qual foi o executor. Em princípio, o morador proprietário compra direto do incorporador e o construtor nada tem a ver com o adquirente, pois quem responde, por direito, deveria ser exclusivamente o incorporador. Todavia, o construtor como é "chamado na ação" (termo jurídico) acaba tendo responsabilidade nesses cinco anos. É fato que esse prazo tem sido estendido pela justiça nos casos de danos ocultos etc.

Surge agora, no mercado da construção civil, o Seguro Decenal, que dá garantias ao incorporador para diminuir, se ocorrerem, problemas da estrutura, pelo prazo de até dez anos.

Claro que o incorporador, para se proteger e assinar o Seguro Decenal, terá de pagar o chamado "prêmio" à seguradora, que é a remuneração e a cobertura do risco transferido para essa empresa.

A seguradora, por sua vez, para diminuir seus riscos, fará um detalhado acompanhamento da obra por meio de equipe técnica ou subcontratada.

Segundo o texto da referência citada a seguir, o custo do seguro é de 0,8% a 1% do custo da obra.

Ver mais informações no artigo "Seguro por dez anos", *Revista Construção Mercado*, n. 143, p. 22, jun. 2013.

Sugere-se a leitura do livro *Falhas, responsabilidades e garantias na construção civil*, do advogado Carlos Pinto Del Mar, São Paulo, Editora Pini.

> **Alerta de segurança: consulte sempre um corretor de seguros.**

113 Obtenção do habite-se na prefeitura local: relações com o INSS

Todos os trabalhadores da obra devem ser registrados, sejam os trabalhadores registrados na construtora, sejam das subcontratadas, sejam os trabalhadores de firmas especializadas, sejam os trabalhadores registrados na obra (obras pequenas). Para eles, devem ser recolhidas as contribuições previdenciárias de lei. Na prática, entretanto, parte da mão de obra não é registrada e, erradamente, nem deseja ser registrada pelo contratante, pelo fato de haver descontos para o Instituto Nacional de Seguro Social (INSS), órgão previdenciário federal, em seus salários. Diante dessa dura realidade, quando se conclui uma obra e se solicita o documento "habite-se" na prefeitura, além de realizar uma inspeção na obra para ver se coincide com o projeto aprovado, o órgão público exige a apresentação do documento de regularização da obra com o INSS. No INSS, apresenta-se o projeto aprovado na prefeitura mostrando a área construída e o padrão da obra: rústica, simples, normal ou de luxo. Em função da área da construção e do padrão da obra, o INSS aplica uma tabela de contribuições previdenciárias que deveriam ter sido recolhidas. Desse total, descontam-se as contribuições já recolhidas e paga-se a diferença.

Com isso, o INSS libera a obra e, então, consegue-se da prefeitura as outras verificações técnicas e o desejado habite-se.

Veja um trecho do texto sobre recolhimento de INSS de Bressiani e Heineck (2004):

> Um dos exemplos de utilização da NBR 12721 como base para determinação do consumo de mão de obra, e que servirá para subsidiar a discussão apresentada neste trabalho, é o procedimento utilizado pelo Instituto Nacional de Seguro Social (INSS) para cálculo das contribuições previdenciárias referentes à mão de obra empregada. O sistema utilizado pelo referido órgão para fiscalização de obras se dá através da verificação dos recolhimentos de leis sociais constatados na escrituração contábil das empresas. Estes recolhimentos são comparados com valores obtidos em um procedimento de cálculo que tem como base a NBR 12721. Assim, quando os valores recolhidos pelas empresas são inferiores aos calculados pelo INSS torna-se necessária a complementação.

> Desta forma, o objetivo deste trabalho é analisar o sistema utilizado pelo INSS para fiscalização de obras no setor e assim, consequentemente, avaliação dos valores apresentados pela NBR 12721 (p. 1.244).

Fonte: BRESSIANI, L.; HEINECK, L. F. M. Recolhimento de INSS em obras de construção civil - um comparativo entre os consumos teóricos de mão-de-obra expressos na NBR 12721 e o consumo real em uma obra. In: ENCONTRO NACIONAL DE ENGENHARIA DE PRODUÇÃO, 24, 2004, Florianópolis. *Anais...* Rio de Janeiro: Enegep, 2004. Disponível em: <http://www.repositorio.ufc.br/bitstream/riufc/7729/1/2004_eve_lfmheineck_recolhimento.pdf>. Acesso em: 20 jul. 2015.

Notas

A revista *Guia da Construção* da Editora Pini tem uma seção de título "Salário de Contribuição na Construção Civil – INSS", que fornece mais informações sobre esse assunto.

Consultar a ABNT NBR 12721 – Avaliação de custos unitários de construção para incorporação imobiliária e outras disposições para condomínios edifícios – Procedimento.

114 Cartas e e-mails respondidos

Recebemos algumas cartas e muitos e-mails dos leitores dos nossos livros, e respondemos aqui algumas delas.

Carta 1 – Resultado baixo de um corpo de prova no teste de compressão em um laboratório. O que fazer?

Resposta: O concreto do qual vamos tirar corpos de prova é uma mistura razoavelmente homogênea, e corpos de prova retirados dele não costumam ter grande variabilidade de resultados no teste de compressão. Logo, houve uma interferência externa nos resultados. Refaça o teste.

Carta 2 – O concreto da obra tem igual resultado de qualidade que o concreto que foi para o laboratório?

Resposta: **Não, não e não**... Os corpos de prova que foram para laboratório sofreram excelente cura e, depois de 28 dias (ou outro prazo), foram para a prensa até seu esmagamento. Os resultados de resistência são maiores que os de corpos de prova extraídos da própria estrutura em execução. Em algumas obras maiores, são produzidas peças de sacrifício, das quais podemos extrair muitos corpos de prova. Essas peças de sacrifício ficam na obra sofrendo o que a estrutura sofre, como sol, chuva, trepidação etc. Com essas peças de sacrifício, depois de extraídos corpos de prova que vão para a prensa, comparamos os resultados com os resultados dos corpos de prova. Os resultados dos corpos de prova das amostras convencionais, moldados na obra, na entrega do concreto pela usina, em geral são maiores que os resultados dos corpos de prova extraídos das peças de sacrifício. Como então conciliar as duas respostas? Cabe aos coeficientes de ponderação (coeficientes de segurança) fazer essa ponte.

Não devemos nos surpreender com essa divergência de situações que levam a resultados diferentes. Por exemplo, no mundo automobilístico, para se calcular o consumo de combustível de um carro, leva-se o veículo a uma estrada junto ao mar, pista nova e sem imperfeições, espera-se um momento de menor temperatura, põe-se o carro em movimento e mede-se o consumo de combustível. Esse teste em condições ótimas indica um consumo de combustível menor que o consumo de combustível do uso normal do carro numa grande cidade. Faz-se dessa maneira ideal de medida de combustível por uma técnica laboratorial de repetitividade, ou seja, as condições ideais são relativamente fáceis de serem reproduzidas, e o consumo de combustível de um carro em uma cidade grande depende de uma série enorme de fatores de dificílima reprodução.

Vale o mesmo para o resultado de resistência à compressão dos corpos de prova de concreto.

Carta 3 – Um caso de perícia. Posso derrubar todas as paredes não estruturais na mesma prumada de um prédio?

Resposta: Este autor foi chamado para uma perícia em um prédio de outro estado. O prédio era residencial, com cerca de 30 anos de uso, sem nenhum problema estrutural. A estrutura do prédio era a convencional, com laje maciça, vigas e pilares. A alvenaria de blocos cerâmicos não tinha, ou melhor, não teria, função estrutural. Os apartamentos tinham, cada um, cerca de 80 m^2. Certo dia, uma condômina, sem avisar a síndica, derrubou uma parede que ligava a cozinha com a sala. A solução ficou muito interessante e muito famosa no prédio. Todos os condôminos começaram a querer fazer igual, pois modernizava o *layout* de cada unidade. Antes de começarem outras obras de demolição de alvenaria, este engenheiro foi contratado pela síndica para fazer um relatório preliminar atestando se o condomínio podia autorizar essa derrubada de paredes de cima para baixo, de todo o prédio. À primeira vista parecia que poderia derrubar, pois as paredes não teriam – eu disse não teriam – função estrutural. Mas, pensando bem, este engenheiro não participou da obra 30 anos antes, nada sabe da qualidade da obra e, com isso, paredes teoricamente sem função estrutural poderiam estar tendo uma função estrutural não prevista na fase de projeto. Em nível de relatório preliminar, e sem outros dados, fui contra a demolição de qualquer outra parede.

Carta 4 – O velho σ$_R$ (antiga NB-178, antiga norma NBR 6118) igual a 200 kgf/cm^2 é o mesmo do atual fck = 20 MPa?

Resposta: Esses dois conceitos são teoricamente iguais, mas deve-se ter atenção porque a qualidade do cimento mudou desde os anos 1980 até hoje e, portanto, usar dados experimentais dos anos 1980 comparados com hoje pode gerar problemas. Em termos de durabilidade da estrutura de concreto, uma estrutura com σ$_R$ igual a 200 kgf/cm^2 é maior que uma mesma estrutura feita com o atual fck igual a 20 MPa. Para ter a mesma durabilidade, precisamos tomar agora vários cuidados adicionais com a camada de revestimento e com a relação água/cimento.

Carta 5 – Quem deve controlar a qualidade do concreto de usina entregue na minha obra, a concreteira ou a minha construtora?

Resposta: A concreteira é responsável pelo concreto entregue na porta da obra e ela mede a qualidade do concreto entregue pela moldagem de corpos de prova, seu rompimento em laboratório e o *slump* da mistura.

Por questões de controle de qualidade, quem fornece um serviço ou produto não deve ser quem atesta a qualidade desse fornecimento. Quem deve fiscalizar a qualidade do concreto entregue deve ser um terceiro, como, por exemplo, um laboratório de controle tecnológico.

E atenção: o que acontece dentro da obra, como trepidação no transporte do concreto, chuva, lançamento de grande altura sem cuidados, vibração usada incorretamente como dispositivo de espalhamento, cura inadequada etc., não é medido pelos resultados dos corpos de prova rompidos. Essas situações devem ser minimizadas. Na certeza, o concreto pronto e finalizado tem fck inferior ao fck da porta da obra.[1] Cabe aos coeficientes de segurança (coeficientes de ponderação) utilizados na fase do projeto ajudar no uso do concreto.

Carta 6 – Pergunta estratégica sobre conflito de espaço estribos *versus* armadura longitudinal, no cruzamento de pilar com viga.

Pergunta do caro leitor J. R., engenheiro civil:

Abaixo transcrevo o trecho da NBR 6118:2014, p. 151:

18.4.3 Armaduras transversais

A armadura transversal de pilares, constituída por estribos e, quando for o caso, por grampos suplementares, deve ser colocada em toda a altura do pilar, sendo obrigatória sua colocação na região de cruzamento com vigas e lajes.

Entendo que a Norma é bem clara quanto à continuidade da colocação dos estribos ao longo da prumada do pilar, passando ou não por vigas ou lajes. Esta continuidade não deve ser interrompida.

Contudo, tenho observado que, em inúmeras obras, esta continuidade é interrompida nos trechos de cruzamentos de vigas. Ou seja, os estribos são colocados até a face inferior da viga de entrepiso e só voltam a ser colocados sobre esta laje, se repetindo este procedimento nos próximos pavimentos. Então, se existir uma viga de h = 60 cm, esse trecho fica sem estribos.

Ouvindo o pessoal de obra, eles alegam que é muito difícil colocar a ferragem das vigas dentro das formas, mantendo a continuidade desses estribos nos pilares. Então, os ferreiros "simplesmente" não colocam estribos nesses trechos. Ainda me parece que esse procedimento é aceito pelo responsável técnico da obra.

Para minha surpresa, nunca ouvi falar em problemas em estruturas pela falta desses estribos.

Peço-lhe um parecer sobre estes procedimentos e, ainda, alguma sugestão construtiva para facilitar a colocação dessa ferragem nestes cruzamentos.

Atenciosamente,

J. R., Eng. Civil.

---

[1] Ao jovem leitor: "por favor, acredite..."

Resposta do autor deste livro: Esse conflito existe em todas as obras. Reconhecendo esse fato, cautelosamente e especificamente, a norma de execução NBR 14931, item 9.2.3, p. 16, determina:

> Os estribos de pilares no trecho de intersecção com a viga devem ser projetados de modo a possibilitar sua montagem.

Nota

Nas regiões de grande densidade de armadura, como por exemplo na região de traspasse de armadura de pilar, o projeto deve prever detalhamento que garanta o espaçamento necessário entre as barras para a execução da montagem.

Em face do sempre permanente conflito, cabe ao projeto estrutural ser criativo para gerar espaço para que o concreto (e o vibrador) penetre e cabe à obra se esforçar por conseguir isso.

Não se deve fazer concessões onde a norma explicitamente reconhece um problema e exige um cuidado.

Dissídio coletivo entre sindicatos

Todo ano é feito um acordo chamado de dissídio coletivo (Convenção Coletiva) entre o sindicato dos trabalhadores de cada região e o sindicato das construtoras (sindicato patronal). Nesse acordo, que vale para todas as construtoras e os empregados, são feitos acertos da vida do dia a dia das obras. Por vezes há a participação do Tribunal Regional do Trabalho.

Muitas Convenções Coletivas incluem trechos de leis e, às vezes, até trechos da constituição brasileira, o que poderia parecer um absurdo, pois esses textos são obrigatórios constando ou não da Convenção Coletiva de Trabalho. A razão é que os trabalhadores leem (assim espero) seu texto da Convenção Coletiva, e dificilmente lerão outras leis e a constituição.

Por experiência sofrida pelo autor, recomenda-se:

- que sua empresa seja formal e burocrata nos assuntos trabalhistas;
- que a construtora tenha um departamento de pessoal experiente em assuntos de construção civil;
- que tenha a assessoria permanente de um advogado trabalhista;
- que tenha a assistência de um engenheiro de segurança do trabalho;
- que certos documentos, incluso aí o livro de registro de empregados, sejam, por razões previdenciárias, guardados por mais de 30 anos – eu disse 30 anos.

Vamos transcrever trechos de um sumário de uma Convenção Coletiva.

Convenção Coletiva de Trabalho (Dissídio coletivo)

Entre as partes, de um lado, Sindicato dos Trabalhadores nas Indústrias da Construção e, de outro lado, Sindicato da Indústria da Construção Civil, representados por seus respectivos Presidentes, abaixo assinados, estabelecem a presente CONVENÇÃO COLETIVA DE TRABALHO, na forma dos artigos 611 e seguintes, da Consolidação das Leis do Trabalho, mediante as cláusulas que se seguem:

CLÁUSULA PRIMEIRA – CORREÇÃO SALARIAL

Será concedido um reajuste de 9,75% (nove vírgula setenta e cinco por cento) em 1º de maio de 2011, sobre o salário corrigido conforme convenção coletiva anterior, em sua cláusula primeira, como resultado da livre negociação para a recomposição salarial do período de 01/05/2010 a 30/04/2011, dando-se por cumprida a Lei nº 8880/94 e legislação complementar.

PARÁGRAFO SEGUNDO – O percentual de reajuste pactuado no "caput" desta cláusula será aplicado em todos os níveis salariais.

PARÁGRAFO TERCEIRO – Os empregados admitidos após 01.05.2010 farão jus ao mesmo valor, mas não poderão, em razão disso, ultrapassar os salários de empregados mais antigos que exercem a mesma função.

PARÁGRAFO QUARTO – A diferença salarial relativa a maio/2011, decorrente da aplicação do reajuste ora pactuado, deverá ser paga na folha de pagamento de junho de 2011, de forma destacada, sob o título "DIFERENÇA CONVENÇÃO COLETIVA 01/ xx/ xxxx a 30/xx/xxxx".

CLÁUSULA SEGUNDA – PISOS

A partir de 1º de maio de xxx os pisos serão:

Para os trabalhadores NÃO QUALIFICADOS – servente, contínuo, vigia, auxiliares de trabalhadores qualificados e demais trabalhadores cujas funções não demandem formação profissional:

$ 910,80 (novecentos e dez reais e oitenta centavos), ou R$ 4,14 (quatro reais e quatorze centavos) por hora, para 220 (duzentas e vinte) horas mensais.

Para os trabalhadores QUALIFICADOS – pedreiro, armador, carpinteiro, pintor, gesseiro e demais profissionais qualificados não relacionados:

R$ 1.086,80 (um mil e oitenta e seis reais e oitenta centavos), ou R$ 4,94 (quatro reais e noventa e quatro centavos) por hora, para 220 (duzentas e vinte) horas mensais.

Para os demais trabalhadores QUALIFICADOS EM OBRAS DE MONTAGEM DE INSTALAÇÕES INDUSTRIAIS:

R$ 1.328,80 (um mil trezentos e vinte e oito reais e oitenta centavos), ou R$ 6,04 (seis reais e quatro centavos) por hora, para 220 (duzentas e vinte) horas mensais.

CLÁUSULA TERCEIRA – REFEIÇÃO

As empresas obrigam-se a fornecer a seus empregados uma alimentação subsidiada que consistirá, conforme sua opção, ressalvadas condições mais favoráveis, em:

• ALMOÇO COMPLETO, no local de trabalho;

Tratando-se de EMPREGADO ALOJADO EM OBRA terá direito também a jantar completo, com o subsídio estabelecido no Parágrafo Primeiro desta Cláusula.

OU,

• TÍQUETE REFEIÇÃO, no valor mínimo de R$ 13,80 (treze reais e oitenta centavos). O empregado receberá tantos Tíquetes Refeição quantos forem os dias de trabalho efetivo no mês.

- Para o EMPREGADO ALOJADO EM OBRA, receberá 1 (um) Tíquete Refeição para almoço e outro para o jantar, tantos quantos forem os dias do mês.

OU,

- CESTA BÁSICA, de pelo menos 36 (trinta e seis) itens,

E,

- CAFÉ DA MANHÃ E LANCHE DA TARDE, para seus empregados da área de produção, constante de:
  a. a título de café da manhã – um copo de leite, café e dois pães tipo francês com margarina e queijo e uma fruta da época;
  b. a título de lanche da tarde – um copo de leite, café ou suco ou isotônico e um pão tipo francês com margarina;
    - o lanche da tarde deve ser fornecido até às 16 horas, a critério da empresa.

PARÁGRAFO PRIMEIRO – As empresas subsidiarão o fornecimento da REFEIÇÃO/ ALIMENTAÇÃO nas hipóteses acima no mínimo de 95% (noventa e cinco por cento) do respectivo valor.

PARÁGRAFO SEGUNDO – Em se tratando do CAFÉ DA MANHÃ E LANCHE DA TARDE, a parte não subsidiada pela empresa no mês não poderá ser superior a 1% (um por cento) do salário hora do trabalhador.

PARÁGRAFO TERCEIRO – Conforme orientação do Tribunal Regional do Trabalho o fornecimento em qualquer das modalidades anteriores não terá natureza salarial, nem se integrará na remuneração do empregado, nos termos da Lei nº 6.321/76, de 14 de abril de 1976 e de seu Regulamento nº 78.676, de 8 de novembro de 1976.

CLÁUSULA QUARTA – JORNADA DE TRABALHO

I – Estabelecem as partes o adicional de 60% (sessenta por cento) para as horas suplementares trabalhadas de segunda-feira a sábado, desde que não tenham sido incluídas no Banco de Horas, consoante cláusula décima oitava, inciso I.

II – As partes fixam o adicional de 100% (cem por cento) para as horas extras trabalhadas em domingos e feriados, desde que não tenham sido incluídas no Banco de Horas, consoante cláusula décima oitava, inciso I.

CLÁUSULA QUINTA – PAGAMENTO DE SALÁRIO / ADIANTAMENTO SALARIAL

As empresas efetuarão o pagamento dos salários até o quinto dia útil do mês subsequente ao vencido. Também concederão um adiantamento salarial (vale) de, no mínimo, 40% (quarenta por cento) do salário nominal recebido no mês, até o dia 20 de cada mês, ressalvadas as condições mais favoráveis, excluídos aqueles que recebem semanalmente.

CLÁUSULA SEXTA – AUTORIZAÇÃO PARA DESCONTO EM FOLHA DE PAGAMENTO

Fica permitido às empresas abrangidas por esta Convenção Coletiva de Trabalho o desconto em folha de pagamento mediante acordo coletivo entre empresa e Sindicato de Trabalhadores, quando oferecida a contraprestação de: seguro de vida em grupo, transporte, vale-transporte, planos médicos-odontológicos com participação dos empregados nos custos, alimentação, convênio com supermercados, medicamentos, convênios com assistência médica, clube/agremiações, quando expressamente autorizado pelo empregado.

CLÁUSULA SÉTIMA – COMPROVANTE DE PAGAMENTO

As empresas fornecerão comprovantes de pagamento a seus empregados com identificação e constando, discriminadamente, a natureza e o valor das importâncias pagas, descontos efetuados, as horas trabalhadas e o valor do FGTS/INSS.

CLÁUSULA NONA – ATESTADOS MÉDICOS E ODONTOLÓGICOS

Serão reconhecidos os Atestados Médicos e/ou Odontológicos passados por facultativos do Sindicato dos Trabalhadores, desde que os mesmos consignem o dia, o horário de atendimento do empregado, bem como ainda, o carimbo do Sindicato e a assinatura do seu facultativo (médico)..

CLÁUSULA DÉCIMA – EMPREITEIROS / SUBEMPREITEIROS

As empresas, em suas atividades produtivas, utilizar-se-ão de mão-de-obra própria e de empreiteiros desde que regularmente constituídos e registrados nos órgãos competentes.

PARÁGRAFO PRIMEIRO - As empresas, quando das contratações dos serviços de instalações e outros, a serem executados por empresas ou profissionais, deverão, obrigatoriamente, fazer constar nos contratos celebrados com esses terceiros as seguintes exigências mínimas:

- Correrão por conta da "CONTRATADA" o pagamento de todos os impostos, taxas e contribuições, Federais, Estaduais e Municipais, que incidem atualmente sobre as operações objeto do contrato. Se durante o prazo de vigência do contrato forem criados novos tributos ou modificadas as alíquotas dos tributos incidentes, os ônus correrão por conta da "CONTRATADA".

- No pagamento de cada uma das faturas de mão de obra /serviços serão retidos os seguintes impostos:

- INSS à alíquota de 11% (onze por cento) do valor da mão de obra destacado na Nota Fiscal, conforme disposto no artigo 112 e seguintes DA INSTRUÇÃO NORMATIVA INSS/ DC Nº. 971, de 13.11.2009, c/c os artigos 140 a 177 da mesma Instrução Normativa, publicada no DIÁRIO OFICIAL DA UNIÃO DE 17.11.2009 e demais regulamentações posteriores, do valor bruto da Nota Fiscal, da fatura ou do recibo de prestação de serviços, devendo o valor (correspondente a 11%) ser destacado no corpo da respectiva Nota Fiscal, fatura ou recibo com o título RETENÇÃO PARA A PREVIDÊNCIA SOCIAL. A falta do destaque do valor da retenção constitui infração ao parágrafo 1º do artigo 31 da Lei 8.212/91. Além do destaque da retenção, no corpo da Nota Fiscal deverá constar obrigatoriamente o endereço da obra e o número da matrícula CEI.

- Nos casos em que, por algum motivo, a "CONTRATADA" estiver isenta da retenção incidente sobre o pagamento de cada uma das faturas de mão-de-obra e serviços emitidas pela "CONTRATADA", esta obriga-se a apresentar à "CONTRATANTE" cópia autenticada e original para confrontação da GPS – Guia da Previdência Social referente ao recolhimento dos encargos do INSS, relativa ao mês anterior, correspondente a 40% (quarenta por cento) do valor da mão de obra e respectiva folha de pagamento específica para a obra. Sempre, em ambos os casos, as guias devem ser recolhidas individualmente para cada obra.

- Mensalmente a "CONTRATADA" deverá apresentar:

  a. cópia simples da GFIP – Guia de Recolhimento do FGTS e Informações a Previdência Social juntamente com a Relação dos Trabalhadores Constantes do Arquivo SEFIP relativa ao mês anterior;

  b. cópia simples da folha de pagamento da obra;

  c. lista atualizada contendo todos os nomes, endereços e telefones para contato dos empregados, sendo que todos, sem exceção, deverão obrigatoriamente estar registrados no momento do início da prestação laboral, sob pena de rescisão do instrumento contratual e, ainda, ao pagamento pela "CONTRATADA" a favor da "CONTRATANTE" de uma multa de, no mínimo, 20% (vinte por cento) sobre o valor do preço do contrato.

- ISS às alíquotas de 5% (cinco por cento) e 2% (dois por cento) quando os serviços forem prestados dentro do território do Município de São Paulo, conforme artigos 9 e 16 da LEI PREFEITA DO MUNICÍPIO DE SÃO PAULO – SP Nº 13.701 de 24.12.2003, publicada no DIÁRIO OFICIAL DO MUNICÍPIO de 25.12.2003. Quando os serviços forem prestados fora do Município de São Paulo deverá ser recolhido o ISS de acordo com as leis municipais vigentes.

- PIS/COFINS/CSLL – A alíquota de 4,65% dos serviços de limpeza, vigilância e serviços profissionais conforme disposto no artigo 30 da LEI 10.833 de 29.12.03, publicada no DIÁRIO OFICIAL DA UNIÃO de 30/12/2003.

- Nos contratos de empreitada global com a utilização de equipamentos e materiais que não estejam discriminados, será considerado para retenção do INSS o valor de 60% (sessenta por cento) do total dos serviços.

- Comprovação do recolhimento da Contribuição Sindical.

- Caso qualquer dos documentos supra relacionados não seja apresentado ou esteja em desacordo com pagamentos já efetivados, esse fato deverá acarretar a suspensão de pagamentos vincendos até a perfeita regularização da documentação, bem como cessará, no período, a aplicação de qualquer reajuste previamente pactuado.

- Substituir, imediatamente, por solicitação da "CONTRATANTE" qualquer preposto ou empregado que, a critério desta, não corresponda às necessidades técnicas de perfeita execução das obras ou tenha comportamento inconveniente ou irresponsável e que descumpra quaisquer Normas de Segurança e Medicina e Higiene do Trabalho ou Regulamentos Internos da Obra.

- A "CONTRATADA" é a única responsável pelos danos causados a "CONTRATAN-TE" ou a terceiros, por si, seus empregados ou prepostos, decorrentes de ação ou omissão voluntária, dolo, imprudência, imperícia ou negligência, quer direta ou indiretamente.

- A "CONTRATADA" não poderá, salvo prévia e expressa concordância, por escrito, da "CONTRATANTE", emitir com base nas faturas de serviços prestados e/ou medição de serviços executados, duplicatas ou quaisquer outros títulos de créditos. Descumprido pela "CONTRATADA" ou ora estabelecido, a "CONTRATAN-TE" poderá recusar-se a aceitar e/ou pagar os títulos emitidos ou, se resolver efetivar o seu pagamento, fica desde já convencionado entre as partes contratantes que está a "CONTRATANTE" expressamente autorizada pela "CONTRATADA" a desta deduzir o valor dos créditos que tenha com a "CONTRATANTE", incluindo os decorrentes da aplicação de multas, bem como de quantia suficiente, a critério da "CONTRATANTE", para garantir o cumprimento das obrigações trabalhistas e sociais, impostos ou taxas ou indenizações de qualquer natureza, resultantes da prestação dos serviços.

- Deverá a "CONTRATADA" manter na obra, por sua conta e risco, todos os operários registrados, não podendo haver funcionários autônomos, trabalhadores de cooperativa de mão-de-obra, bem como trabalhadores temporários, exceção feita às contratações amparadas na Lei 6.019/74. Também deverá apresentar a "CONTRATANTE" quinzenalmente ou sempre que lhe for solicitado, o seu livro ou fichas de registro de empregados devidamente atualizados, assim como os exames médicos admissionais, periódicos. Os salários, assim como as demais imposições contidas na presente Convenção Coletiva de Trabalho e todos os demais encargos sociais, cujos pagamentos sejam de responsabilidade e ônus exclusivos da "CONTRATADA", deverão ser pagos pontualmente, por esta última, sob pena de poder a "CONTRATANTE" reter o pagamento a ela devido, até a completa regularização dos referidos pagamentos.

- A "CONTRATADA", para prestação dos serviços ajustados, deverá se comprometer perante a "CONTRATANTE" a satisfazer e executar o que determina a Lei 6514 de 22/12/77 Capítulo V do Título 11 da CLT, aprovada pelo DL 5452 de 1/5/43, ao que determina a Portaria 3214/78 em relação às NR – Normas Regulamentadoras, bem como, tomar conhecimento e divulgar no âmbito da empresa, as regras e diretrizes constantes do Manual de Segurança da Contratante. A "CONTRATADA" é a responsável única pelo cumprimento das obrigações legais, seus efeitos e respectiva implementação de diretrizes e procedimentos, aplicando para tanto, todos os recursos técnicos, administrativos e financeiros disponíveis, visando a proteção do meio ambiente, a saúde e integridade do trabalhador.

- A "CONTRATADA" se obriga a fornecer aos seus empregados todos os equipamentos de proteção, fiscalizando o seu uso e o integral cumprimento das normas de prevenção contra acidentes, de acordo com a NR 18 da Portaria Nº 4 de 04/07/95 publicada no Diário Oficial da União em 07/07/95, higiene e segurança do trabalho e de combate a incêndio. A "CONTRATADA" não poderá alegar em hipótese alguma, o desconhecimento a respeito da segurança e higiene do trabalho.

- A empresa contratada deverá fornecer gratuitamente todos os equipamentos de proteção individual necessários aos diversos serviços como capacetes, botas de couro, botas de borracha, cintos de segurança tipo pára-quedista, trava-quedas, luvas de raspa, luvas de borracha, aventais de raspa, protetores faciais, óculos de segurança, protetores auriculares, máscaras, etc., com seus respectivos C.A. (Certidão de Aprovação). Deverá ser substituído todo o Equipamento de Proteção individual quando vencida sua validade.

- A "CONTRATADA" se obriga a recolher, mensalmente ao Seconci, a contribuição correspondente a 1% (um por cento) do valor bruto das folhas de pagamento de seus empregados, conforme o disposto na Cláusula Vigésima Segunda da presente Convenção Coletiva.

- Qualquer funcionário da "CONTRATADA" ao ser admitido deverá além de se submeter ao exame médico admissional – frequentar obrigatoriamente o curso admissional de prevenção contra acidentes, assim como, todos os funcionários da "CONTRATADA" deverão obrigatoriamente comparecer às reuniões que a "CONTRATANTE" faz realizar por Engenheiro de Segurança e/ou Técnico de Segurança do Trabalho, tudo para minimizar e evitar qualquer risco de acidentes.

- Em caso de fiscalização pelos órgãos competentes que gerem multas ou qualquer ônus a "CONTRATANTE" proveniente de desacordo com a segurança e higiene do trabalho que envolva a "CONTRATANTE", é de responsabilidade da "CONTRATADA" o pagamento deste ônus.

- A empresa contratada deverá ter na obra armários individuais para muda de roupa dos seus funcionários em número suficiente, prevendo inclusive um aumento repentino do efetivo.

- A empresa "CONTRATADA" deverá fornecer gratuitamente uniformes a todos os seus funcionários.

- Segurar obrigatoriamente todos os seus empregados e ou prepostos contra acidentes de trabalho.

- Permitir a qualquer tempo a fiscalização dos serviços pela "CONTRATANTE", ou elemento designado pela mesma, ficando certo que tal fiscalização não eximirá a "CONTRATADA" de responsabilidade por falha de execução dos mesmos.

- Conforme portarias do Ministério do Trabalho e da Secretaria de Segurança e Saúde do Trabalho, a "CONTRATADA" deverá ter em mãos, obrigatoriamente 03 (três) dias úteis antes do início de suas atividades e sempre atualizados, os seguintes itens:

  m. uniforme com timbre da empresa;

  n. CTPs cópia autenticada 1ª folha onde constam o nome do funcionário e nº da carteira, e a folha de registro da admissão).

  o. PCMAT, conforme disposto na NR-18.

- É obrigatória a apresentação da "CONTRATADA" junto ao SEESMT – Serviço Especializado de Engenharia, Segurança e Medicina do Trabalho da "CONTRATANTE", quando da sua efetiva implantação para receber o treinamento de integração, o que deverá ocorrer antes do início dos serviços. No dia do ingresso no canteiro de obras e antes do início dos serviços, os funcionários da "CONTRATADA" são obrigados a se apresentarem uniformizados, portando os EPI's adequados para suas atividades e devidamente identificados, portando o crachá de identificação.

- É obrigatório que a "CONTRATADA" designe, formalmente, o técnico de segurança e medicina do trabalho que será responsável pelas ações de segurança do trabalho, conforme as normas regulamentadoras da legislação vigente.

- Durante a execução dos serviços na obra, deverão ser apresentados também:

  · cópias autenticadas dos exames periódicos;

  · cópias simples dos cartões de pontos mensais.

- A "CONTRATADA" é obrigada a participar de eventos promovidos pelo SEESMT e pela CIPA da "CONTRATANTE".

- As marcações de ponto dos funcionários, contendo os horários de entrada, almoço e saída, deverão ser mantidas na obra onde estão sendo executados os serviços.

- A "CONTRATADA" deverá entregar uma cópia autenticada do Contrato Social e do cartão do CNPJ de sua empresa na obra, antes do início dos serviços, com a finalidade de constatar se os mesmos se propõem a explorar as mesmas atividades - fim.

- A CONTRATADA e seus funcionários devem cumprir o horário de serviço conforme determinação da administração da obra, não podendo a jornada extraordinária de trabalho ultrapassar o limite de duas horas diárias quando a jornada normal de trabalho for de oito horas, salvo na hipótese de necessidade imperiosa de serviços,

- Nos contratos de subempreitada responderá o subempreiteiro pelas obrigações derivadas do contrato de trabalho que celebrar, cabendo, todavia, aos empregados, o direito de reclamação contra o empreiteiro principal pelo inadimplemento daquelas obrigações por parte do primeiro.

Parágrafo único – Ao empreiteiro principal fica ressalvada, nos termos da lei civil, ação regressiva contra o subempreiteiro e a retenção de importâncias a este devidas, para a garantia das obrigações previstas neste artigo.

CLÁUSULA DÉCIMA-PRIMEIRA – FÉRIAS

O início das férias deverá sempre ocorrer no primeiro dia útil da semana, devendo o empregado ser avisado com 30 (trinta) dias de antecedência, ressalvados os interesses do próprio empregado em iniciar suas férias em outro dia da semana, bem como ainda a política anual de férias das empresas, que deverá ser comunicada ao Sindicato dos Trabalhadores.

PARÁGRAFO PRIMEIRO – Quando a empresa cancelar férias por ela comunicada, deverá reembolsar o empregado das despesas não restituíveis, ocorridas no período dos 30 (trinta) dias de aviso que, comprovadamente, tenha feito para viagens ou gozo de férias.

CLÁUSULA DÉCIMA-SEGUNDA – COMUNICAÇÃO DE DISPENSA

Nos casos de rescisão do contrato de trabalho, sem justa causa, por parte do empregador, a comunicação de dispensa obedecerá os seguintes critérios:

A - Será comunicado pela empresa ao empregado por escrito contra recibo, firmado pelo mesmo, esclarecendo se será trabalhado ou indenizado o aviso prévio legal, avisando inclusive o dia, hora e local do recebimento das verbas rescisórias.

CLÁUSULA DÉCIMA-SEXTA – DESCANSO REMUNERADO

As empresas dispensarão do trabalho seus empregados nos dias 24 e 31 de dezembro, sem prejuízo do salário e do DSR.

CLÁUSULA DÉCIMA-SÉTIMA – QUADRO DE AVISO

As empresas permitirão a afixação de Quadro de Aviso do Sindicato do Trabalhadores, em locais acessíveis aos empregados, para fixação de matéria de interesse da categoria, porém, é vedada a divulgação de material político-partidário ou ofensivo a quem quer que seja.

CLÁUSULA DÉCIMA-OITAVA – EMPREGADO/EMPRESA/SINDICATOS-LIVRE NEGOCIAÇÃO

As partes convenentes fixam os itens abaixo que as empresas e sindicatos poderão negociar e/ou complementar de forma livre, sem coação ou qualquer imposição de terceiros, estranhos à relação direta entre capital e trabalho, firmando pacto específico, de comum acordo, a saber:

III. CIPA

Quando obrigadas ao cumprimento da NR-5, da Portaria N° 3.214/78, COMISSÃO INTERNA DE PREVENÇÃO DE ACIDENTES, as empresas comunicarão ao Sindicato dos Trabalhadores, com antecedência de 45 (quarenta e cinco) dias, a data da realização das eleições.

III.1 O registro de candidatura será efetuado contra recibo da empresa, firmado por responsável do setor de administração.

III.2 A votação será realizada através de lista única de candidatos.

III.3 Os mais votados serão proclamados vencedores, nos termos da NR-5 da Portaria N° 3.214/78, e o resultado das eleições será comunicado ao Sindicato dos Trabalhadores, no prazo de 30 (trinta) dias.

III.4 Fica garantido ao Vice-presidente da CIPA e ao Sindicato o direito de acompanhar e fiscalizar todo o processo de votação e apuração da CIPA.

III.5 O Sindicato dos Trabalhadores participará das reuniões ordinárias ou extraordinárias da CIPA através de seus membros, recebendo, inclusive, cópia fiel de todas as atas de reuniões e calendários de reuniões.

IV. SEGURO DE VIDA

Ressalvadas as situações mais favoráveis, as empresas poderão fazer em favor de seus empregados um seguro de vida em grupo, tendo como beneficiário aqueles legalmente identificados junto ao INSS. Deverão ser observadas as seguintes coberturas mínimas:

a) R$ 35.000,00 (trinta e cinco mil reais) de indenização por morte ou invalidez permanente, total ou parcial, do empregado (a) causada por acidente, independente do local ocorrido.

IV.1 Aplica-se o disposto na presente cláusula a todas as empresas e empregadores, inclusive empreiteiras e subempreiteiras, autônomos, empresas de serviços temporários e assemelhados.

CLÁUSULA VIGÉSIMA – UNIFORMES

As empresas fornecerão gratuitamente a seus empregados, conforme padrão definido pelas próprias empresas, dois jogos de uniforme para o desempenho das atividades laborativas.

CLÁUSULA VIGÉSIMA-PRIMEIRA – CONTRIBUIÇÃO ASSISTENCIAL/CONFEDERATIVA DE REPRESENTAÇÃO PROFISSIONAL

Considerando que a assembleia realizada no dia 25 de fevereiro de 2011 às 19h00, em XXXXXXXXX/SP, foi aberta à categoria, inclusive aos não filiados, na forma do artigo 617, parágrafo segundo, da CLT;

Considerando que a categoria como um todo, independentemente de filiação sindical, foi representada nas negociações coletivas de acordo com o estabelecido nos incisos III e VI do artigo oitavo da Constituição da República e abrangida, sem nenhuma distinção na presente convenção coletiva;

Considerando que a representação da categoria, associados ou não e sua abrangência no instrumento normativo não afeta a liberdade sindical consagrada no inciso V do artigo oitavo da Constituição Federal;

Considerando que a mesma assembleia que autorizou o Sindicato a manter negociações coletivas e celebrar esta convenção fixou, livre e democraticamente a contribuição de custeio abaixo especificada;

1. Fica ajustado que as empresas descontarão, mês a mês, em folha de pagamento de seus empregados, sindicalizados ou não, a contribuição retributiva de representação/ assistencial de 1,5% (um vírgula cinco por cento) dos salários já reajustados, devidos a partir de maio/2011, e será recolhida da seguinte forma:

CLÁUSULA VIGÉSIMA-TERCEIRA – CONTRIBUIÇÃO NEGOCIAL PATRONAL

Considerando o disposto no artigo 8º da Constituição Federal e em conformidade com a deliberação da Assembleia Geral Extraordinária realizada em 19 de abril de 2011, o Sindicato da Indústria da Construção Civil fica autorizado a cobrar das empresas construtoras, de subempreiteiras, fornecedoras de mão-de-obra, empresas de trabalho temporário, cooperativas e afins, que atuam na sua base territorial, por meio de envio de cobrança bancária, uma Contribuição Negocial, com o objetivo de custear a manutenção das atividades sindicais atinentes à negociação coletiva, no valor de R$ 650,00 (seiscentos e cinquenta reais), a ser recolhida em quota única até 30 de junho de 2011.

PARÁGRAFO ÚNICO – O atraso no recolhimento da contribuição Negocial Patronal implicará na multa de 10% (dez por cento), acrescida de juros de 1% (um por cento) ao mês de atraso quando de seu pagamento, independentemente de ação judicial.

Assim, por estarem justos e acertados, e para que produza os seus jurídicos e legais efeitos, assinam as partes convenentes a presente CONVENÇÃO COLETIVA DE TRABALHO, em 3 (três) vias, que levarão a registro junto à Delegacia Regional do Trabalho, do Ministério do Trabalho, nos termos do artigo 614 da CLT.

XXXXX, 24 de maio de XXXX.

SINDICATO DOS TRABALHADORES NAS INDÚSTRIAS DA CONSTRUÇÃO

Presidente

Advogado

SINDICATO DA INDÚSTRIA DA CONSTRUÇÃO CIVIL

Presidente

Advogado

XX de agosto de XXXX

Entrega da obra

A obra do Edifício Solar dos Girassóis estava nos seus últimos dias. A Construtora Andorinha Azul já estava (confessamos) com todos os seus olhos direcionados para e altamente interessados em uma nova obra, recém-contratada. Vale a regra:

"a nova namorada é sempre mais bonita que a namorada que se deixou...".[1]

Em face do fim dos trabalhos, a construtora entregou ao dono da obra o **Termo de recebimento de obra**, para que assinasse, mas ele ainda exigiu:

- limpeza total da obra;
- disposição correta dos entulhos;
- documentos oficiais produzidos pela construtora e da firma terceirizada de mão de obra;
- relatório fotográfico[2] de toda a história da obra. A exigência desse relatório não constava da contratação inicial e só foi produzido depois de acordo, pois a construtora exigiu corretamente o pagamento adicional desse trabalho.

Tudo foi entregue e o cliente assinou então o Termo de recebimento de obra, mas com várias cláusulas de cautela, as quais foram adicionadas pelo advogado assessor do proprietário. Se pensarmos bem, a minuta desse termo, *cláusulas de cautela de recebimento de obra*, deveria ter constado do contrato. Infelizmente, isso não aconteceu. O sócio Guilherme, da Construtora Andorinha Azul, ficou com isso gravado na memória e, em novas propostas de contratos, fez constar um adendo com a minuta dessas cláusulas, para evitar exigências absurdas de fim de relacionamento.

---

[1] Considerando a entrada feminina na construção civil, a frase também pode e deve ser escrita: "o novo namorado é sempre mais bonito e interessante que o namorado que se deixou..."

[2] O saudoso professor José Martiniano de Azevedo Netto, autor do famoso livro *Manual de hidráulica*, declarava que todo estudante de engenharia e arquitetura devia, como matéria curricular ou matéria livre, fazer um curso de fotografia técnica na faculdade.

E a obra do edifício Solar dos Girassóis deu lucro

Houve um churrasco de entrega da obra ao seu proprietário, que já ia fazendo negócios com a venda dos apartamentos.

Nota terrível

Principalmente com construtores que se relacionam com órgãos públicos e no tocante a edificações, é comum a obra terminar e os funcionários a serem indicados para trabalhar nessa edificação (escola infantil, centro de saúde, centro comunitário etc.) ainda não terem sido indicados para tomar posse. Assim, com a obra pronta, o proprietário público não quer dar o termo de fim de obra, pois, caso contrário, se ocorrer algum vandalismo, caberá ao poder público a tarefa de consertar o destruído. Assim, a construtora quer entregar e o proprietário não quer receber. Cabe toda uma discussão que, às vezes, chega até os tribunais, forçando ao proprietário a assumir o que é seu, não cabendo à construtora fazer manutenção, guarda e reparos sobre um verdadeiro "elefante branco...".

Alerta, alerta, alerta

Com tudo terminado, dois fantasmas acompanham o fim da vida de toda obra:

- direitos trabalhistas dos dois últimos anos de cada trabalhador;
- a guarda por **30 anos** dos documentos que geram direitos previdenciários dos trabalhadores, ou seja, o livro de registro de empregados.

Seguramente, atualmente, quando os empregados podem solicitar sem custos dados de computação arquivados no INSS que mostram sua situação previdenciária, essa guarda quase medieval de dados em livros deixa de ser importante.

O ideal seria que, nos casos de demissão, o empregado recebesse da construtora o documento mostrando suas contribuições.

117 Tabela de conversão de unidades de medida mais usadas na construção civil

As unidades e suas conversões mais usadas na construção civil são:

1 k (quilo) = 1.000

1 M (mega) = 1.000.000 = 10^6 ([1])

1 G (giga) = 1.000.000.000 = 10^9

1 Pa (pascal como medida de pressão) = 1 N/m^2

1 N (newton como medida de força) = 0,1 kgf (aproximadamente)

1 kN = 100 kgf

1 kPa = 1 kN/m^2

1 MPa = 10 kgf/cm^2

1 t (tonelada) = 1.000 kgf = 10.000 N

1 kgf/cm^2 = 10 t/m^2

1 t/m^2 = 0,1 kgf/cm^2

1 m = 100 cm = 1.000 mm

1 ha (hectare é muito usado em medidas de grandes áreas, como fazendas) = 10.000 m^2

1 polegada (*inch*) = 2,54 cm

1 pé (*foot*) = 30,5 cm

1 alqueire paulista = 24.200 m^2

1 alqueire mineiro = 48.400 m^2

1 hp = 0,746 kW

1 cv = 0,736 kW

1 litro (L) = 1.000 cm^3 = 1.000 mm^3

---

[1] Na expressão de medidas, a forma exponencial como 10^6 é denominada expressão científica da medida, o que evita confusões. Deve-se notar que a expressão bilhão na língua inglesa significa milhão multiplicado por milhão e no Brasil bilhão significa milhão vezes mil. Usando-se a notação científica, a confusão desaparece.

Atenção:

- Os símbolos de medidas não vão para o plural. Então: este terreno tem 12,85 m de frente.

- Usa-se a letra maiúscula quando o nome é uma homenagem a grandes nomes das ciências, como N de Newton, A de Ampère, K de Kelvin.

- O símbolo de mega (M) é maiúsculo para não confundir com o símbolo de metro (m).

- Como símbolo de litro, podemos usar (**L**) em vez de (**l**) para não gerar confusão: $1 \text{ L} = 1 \text{ dm}^3 = 1.000 \text{ cm}^3$

- Os símbolos polegada (") e pé (') devem ser usados como medidas de distância. Para indicar tempo, esses símbolos não devem ser usados. Por exemplo: são 14h35min17s, ou seja, catorze horas, trinta e cinco minutos e dezessete segundos.

Normas do Ministério do Trabalho e Emprego

Apresentamos o índice da Norma NR 18 e citamos a NR 35 – "Trabalho em altura" (cuidados). Ambas as normas são federais (Ministério do Trabalho e Emprego) e de seguimento obrigatório. Ambas as normas podem ser obtidas no site do Ministério do Trabalho e Emprego.

NR 18 – Condições e meio ambiente de trabalho na indústria da construção

Atualização: 10/5/2013

SUMÁRIO

18.1 Objetivo e Campo de Aplicação

18.2 Comunicação Prévia

18.3 Programa de Condições e Meio Ambiente de Trabalho na Indústria da Construção (PCMAT)

18.4 Áreas de Vivência

18.5 Demolição

18.6 Escavações, Fundações e Desmonte de Rochas

18.7 Carpintaria

18.8 Armações de Aço

18.9 Estruturas de Concreto

18.10 Estruturas Metálicas

18.11 Operações de Soldagem e Corte a Quente

18.12 Escadas, Rampas e Passarelas

18.13 Medidas de Proteção contra Quedas de Altura

18.14 Movimentação e Transporte de Materiais e Pessoas

18.15 Andaimes e Plataformas de Trabalho

18.16 Cabos de Aço e Cabos de Fibra Sintética

18.17 Alvenaria, Revestimentos e Acabamentos

18.18 Telhados e Coberturas

18.19 Serviços em Flutuantes

18.20 Locais Confinados

18.21 Instalações Elétricas

18.22 Máquinas, Equipamentos e Ferramentas Diversas

18.23 Equipamentos de Proteção Individual

18.24 Armazenagem e Estocagem de Materiais

18.25 Transporte de Trabalhadores em Veículos Automotores

18.26 Proteção Contra Incêndio

18.27 Sinalização de Segurança

18.28 Treinamento

18.29 Ordem e Limpeza

18.30 Tapumes e Galerias

18.31 Acidente Fatal

18.32 Dados Estatísticos (Revogado pela Portaria SIT n.º 237, de 10 de junho de 2011)

18.33 Comissão Interna de Prevenção de Acidentes (CIPA) nas empresas da Indústria da Construção

18.34 Comitês Permanentes Sobre Condições e Meio Ambiente do Trabalho na Indústria da Construção

18.35 Recomendações Técnicas de Procedimentos (RTP)

18.36 Disposições Gerais

18.37 Disposições Finais

18.38 Disposições Transitórias

18.39 Glossário

NR – 35 Trabalho em altura (cuidados)

Consultar o site: <http://portal.mte.gov.br/data/files/FF80808148EC2E5E014961 BFB192220B/NR-35%20(Atualizada%202014)%202.1b%20(prorroga).pdf>

Nota

Conheça o EPI

Chama-se EPI (Equipamento de Proteção Individual) o equipamento de proteção do trabalhador que as construtoras têm de adquirir e obrigar o uso pelos empregados. Vejamos quais são:

- proteção auditiva: abafadores de ruídos ou protetores auriculares;
- proteção respiratória: máscaras e filtro;
- proteção visual e facial: óculos e viseiras;
- proteção da cabeça: capacetes;
- proteção de mãos e braços: luvas e mangotes;
- proteção de pernas e pés: sapatos, botas e botinas;
- proteção contra quedas: cintos de segurança e cinturões.

O equipamento de proteção individual, de fabricação nacional ou importado só poderá ser posto à venda ou utilizado com a indicação do Certificado de Aprovação (CA), expedido pelo órgão nacional competente em matéria de segurança e saúde no trabalho do Ministério do Trabalho e Emprego. Dura realidade brasileira.

Nenhum trabalhador com capacete: erro inadmissível

Banco de dados de obras

Apresentamos, a seguir, dados gerais que podem interessar em uma obra de concreto armado e alvenaria.

Tamanho de pedras (britas)

Pedras	Tamanho (cm)	Observações e usos
Matacões	40	Muros de arrimo, fundações, concreto ciclópico
Pedra de mão	10 a 30	Muros de arrimo, fundações, concreto ciclópico
5	7,5 a 10	Usada em base de pavimento
4	5 a 7,5	Usada em base de pavimento
3	2,5 a 5	Usada em base de pavimento e em certas estruturas de concreto
2	2 a 2,5	Usada em concreto
1	1 a 2	Chamada de cascalho e usada em concreto
0	0,2 a 1,2	
Limite de pedra	0,5 a 1	Chamada de pedrisco
Areia grossa	Menor que 0,5	

Nota

Para preparar o chamado *groute* usa-se a brita com diâmetro máximo de 4,8 mm.

Existem também as classificações:

- pó de pedra: 0 mm a 5 mm
- pedrisco: 5 mm a 9,5 mm
- rachão: 75 mm a 400 mm

- enrocamento: 400 mm a 1.000 mm

- bica corrida: 0 mm a 75 mm

- brita zero: 6 mm a 12 mm

Ver a norma NBR 7211 – Agregados para concreto.

O mercado fornecedor nem sempre obedece a uma padronização de tamanhos de brita.

Granulometria das areias

Tipo de areia	Material retido entre as peneiras de abertura de malha
Areia muito grossa	2,4 mm a 5 mm. Acima de 5 mm são os agregados graúdos.
Areia grossa	2,4 mm a 1,2 mm
Areia média	1,2 mm a 0,6 mm
Areia média fina	0,6 mm a 0,3 mm
Areia fina (finos)	0,3 mm a 0,15 mm
Filer (pó)	abaixo de 0,15 mm

Escala segundo a ABNT

Classificação	Diâmetro das partículas
Argila	menor que 0,002 mm
Silte	entre 0,06 e 0,002 mm
Areia	entre 2 e 0,06 mm
Pedregulho	entre 60 e 2 mm

120 Relatório de uma concretagem

Diogo Maluf Gomes

Introdução

A construção civil, em todo o Brasil, está em uma fase de grande crescimento, o que exige mais mão de obra qualificada e bons fornecedores de materiais e serviços. Tempo, tecnologia e custo são pilares sustentadores de qualquer obra de engenharia e interferem diretamente na qualidade da obra.

Neste capítulo analisaremos três dos processos que giram em torno da supraestrutura de qualquer obra moderna de engenharia:

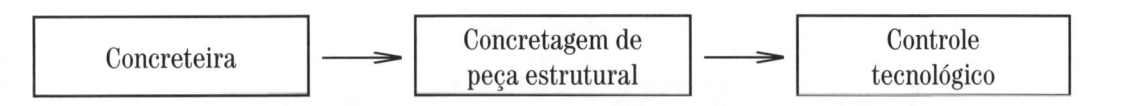

| Concreteira | → | Concretagem de peça estrutural | → | Controle tecnológico |

Em cada um desses processos iremos analisar se estão sendo seguidos os procedimentos apropriados para todo o processo produtivo. Eles oferecem as referências de qualidade e desempenho reconhecidas pelo meio técnico e aceitas pelo mercado. Se esses procedimentos para a supraestrutura não forem seguidos, podem surgir dúvidas quanto à segurança da estrutura.

Portanto, como o mercado está muito aquecido e o número de serviços para os fornecedores aumenta cada vez mais, cabe a pergunta: será que a qualidade está sendo preservada? Querer economizar em custo, tecnologia e tempo muitas vezes compromete a qualidade do processo. Analisaremos agora cada um dos três processos citados anteriormente e os procedimentos corretos para cada um.

Concreteira

Neste processo, usaremos como referência a concreteira X e analisaremos os seguintes procedimentos que podem alterar a qualidade do concreto:

a) Agregados (graúdo e miúdo) e aglomerantes (cimento):

- recebimento;
- armazenamento;

- controle de qualidade;
- tipos.

b) Aditivos e transporte do concreto:

- controle de qualidade;
- tipos.

Agregados (graúdo e miúdo) e aglomerantes (cimento)

A concreteira X trabalha com a areia média (agregado miúdo) e brita 0 e 1 (agregado graúdo). Por meio de pesquisa de campo, foi observado que o recebimento desses agregados pela concreteira X é feito em lotes (uma carreta).

Não foi observada durante o recebimento desse agregado qualquer inspeção visual com a finalidade de verificar se havia alguma não conformidade.

O controle de qualidade desses agregados, bem como do cimento, é feito na matriz da concreteira X através de uma amostra de 15 kg recolhida dia sim, dia não.

A tabela a seguir ajuda a analisar alguns itens no momento de fazer o controle do cimento e dos agregados para concretos. Com ela foi analisado o caso da concreteira X.

Número	Material	Controle de	Verificações/ensaios	Frequência
1	Cimento	Documento de entrega e embalagem	Conformidade ao pedido Certificado de controle de qualidade	A cada entrega Conforme
		Resistência Pega Finura Outros, quando necessário	Atendimento às especificações	A cada 15 dias ou a cada 100 ton +/−20 Conforme
2	Agregados	Documento de entrega	Conformidade ao pedido	A cada entrega
		Inspeção visual	Variações de aspecto e textura etc.	Não conforme
		Granulometria Formato do grão Matéria orgânica Material pulverulento	Especificações Variações que exijam providências	No mínimo uma vez por semana para agregado miúdo e 1 vez a cada 15 dias para agregado graúdo, ou a cada 500 m³ de agregado.

O procedimento de armazenamento dos agregados deveria seguir certas instruções:

- os agregados devem ser armazenados separadamente em função da sua graduação granulométrica, de acordo com as classificações indicadas;
- não deve haver contato físico direto entre as diferentes graduações;
- cada fração granulométrica deve ficar sobre uma base que permita escoar a água livre, de modo a eliminá-la.

Nota

O depósito destinado ao armazenamento dos agregados deve ser construído de maneira tal que evite o contato com o solo e impeça a contaminação com outros sólidos ou líquidos prejudiciais ao concreto.

Foi observado que a concreteira X armazena os agregados em "baias", dividindo, assim, o armazenamento destes por granulometria e tipo, de modo que um não tenha contato físico com o outro.

Mas também foi observado um ponto bastante negativo: o fato de que tais agregados estarem em contato com o solo e com a chuva, pois estão em local aberto.

A concreteira X tentou se justificar dizendo que tira a umidade todos os dias (três vezes ao dia) dos agregados e desconta na quantidade de água posta no traço. Mas, não é só a água que pode influenciar a resistência do concreto: se os agregados tiverem alguma contaminação, isso pode vir a influenciar o concreto. A concreteira X, portanto, não está seguindo o procedimento para o armazenamento dos agregados.

A concreteira X trabalha atualmente com o cimento CPII-Z, mas em alguns meses migrará para o cimento CP-V (produzido pela própria concreteira). Esse cimento é transportado em caminhões bitrem (cada bitrem armazena 40 toneladas de cimento), que são interligados nos silos (cada silo tem capacidade para 120 toneladas de cimento) por meio de mangotes. Esses silos sugam o cimento e o armazenam.

Aditivos e transporte de concreto

Atualmente, a concreteira X trabalha com aditivos plastificantes retardadores de pega para o transporte da concreteira até a obra e aditivos superplastificantes (termoelétrica).

Os aditivos chegam à obra em galões de 200 litros. Os plastificantes retardadores de pega são armazenados em uma caixa d'água, de onde passam para um cilindro e depois para a mistura por via aérea.

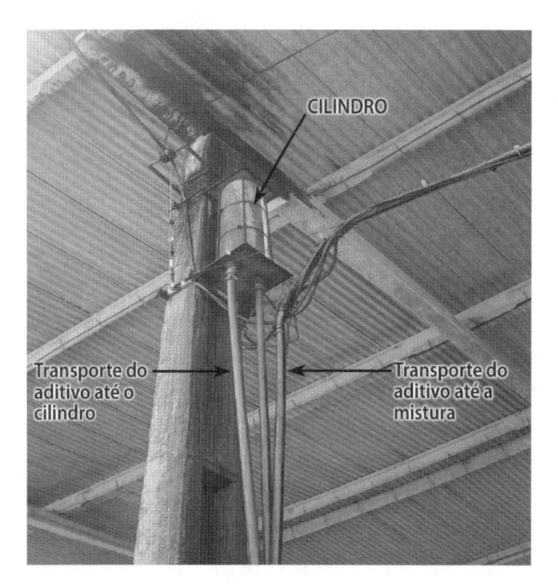

O transporte do concreto até a obra depois de pronto deve ocorrer por meio de um caminhão betoneira.

Em conformidade com esse procedimento, a concreteira X faz o transporte para a obra através de caminhões betoneira. Assim, o transporte do concreto é efetuado para não haver segregação ou desagregação de seus componentes, nem perda sensível de qualquer um deles por vazamento ou evaporação.

Concretagem de peça estrutural

Neste processo, utilizaremos como referência a obra Y. Analisaremos os seguintes procedimentos:

- recebimento do concreto dosado em central;
- teste de *slump*;
- lançamento do concreto;
- adensamento do concreto;
- moldagem de corpo de prova;
- logística da concretagem.

Com a chegada do caminhão na obra, verifica-se primeiramente se o concreto entregue está de acordo com o pedido. No documento entregue (nota fiscal), checa-se o número do lacre, o volume do concreto, o abatimento (teste de *slump*), a resistência característica do concreto à compressão (fck) e a presença de aditivo (se houver).

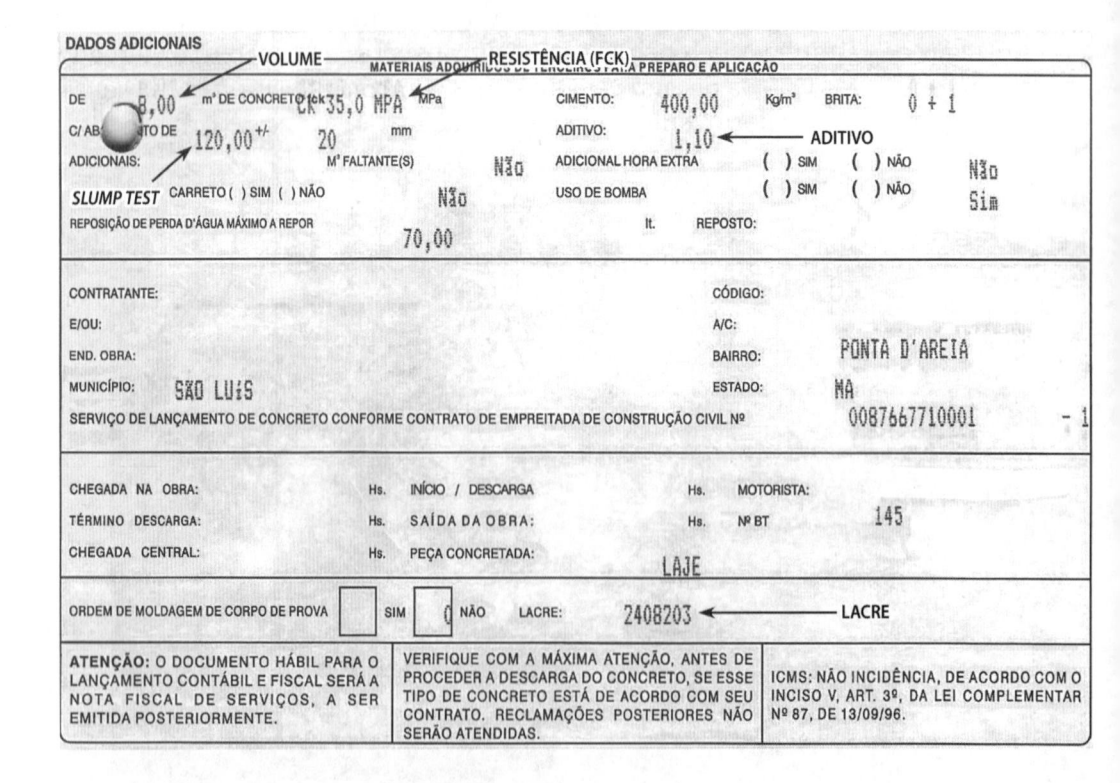

Código produto	Descrição dos produtos	Classe fiscal	Situação trabalhista	Volume	Unidade	Quantidade	Valor unitário	Valor total	Alíquota ICMS
	CIMENTO				kg	3.200,00			
	AREIA				m³	5.94			
	BRITA				m³	7,20			
	ADITIVO				it	8,80			

← PROPORÇÕES TRAÇO

Antes da descarga do caminhão betoneira, avalia-se se a quantidade de água existente no concreto está compatível com as especificações, não devendo haver falta ou excesso de água. A falta de água dificulta a aplicação do concreto; por sua vez, o excesso de água, embora facilite a aplicação do concreto, diminui consideravelmente sua resistência.

Para verificar a consistência do concreto utiliza-se o teste de *slump*. Embora limitado, ele expressa a trabalhabilidade do concreto por meio de um único parâmetro: o abatimento.

O ensaio é realizado da seguinte maneira:

- coleta-se a amostra de concreto depois de descarregar 0,5 m³ de concreto do caminhão e em volume aproximado de 30 l;

- coloca-se o cone (20 cm diâmetro × 10 cm base × 30 cm altura) sobre uma placa metálica bem nivelada e apoiam-se os pés sobre as abas inferiores do cone;

- preenche-se o cone com três camadas iguais e sucessivas, aplicando, em cada uma delas, 25 golpes uniformemente distribuídos;

- adensa-se a camada junto à base (primeira camada), de forma que a haste de socamento (1,6 cm diâmetro × 60 cm) penetre em toda a sua espessura. No adensamento das outras duas camadas, a haste (lados de dimensão não inferiores a 50 cm e espessura igual ou superior a 3 mm) penetrará até atingir a camada inferior adjacente;

- após a compactação da última camada, retira-se o excesso de concreto e alisa-se a superfície com uma régua metálica;

- em seguida, retira-se o cone cuidadosamente, içando-o na direção vertical;

- coloca-se a haste sobre o cone, em posição invertida, e mede-se a distância entre a parte inferior da haste e o ponto médio da superfície de concreto, expressando o resultado em milímetros.

Teste de *slump*

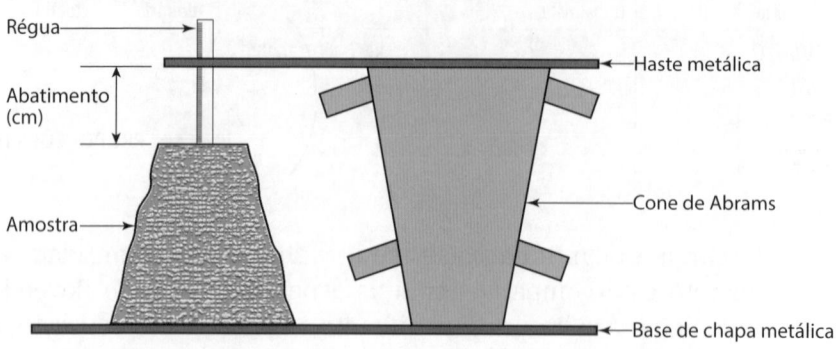

Régua

Abatimento (cm)

Amostra

Haste metálica

Cone de Abrams

Base de chapa metálica

Passo a passo

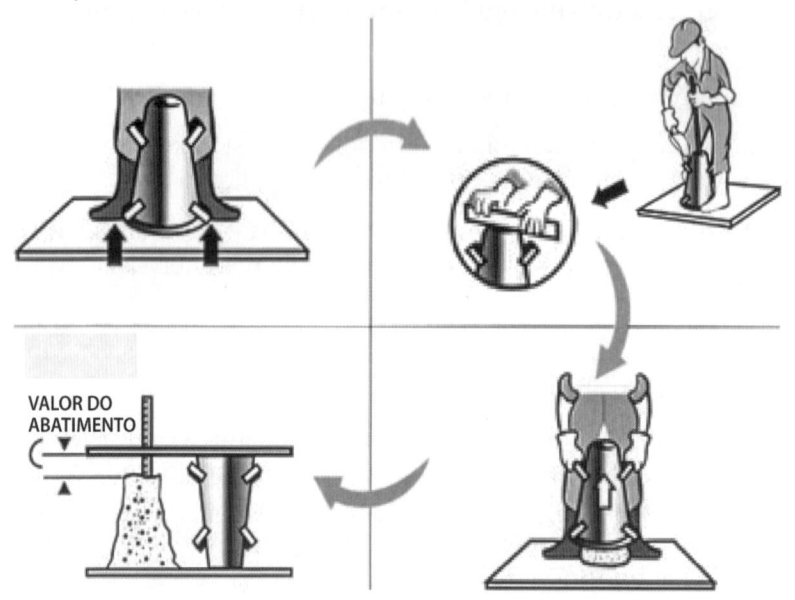

VALOR DO ABATIMENTO

Na obra em análise foram verificadas apenas duas diferenças em relação ao passo a passo descrito acima.

No teste de *slump* feito na obra Y, em vez de alisar a superfície com uma régua metálica, usa-se uma espátula de aço em formato triangular (colher de pedreiro) e mede-se o abatimento com uma trena.

Depois de feito o teste de *slump* (ensaio de abatimento), e o abatimento dado como compatível com o solicitado pela obra, podemos liberar o concreto para o lançamento.

O lançamento do concreto em peças estruturais na obra citada se deu de duas formas: por bomba lança e por estacionária.

O bombeamento por lança é usado até um limite de altura. Na obra Y usou-se a lança para a concretagem dos blocos e sapatas e das primeiras lajes.

Concretagem com bombeamento por lança: blocos e sapatas

A estacionária foi utilizada para as fundações em estaca hélice contínua e para as demais lajes.

Segundo a concreteira, a lança e a estacionária tem a capacidade de despejar 8 m³ de concreto em quatro minutos. Devido ao tempo para o adensamento e as grandes alturas, as concretagens duram em média doze minutos para 8 m³ de concreto.

Concretagem com bombeamento por lança: laje primeiro teto

Concretagem com bomba estacionária: fundação em estaca hélice contínua

Concretagem com bomba estacionária: laje quinto teto

Após o início do lançamento do concreto, temos que nos preocupar com o seu adensamento, que consiste em compactar a massa de concreto a fim de diminuir o maior volume possível dos vazios encontrados no seu interior e preenchidos por bolhas de ar. Para o adensamento, segue-se o seguinte procedimento:

- não é permitido o adensamento do concreto de maneira manual;
- o adensamento deve ser feito de maneira cuidadosa, de forma que o concreto ocupe todos os recantos da forma;
- **deve-se evitar a vibração das armaduras**, de modo a não formar vazios ao seu redor nem dificultar a aderência com o concreto;
- **deve-se evitar a vibração nas formas**;
- a vibração deverá ser apenas suficiente para que apareçam bolhas de ar e uma fina película de água na superfície do concreto;
- a vibração será feita a uma profundidade não superior à agulha do vibrador;
- é aconselhável a vibração por períodos curtos em pontos próximos, em vez de períodos longos num único ponto ou em pontos distantes;
- **colocar a agulha na posição vertical e, quando impossível, colocá-la a 45 graus**;
- deve-se colocar a agulha na massa do concreto, **retirando-a lentamente**.

Para o adensamento do concreto na obra Y, foi utilizado o vibrador de imersão. Usaram-se vibradores com agulha de 35 mm para peças estruturais com grande quantidade de armaduras (vigas e alguns pilares) e agulha de 45 mm para as peças maiores (pilares, lajes, blocos e sapatas). Os grifos nessas instruções indicam as maiores deficiências na execução.

Vibração errada

Vibração correta

Vibração errada

O mau uso dos vibradores pode provocar um mau adensamento do concreto. Assim, a nossa peça estrutural pode vir a ter um ninho (comumente chamado de bicheira), como pode ser visto na figura a seguir.

Concretagem deficiente

Antes de lançarmos todo o volume do concreto do caminhão betoneira, devemos recolher amostras desse concreto para realizar um ensaio que mede a sua resistência (fck). Deve-se seguir o procedimento a seguir para o recolhimento das amostras:

- não é permitido retirar amostras tanto no princípio quanto no final da descarga da betoneira;

- deve-se recolher as amostras entre 15% a 85% do lançamento do concreto do caminhão betoneira;

- a coleta deve ser feita cortando-se o fluxo de descarga do concreto, utilizando-se para isso um recipiente ou carrinho de mão;

- deve-se tirar uma quantidade suficiente, 50% maior que o volume necessário, e nunca menor que 30 litros;

- antes de proceder à moldagem dos corpos de prova, os moldes e suas bases devem ser convenientemente revestidos internamente com uma fina camada de óleo mineral;

- moldar dois corpos de prova para cada idade;

- preencher os moldes (10 cm × 20 cm) em duas camadas iguais, adensando (adensamento manual com a haste) com doze golpes cada camada. Em casos de moldes de 15 cm × 30 cm, preenchê-los em três camadas iguais com 25 golpes cada camada. O preenchimento deve se dar sem interrupções;

- após a compactação da última camada, retirar o excesso de concreto e alisar a superfície com uma régua;

- após a moldagem, colocar os moldes sobre uma superfície horizontal rígida, livre de vibrações e de qualquer outra causa que possa perturbar o concreto. Durante as primeiras 24 horas, no caso de corpos de prova cilíndricos, ou 48 horas, no caso de corpos de prova prismáticos, todos os corpos de prova devem ser armazenados em local protegido de intempéries, sendo devidamente cobertos com material não reativo e não absorvente, com a finalidade de evitar perda de água do concreto;

- o ensaio de resistência à compressão será realizado por um laboratório especializado, lembrando que o resultado vem da razão entre a carga e a área do cilindro;

- os corpos de prova devem ser identificados com o número do lacre do caminhão, a data da moldagem e a obra e devem ser enviados para ensaio de resistência à compressão em laboratório especializado, o qual deve fornecer laudos com a resistência do concreto nas datas estabelecidas pela obra, mas deve haver no mínimo um laudo com 28 dias.

MOLDES

Passo a passo

ADENSAMENTO

ALISAMENTO DA
SUPERFÍCIE

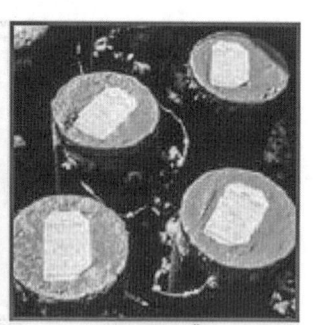

IDENTIFICAÇÃO
DOS MOLDES

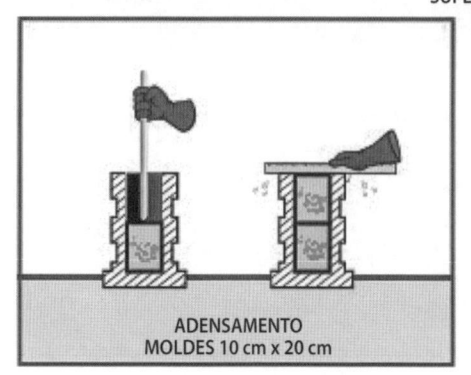

ADENSAMENTO
MOLDES 10 cm x 20 cm

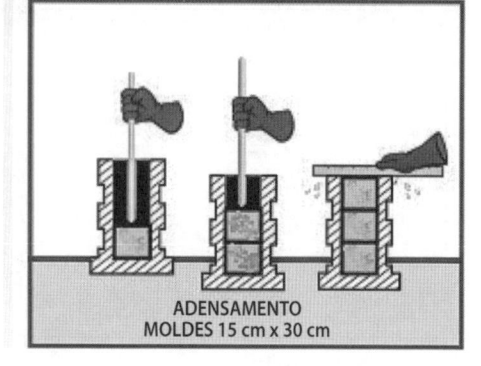

ADENSAMENTO
MOLDES 15 cm x 30 cm

Na obra em análise, esse ensaio é realizado para todas as concretagens. Não foi verificado nenhum procedimento nesse ensaio que estivesse irregular.

Toda concretagem deve ter uma boa logística de lançamento do concreto. A da obra citada para lajes pode ser vista na figura a seguir.

A concretagem sempre começa em uma das extremidades, concretando a escada na metade da concretagem e por fim concretando o outro lado da laje. No final da concretagem, o evacuamento se dá pela escada (provavelmente o concreto já vai estar endurecido; se não estiver, usa-se a própria forma dos degraus para pisar).

São registrados todos os lançamentos de concreto de cada carro, juntamente com a hora de início e término, *slump*, volume de concreto e acontecimentos durante a concretagem.

Data: _____ /_____ /_____

Endereço/ Concreteira

Rastreamento de concretagem						
Ordem de chegada	Nº do caminhão	Volume	*Slump*	Cor (correspon-dente)	Início da concretagem	Fim da concretagem
1º						
2º						
3º						
4º						
5º						

Registros de concretagem da obra Y

RELATÓRIO DE CONCRETAGEM

Obra: Y

Data: 18/03/2010   Horário de início: 10:55

Local: Trecho VIII – Torre 4 – 2º Teto   Horário de término: 23:00

Concreteira: X   FCK: 40 MPa
Volume de concreto baseado em projeto: 238 m³
Volume de concreto utilizado: 242 m³

A concretagem iniciou-se às 10h55min devido à armação não estar concluída, juntamente com o deslocamento da tubulação do concreto. O volume calculado baseado no projeto executivo foi de 238 m³.

Para início da concretagem foram liberados 240 m³, que equivalem a 30 carros, sendo que às 21h45min foram lançados os 240 m³ liberados, não concluindo a laje. Mediante a situação e elementos (L35, L43, P21, L44, V18, V51, V17B", aproximadamente) não terem sido concretados, foi realizado o estudo de volume e chegou-se à conclusão de que se necessitaria de aproximadamente mais 2,4 m³ de concreto. Realizado o pedido de 3 m³ restou em média 0,5 m³.

Durante o processo o carro de ordem 23º de número 423, teve problemas mecânicos logo após estacionar próximo à bomba. Não podendo removê-lo, foi realizada uma tentativa de lançar outro carro, mas devido ao espaço insuficiente a tentativa foi falha. Após a chegada de um mecânico, o carro foi consertado e removido do local. Depois da remoção foram descarregados dois carros, posteriormente tal carro com a nova ordem, 25º, iniciou o seu descarregamento às 20h05min, restando 5 minutos para o seu vencimento, e finalizando às 20h20min.

Controle tecnológico

Os corpos de provas (CPs) moldados durante a concretagem são transportados de maneira cuidadosa para o laboratório de controle tecnológico 24 horas após a concretagem.

Transporte para a empresa contratada para o controle tecnológico no dia seguinte

Quando os corpos de prova chegam ao laboratório, devem ser mantidos em processo de cura úmida ou saturada até a idade do ensaio.

Cura dos corpos de prova

Antes da execução do ensaio, preparam-se as bases do corpo de prova. Recomenda-se que o ensaio seja realizado imediatamente após a remoção do corpo de prova do seu local de cura.

A empresa contratada para o controle tecnológico utiliza hoje duas formas de capeamento: borracha de neoprene e a retífica.

Borracha de neoprene

Retífica

Após o capeamento dos corpos de prova, podemos, então, submetê-los ao ensaio de compressão. Para isso, a empresa contratada para o controle tecnológico conta com uma prensa manual, que pode ser vista na figura a seguir.

Quando houver o rompimento do corpo de prova, podemos medir a resistência em kgf no painel, como mostra a figura abaixo.

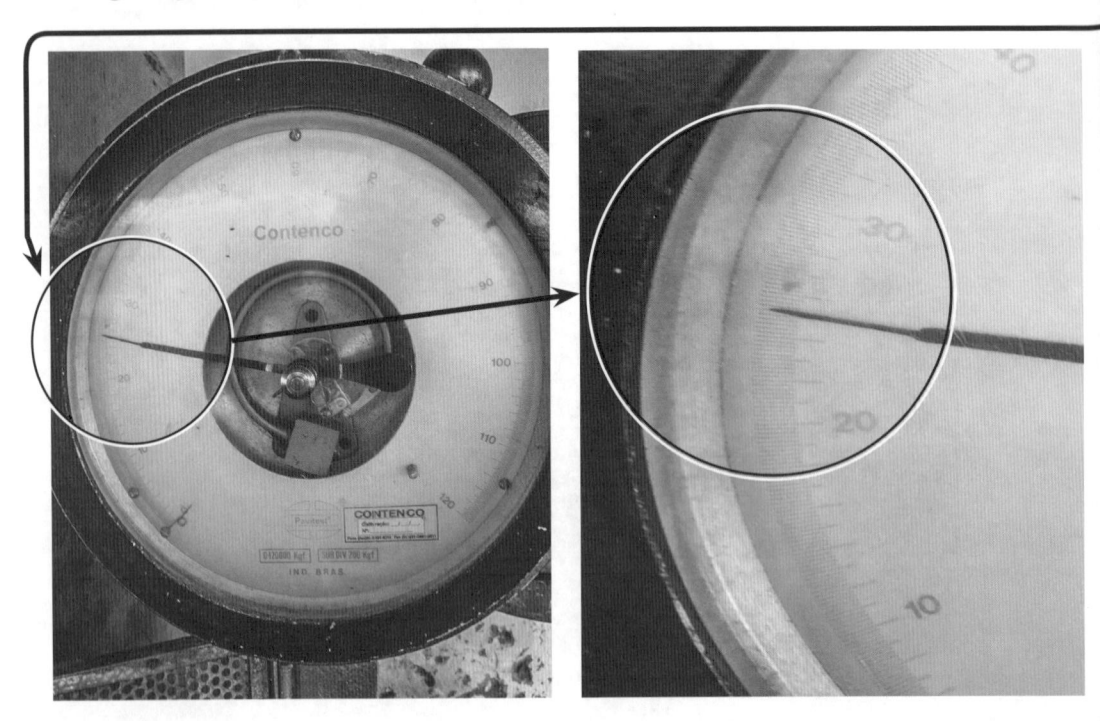

Pela leitura do painel da figura anterior, podemos calcular a resistência desse corpo de prova utilizando a seguinte fórmula (para cilindros 10 cm × 20 cm e 15 cm × 30 cm):

$$f_c = \frac{4F}{\pi \times D^2}$$

f_c = resistência à compressão, em megapascals;

F = força máxima alcançada no ensaio de compressão (no painel acima, F foi igual a 25.000 kgf);

D = diâmetro do corpo de prova, em milímetros (tira-se a média de dois diâmetros, medidos ortogonalmente na metade da altura do corpo de prova, com precisão de 1 mm).

A empresa contratada para o controle tecnológico não faz o processo citado para tirar o diâmetro do corpo de prova. Como ela trabalha com moldes de tamanho padrão, ela admite o diâmetro do molde. Para o molde de 10 × 20 cm, D = 100 mm:

$$f_c = (4 * 25000) / (\pi \times 100 \times 100)$$

$$f_c = 3{,}1830 \text{ kgf/mm}^2$$

Multiplicando esse resultado por 100, temos em kgf/cm²:

$$F_c = 318{,}30 \text{ kgf/cm}^2$$

Dividindo esse resultado por 10, temos em MPa:

$$\boldsymbol{F_c = 31{,}18 \text{ MPa}}$$

Esse resultado deve ser dado em MPa.

Visto que são moldados dois corpos de prova para cada idade, rompem-se os dois e considera-se o maior valor da resistência a compressão (fc).

Concreto armado eu te amo vai para a obra

Tipo de concreto Usin. bomb.	Tipo de controle controle total	Idade de ruptura 28 dias	Nº CP's 17	FCK 35 Mpa
Tipo de cimento	Agregado miúdo breia média	Agregado graúdo Brita: 0 e 1	Aditivo	

CP's Nº	Data moldagem	Data de ensaio	Resit. (Mpa)/Tipo de ruptura 1ª amostra	2ª amostra	Peças	Slump
3112	31/05/10	28/06/10	40,64 D	40,51 E	Trecho 08; Torre 04; 09° Teto; NF=27588	10,5
3113	31/05/10	28/06/10	40,84 C	40,89 B	Trecho 08; Torre 04; 09° Teto; NF=27589	10,0
3114	31/05/10	28/06/10	39,37 A	39,62 C	Trecho 08; Torre 04; 09° Teto; NF=27590	11,0
3115	31/05/10	28/06/10	37,08 D	36,83 A	Trecho 08; Torre 04; 09° Teto; NF=27591	11,0
3116	31/05/10	28/06/10	37,00 D	36,83 D	Trecho 08; Torre 04; 09° Teto; NF=27592	12,5
3117	31/05/10	28/06/10	38,10 A	38,35 E	Trecho 08; Torre 04; 09° Teto; NF=27593	10,0
3118	31/05/10	28/06/10	38,61 D	38,48 A	Trecho 08; Torre 04; 09° Teto; NF=27595	11,5
3119	31/05/10	28/06/10	40,64 C	40,64 E	Trecho 08; Torre 04; 09° Teto; NF=27596	12,0
3120	31/05/10	28/06/10	38,52 B	38,42 E	Trecho 08; Torre 04; 09° Teto; NF=27597	12,0
3121	31/05/10	28/06/10	38,23 C	38,10 A	Trecho 08; Torre 04; 09° Teto; NF=27598	10,0
3122	31/05/10	28/06/10	38,52 D	38,42 E	Trecho 08; Torre 04; 09° Teto; NF=27600	11,5
3123	31/05/10	28/06/10	34,54 D	34,67 C	Trecho 08; Torre 04; 09° Teto; NF=27602	11,5
3124	31/05/10	28/06/10	40,84 D	40,77 B	Trecho 08; Torre 04; 09° Teto; NF=27604	10,0
3125	31/05/10	28/06/10	40,77 C	40,78 C	Trecho 08; Torre 04; 09° Teto; NF=27606	12,0
3126	31/05/10	28/06/10	41,01 A	40,96 E	Trecho 08; Torre 04; 09° Teto; NF=27607	12,0
3127	31/05/10	28/06/10	40,64 B	40,89 A	Trecho 08; Torre 04; 09° Teto; NF=27613	12,5
3128	31/05/10	28/06/10	38,32 A	38,10 E	Trecho 08; Torre 04; 09° Teto; NF=27614	11,0

Cônica (A) | Cônica e bipartida (B) | Cônica e cisalhada (C) | Cisalhada (D) | Colunar (E)

Análise	Controle estatístico do concreto por amostragem parcial Resistência (Mpa)	Controle do concreto por amostragem total (100%) Resistência (Mpa) 34,67 Mpa	Controle do concreto para casos excepcionais Resistência (Mpa)

Os resultados não estão atendendo as exigências do projeto estrutural.

São Luiz, MA, ____/____/____ _____ Eng.

Laudo de controle tecnológico da empresa contratada para tal controle

Conclusão

Este capítulo pôde analisar três processos da supraestrutura: concreteira, concretagem de peça estrutural e controle tecnológico. Vimos que todos eles possuem procedimentos específicos e que influem diretamente na qualidade do concreto.

Hoje um dos grandes desafios dos tecnologistas de concreto é compatibilizar o desempenho do concreto desenvolvido em laboratório com aquele entregue na obra. Vimos que a qualidade do concreto depende de diversos fatores, como a qualidade dos agregados, transporte, manuseio, lançamento, adensamento etc.

Como engenheiros e coordenadores de obra, devemos estar atentos e verificar se nossos fornecedores, e nossa equipe, estão seguindo os procedimentos. É vital o total cumprimento dos procedimentos, pois assim garantiremos um serviço de boa qualidade e com maior segurança.

Por causa do aumento dos serviços, o não cumprimento dos procedimentos se torna cada vez mais comum e gera dúvidas quanto à segurança e qualidade de qualquer estrutura. No Brasil, ainda vemos muitas construtoras fazendo os traços de concreto na própria obra e sem controle algum de qualidade. Como engenheiros e coordenadores de obra, devemos estar decididos a levar a sério os procedimentos e controlar rigorosamente todos os procedimentos do passo a passo.

Referências bibliográficas

ABESC – ASSOCIAÇÃO BRASILEIRA DAS EMPRESAS DE SERVIÇOS DE CONCRETAGEM DO BRASIL. **Manual do concreto dosado em central**. São Paulo, 2007.

ABNT – ASSOCIAÇÃO BRASILEIRA DE NORMAS TÉCNICAS. **NBR 5738**: Concreto – Procedimento para moldagem e cura de corpos-de-prova. Rio de Janeiro, 2008.

_____. **NBR 5739**: Concreto – Ensaio de compressão de corpos-de-prova cilíndricos. Rio de Janeiro, 2007.

_____. **NBR 14931**: Execução de estruturas de concreto – Procedimento. Rio de Janeiro, 2003.

_____. **NBR 6118**: Projeto de estruturas de concreto – Procedimento. Rio de Janeiro, 2003.

_____. **NBR NM 33**: Concreto – Amostragem de concreto fresco. Rio de Janeiro, 1998.

_____. **NBR NM 67**: Concreto – Determinação da consistência pelo abatimento do tronco de cone. Rio de Janeiro, 1998.

_____. **NBR 12655**: Concreto – preparo, controle e recebimento. Rio de Janeiro, 1996.

_____. **NBR 7211**: Agregado para concreto. Rio de Janeiro, 1993.

_____. **NBR 11768**: Aditivos para concreto de cimento portland. Rio de Janeiro, 1992.

_____. **NBR 12654**: Controle tecnológico de materiais componentes do concreto. Rio de Janeiro, 1992.

_____. **NBR 7212**: Execução de concreto dosado em central. Rio de Janeiro, 1984.

FARIA, Renato. Concreto não conforme. **Revista Techné**, São Paulo, n. 152, nov. 2009. Disponível em: <http://www.revistatechne.com.br/engenharia-civil/152/artigo156894-1.asp>. Acesso em: 13 abr. 2016.

GUEDES, Milber F. **Caderno de encargos**. 4. ed. São Paulo: Pini, 2004.

121 O que há para ler e textos em que os autores se basearam

Para os leitores deste livro, recomenda-se a leitura complementar dos seguintes trabalhos, além dos já citados ao longo do livro:

ABECE – Associação Brasileira de Engenharia e Consultoria Estrutural. *Recomendações para Elaboração de Projetos estruturais de Edifícios de Concreto*. Disponível em: <http://www.abece.com.br/recomendacoes.pdf>. Acesso em: 7 jan. 2015.

BORGES, A. C. *Prática das pequenas construções*. v. 1. 9. ed. São Paulo: Blucher, 2009.

_____. *Prática das pequenas construções*. v. 2. 6. ed. São Paulo: Blucher, 2010.

BOTELHO, M. H. C.; MARCHETTI, O. *Concreto armado eu te amo*. 8. ed. São Paulo: Blucher, 2013. v. 1.

HELENE, P. Tecnologia do concreto. *Engenharia Municipal*.

MASSARO JUNIOR, M. *Manual de concreto armado*. Apostila.

MOLITERNO, A. *Escoramentos, cimbramentos, formas para concreto e travessias em estruturas de madeira*. São Paulo: Blucher, 1989.

Outras indicações:

Vários números da *Revista Guia da Construção* – Editora Pini.

Vários números da *Revista do Ibracon* – Instituto Brasileiro do Concreto.

Vários números da *Revista Téchne* – Editora Pini.

Vários números da *Revista Equipe de Obra* – Editora Pini.

Sites de interesse

Apresentamos sites de interesse para construtoras:

ABECE – Associação Brasileira de Engenharia e Consultoria Estrutural: <http://abece.com.br>.

ABCP – Associação Brasileira de Cimento Portland: <http://www.abcp.org.br>.

ABESC – Associação Brasileira das Empresas de Serviço de Concretagem: <http://www.abesc.org.br>.

IBAPE – Instituto Brasileiro de Perícias na Engenharia: <www.ibape-nacional.com.br>.

IBRACON – Instituto Brasileiro do Concreto: <http://www.ibracon.org.br>.

IBTS – Instituto Brasileiro da Telas Soldadas: <http://www.ibts.org.br>.

IPT – Instituto de Pesquisas Tecnológicas: <http://www.ipt.br>.

TQS Informática Ltda.: <http://www.tqs.com.br>.

Editoras:

Editora Blucher: <http://www.blucher.com.br>.

Editora Pini: <http://piniweb.pini.com.br>.

123 Índice remissivo

Abatimento (*slump*), 231, 402

ABECE – norma de projeto estrutural, 78, 177

ABNT – normas, 35

Aço – controle de qualidade, 171

Aço – cortando e dobrando, 175

Acompanhando o andamento dos custos da obra, 289

Adensamento (vibração), 273, 406

Aditivos, 191

Advogado trabalhista, 58

Água/cimento – relação, 82, 187

Água para amassamento, 189

Almoxarifado de obra, 151

Alvenaria – tipos a escolher, 117

Alvenaria – importância na estrutura, 319

Apuração paralela de custos, 201

Arame 18 – critério de amarração de barras, 172

Armação, 227

Arquiteto, 33

Atraso de pagamento do proprietário, 169

Banco de dados, 391

BDI, 17, 267

Bombeamento de concreto, 265

Canteiro de obras, 145, 353

Cartas respondidas, 367

Chuva e concretagem, 215, 295

Cimbramento (escoramento) metálico, 99

Cintas, 261

CNPJ, 14

Cobrimento da armadura, 228

Comprando para a construção civil, 159

Comunicando-se com os autores, 429

Concreto aparente, 95

Concreto auto-adensável e concreto de alto desempenho, 321

Concreto bombeado, 265

Concreto, cuidados, 183, 393

Concreto e alvenaria ao longo do tempo, 331, 333

Concreto em pequenas quantidades, 183

Concreto magro, 213

Concreto mole, 271

Concreto usinado – como comprar, 263

Construtor, 15

Construtora Andorinha Azul, 47

Contabilidade – seus dados e custos, 57, 309

Contador, 57

Contraflechas, 177

Contrato, 29

Controle de custos, 195

Controle de custos e contabilidade, 199

Controle de qualidade da resistência do concreto até as formas, 269

Controle de qualidade do concreto, 187

Convenção Coletiva do Trabalho, 371

Conversão de unidades, 385

Corpos de prova, 412

Coxim, 243

CUB – Custo Unitário Básico, 115

Cuidados com o concreto até sua colocação nas formas, 83

Cuidados de segurança na obra, 37, 387

Cuidados trabalhistas, 307

Cura do concreto, 277

Deformação lenta do concreto, 313

Demolindo e reconstruindo trecho errado de concretagem, 237

Diálogo com os projetistas, 71

Diário de obra, 315

Dissídio coletivo, 371

Distanciadores, 179

Divergências entre construtor e proprietário, 41

Drenagem provisória e definitiva, 157

Eixos da obra, 144

Empreiteira, 48, 291

Entrega da obra, 373

Esclerometria, 303

Escoramento, 39

Espaçadores, 179

Especialista em segurança do trabalho, 58

Estocagem de material, 151

Estratégias comerciais das incorporadoras, 67

Estrutura depois do uso, 331, 333

Exigências ao projetista estrutural, 125

Exigências do cliente, 59

Faturamento, 17

fck, 48, 81, 369

fc28, 48

Fim da obra, 373

Firmas, pessoas jurídicas e pessoas físicas, 7

Fiscalização da obra, 293

Flechas e contraflechas, 177

Fluência (deformação lenta), 313

Fluxograma financeiro, 217

Forma de alumínio, 105

Forma de faturamento, 17

Forma de madeira – plastificada, 104

Forma de madeira – resinada, 102

Forma de madeira naval, 102

Forma de papelão cilíndrica, 105

Forma metálica de aço, 105

Forma plástica para lajes nervuradas, 105

Formas deslizantes, 109

Formas trepantes, 109

Furto formiguinha, 348

Furto institucional, 348

Furtos na obra, 347

Ganchos de segurança, 225

Habite-se, 75, 365

Higiene e segurança do trabalho, 58, 307

Ibracon (Instituto Brasileiro do Concreto), 78

Impostos, 43

Incorporador, 15, 18, 19

Incorporador – estratégias comerciais, 18

Índice de assuntos da norma de execução, 153

Índices de uso de materiais e recursos humanos, 153

INSS, 73

Juntas de concretagem, 249, 259

Juntas de dilatação, 249

Lei do retorno, 54

Licenças para construir, 55

Livro de registro de empregados, 355

Livros do engenheiro MHCB, 432

Lucro na obra, 219, 289

Manutenção da estrutura de concreto, 331

Más notícias, 81

Mão de obra diarista ou mensalista, 89

Marquises, 245

Ministério do Trabalho, 387

Momento de perigo – lançamento do concreto nas formas, 269

Mudanças na obra de detalhes do projeto, 185

Multas na obra, 293

Norma NBR 14.931 (execução), 77

Normas da ABNT, 35

NR 18 e NR 35, 37

Numeração de desenhos e documentos, 113

Obra em referência (Edifício Solar dos Girassóis), 21

Orçamento da obra do "Edifício Solar dos Girassóis", 61

Pagamento de mão-de-obra, 149

Pastilhas de afastamento, 84

Perguntas trabalhistas, 73

Perspectiva da estrutura, 139

Pessoas físicas, 13

Pessoas jurídicas, 13

Placa de obra, 130, 137

Precisão de formas, 107

Preço global – administração, 17

Prédio de referência, 21

Profissional de segurança do trabalho, 58, 307

Prova de carga, 229

Reclamação trabalhista de última hora, 329

Recrutamento de mão de obra, 129

Relação água/cimento, 81

Relatório mensal, 357

Remoção de escoramento, 285

Remoção de formas, 283

Remuneração do construtor, 17

Remuneração do incorporador, 18

Responsabilidade da qualidade da obra, 325

Restos de materiais, 359

Retirada de formas, 283

Retirada do escoramento, 285

Retração do concreto, 281

Reúso de formas, 111

Roubos na obra, 347

Segurança do trabalho – normas, 37, 387

Seguro de qualidade de obra, 363

Sites de interesse, 421

Slump (abatimento do concreto), 231, 402

Subcontratada, 291

Tapumes, 91

Tempo e o concreto, 331, 333

Textos de referência, 419

Tipos de estruturas de concreto, 45

Tolerância nas formas, 107

Troca de diâmetro da armadura, 235

Topografia para a obra, 143

Transportando e lançando o concreto nas formas, 269

Umidade e o concreto, 297

Unidades – conversão, 385

Vergas, 241

Vibração (adensamento) do concreto, 273, 406

Minicurrículos dos autores e dos colaboradores

AUTORES:

Manoel Henrique Campos Botelho

manoelbotelho@terra.com.br

Formou-se engenheiro civil em 1965 pela Escola Politécnica da Universidade de São Paulo. Trabalhou em várias empresas de projeto e gerenciamento de obras, com destaque para a Promon Engenharia, onde gerenciou obras civis e industriais. É autor do livro *Concreto armado eu te amo*, hoje com mais de 80 mil exemplares vendidos, e adotado como livro-texto curricular de várias escolas de Engenharia, Arquitetura e Tecnologia. Escreveu mais onze livros sobre construção civil, publicados pelas editoras Blucher e Pini. É perito em assuntos de construção civil.

Nelson Newton Ferraz

nelfer2011@gmail.com

É engenheiro civil formado na Escola de Engenharia Mackenzie. Engenheiro construtor de mais de cinquenta obras residenciais e industriais. Atua como perito em ações ligadas à construção civil.

COLABORADORES:

Cristiane Maria da Silveira Thiago

civilcoord@gmail.com

É mestre em engenharia civil, área de concentração: Estruturas – Concretos especiais, pela Unesp. É, ainda, pós-graduada em Matemática.

Atua como coordenadora do curso de engenharia civil do Centro Universitário de Rio Preto (UNIRP) – São José do Rio Preto – SP

Diogo Maluf Gomes

diogomaluf@hotmail.com

É engenheiro civil formado pela Universidade Estadual do Maranhão, com especialização nas áreas de orçamento, planejamento e gerenciamento de obras. Possui experiência em grandes projetos de obras horizontais, verticais e especiais. É gerente de orçamento e planejamento em grandes construtoras e consultor nas áreas de orçamento, planejamento e gerenciamento de obras.

Emilio Paulo Siniscalchi

siniscalchi@uol.com.br

É engenheiro civil formado pela Escola Politécnica da Universidade de São Paulo. É engenheiro construtor de obras civis em geral e de indústrias, tendo sido fundador e presidente da construtora CIVILIA Engenharia Civil. Foi vice-presidente do Sindicato da Indústria da Construção Civil do Estado de São Paulo (Sinduscon – SP) e experiente presidente do Serviço Social da Indústria da Construção Civil do Estado de São Paulo (Seconci – SP).

Jose Ortiz – Guiné Equatorial – África

jose.ortiz@argguine.com.br, ikowarnes@hotmail.com

É engenheiro civil formado pela Universidade Regional de Blumenau. Possui MBA Executivo Internacional em Gerência de Projetos. É mestre em Estradas, Infraestruturas e Pavimentos e atua como gerente de construção na Universidade do Chile.

Paulo Mendes

eng.pmendes2@gmail.com

Formou-se em 2013 pela Escola de Engenharia da Universidade Nove de Julho. É especialista em estruturas. Atua como professor-assistente do curso de engenharia civil da Uninove.

Comunicando-se com os autores

Os autores e colaboradores deste livro têm o maior interesse em saber a opinião do leitor sobre o livro *Concreto armado eu te amo vai para a obra*. Solicita-se a resposta do questionário a seguir. Depois, por favor, envie sua apreciação por e-mail, para: <manoelbotelho@terra.com.br> ou <nelfer2011@gmail.com>.

Avaliação sobre o livro *Concreto armado eu te amo vai para a obra*

_____ não gostei _____ qualidade média _____ gostei _____ gostei muito

Comentários

_____

_____

_____

_____

_____

_____

Agora, por favor, informe os seus dados, eles são muito importantes.

Nome_____

E-mail_____ Data_____ / _____ / _____

Título profissional_____ Ano de formatura_____

Endereço_____ n._____compl._____

Cidade _____ Estado_____ CEP_____ -_____

O autor MHC Botelho se compromete a remeter via e-mail três crônicas tecnológicas, de sua autoria, a quem enviar as respostas deste questionário.

Livros de autoria de Manoel Henrique Campos Botelho, na Editora Blucher

Já disponíveis:

- Concreto armado eu te amo – volumes 1 e 2
- Concreto armado eu te amo para arquitetos
- Manual de primeiros socorros do Engenheiro e do Arquiteto – volumes 1 e 2
- Águas de chuva – engenharia das águas pluviais nas cidades
- Instalações hidráulicas prediais usando tubos de plástico
- Quatro edifícios, cinco locais de implantação, vinte soluções de fundações
- Resistência dos materiais, para entender e gostar
- Gerência de caldeiras, gerenciamento, controle e manutenção
- Instalações elétricas residenciais para profissionais da Construção Civil
- Princípios de mecânica dos solos e fundações

A sair:

- ABC... e D da topografia
- Concreto armado eu te amo – volume 3
- Estruturando edificações. Cartas recebidas e respondidas
- Resistência dos materiais para a área industrial

Contatos com o autor MHC Botelho, pelo e-mail:

<manoelbotelho@terra.com.br>

GRÁFICA PAYM
Tel. [11] 4392-3344
paym@graficapaym.com.br